博雅

21世纪数学规划教材

数学基础课系列

2nd Edition

泛函分析讲义（第二版）（上）

Lecture Notes on Functional Analysis

张恭庆 林源渠 编著

图书在版编目 (CIP) 数据

泛函分析讲义 . 上册 / 张恭庆，林源渠编著 . 一 2 版 .一 北京 : 北京大学出版社，2021. 5
ISBN 978-7-301-30964-3

Ⅰ . ①泛… Ⅱ . ①张… ②林… Ⅲ . ①泛函分析一高等学校一教材 Ⅳ . ① O177

中国版本图书馆 CIP 数据核字 (2019) 第 276848 号

书　　名 泛函分析讲义（第二版）（上）
FANHAN FENXI JIANGYI（DI-ER BAN）（SHANG）
著作责任者 张恭庆　林源渠　编著
责 任 编 辑 刘　勇　潘丽娜
标 准 书 号 ISBN 978-7-301-30964-3
出 版 发 行 北京大学出版社
地　　址 北京市海淀区成府路 205 号　100871
网　　址 http://www.pup.cn　新浪微博：@ 北京大学出版社
电 子 信 箱 zpup@pup.cn
电　　话 邮购部 010-62752015　发行部 010-62750672　编辑部 010-62752021
印 刷 者 三河市北燕印装有限公司
经 销 者 新华书店
880 毫米 ×1230 毫米　32 开本　10.25 印张　275 千字
1987 年 3 月第 1 版
2021 年 5 月第 2 版　2023 年 9 月第 3 次印刷
定　　价 38.00 元

参与本册修订人员

蒋美跃　郭懋正　史宇光

范辉军　戴　波　章志飞

第 二 版 序

北京大学出版社出版的《泛函分析讲义 (上册)》自 1987 年第一版发行以来至今已有三十余年, 在此期间被许多高等学校用作本科生的教材与教学参考书. 然而科学在进步, 学科在发展, 课程的设置以及教学大纲也都经历了多次变革. 经北京大学出版社提议, 此书有必要作一次与时俱进的修订.

考虑到各校本课程的学时普遍减少, 全书内容不可能在一个学期之内讲完. 根据经验, 在 “广义函数与 Sobolev 空间” 以及 “紧算子与 Fredholm 算子” 两章中只能选择其一, 而后者被选中的机会较多, 故将此二者次序对调. 有些章节需要加强, 例如, 弱收敛概念在现代分析中日益重要, 但在第一版中内容比较单薄, 如今补充了几种常见的弱收敛但不强收敛的例子, 以加深读者的理解. 体现泛函分析与经典分析和数学物理之间的紧密联系虽是本书的一个特点, 但限于学时, 我们也不得不根据重要性作出取舍. 为此删去了一些材料, 还对课堂上没有时间讲授的内容以小字排印或标以星号等方式表示其重要性上的区别, 供读者课外阅读或参考. 此外, 对于文字表达与论证不妥之处也都一一作了更正.

参加此次修订工作的有蒋美跃、郭懋正、史宇光、范辉军、戴波、章志飞等几位教授. 他们都在北京大学数学科学学院任教多年, 并多次使用本教材授课. 他们根据自己的教学和研究经验对于本教材提出了十分宝贵的修改意见, 经过多次讨论, 最后由蒋美跃教授执笔完成. 北京大学出版社潘丽娜编辑自始至终组织、参加了这次修订活动. 在此一并致谢.

张恭庆

2021 年 3 月 13 日

第 一 版 序

20 世纪 80 年代以来, 许多高等院校都开设了泛函分析课程, 而数学系的学生大都把泛函分析当作一门基础课来学. 这种趋势反映了近几十年来数学的发展: 泛函分析在分析学中已占据了重要的位置.

泛函分析是一门较新的数学分支. 在它的发展中受到了数学物理方程和量子力学的推动, 后来又整理、概括了经典分析和函数论的许多成果. 由于它把具体的分析问题抽象到一种更加纯粹的代数、拓扑结构的形式中进行研究, 因此逐步形成了种种综合运用代数、几何 (包括拓扑) 手段处理分析问题的新方法. 正因为这种纯粹形式的代数、拓扑结构是根植于肥沃的经典分析和数学物理土壤之中的, 所以, 由此发展起来的基本概念、定理和方法也就显得更为广泛、更为深刻. 现在, 泛函分析已经成为一门内容丰富、方法系统、体系完整、应用广泛的独立分支. 对于任何一位从事纯粹数学与应用数学研究的学者来说, 它都是一门不可缺少的知识.

国内现已出版不少泛函分析教材. 但其中有的或偏于专门, 或过于简略, 其共同缺陷是把这门联系广泛、丰富多彩的课程与经典分析及数学物理隔绝了起来. 读者学完以后, 有时只能欣赏其体系之抽象、论证之精巧, 却难以体会到泛函方法的实质及威力.

本书是试图弥补这一缺陷而编写的一部教材. 它力图向读者展示泛函分析中若干重要概念、理论的来源与背景; 力图向读者介绍如何透过分析问题的具体内容洞察其内在的代数、几何实质; 力图向读者表明泛函分析理论与数学的其他分支有着密切的联系, 并有广泛的应用.

实现以上目的所作的变动是深入而细致的. 我们只能通过几个典型例子, 来说明本书的一些特点.

为了使读者对于紧算子谱 (Riesz-Schauder) 理论的来龙去脉有一个比较全面的了解, 我们是从线性代数方程组可解性的讨论开始的. 对比积分方程, 我们逐条把 Fredholm 结论 "翻译" 成相应的线性子空间的几何关系, 又通过分析有穷维问题与无穷维问题之间在算子值域与谱集方面的异同, 给出紧算子谱定理的证明, 然后直接把这一理论应用到椭圆型边值问题可解性及特征值问题的讨论中去. 此外, 鉴于指标理论在现代数学发展中的重要性, 我们以奇异积分算子为例, 引出 Fredholm 算子, 并导出相应的指标公式.

Hahn-Banach 定理是泛函分析中一个十分重要的基本定理. 它的重要性不仅表现在其对建立 Banach 空间理论体系所起的作用上, 而且还表现在解决许多具体的分析问题之中. 然而 Hahn-Banach 定理的这些巧妙的应用, 并不是读者在学了它的定理陈述与证明之后就能一目了然的. 事实上, 往往需要把原始分析问题的陈述转化成几何形式. 只有从几何形式中把问题化归为凸集分离或足够多泛函的存在之后, 应用 Hahn-Banach 定理才是可能的. 我们在教材中选择 Runge 逼近定理以及凸规划存在性定理等作为例子, 逐步引导读者去考察这种转化, 体会泛函方法解决经典问题的威力.

为了介绍泛函分析的应用, 往往需要涉及其他数学分支的知识. 许多泛函教材, 因受制于体系的自我封闭, 致使应用部分不能充分展开. 然而, 学科的相互渗透乃是当今数学发展的一个主要趋势, 因此在教学中似乎不必过于拘谨. 在本书中, 我们对于 Brouwer 不动点定理、单位分解定理等几个很容易从其他课程中学到的定理, 不证明地加以引用, 并给出参考文献. 去掉上述约束之后, 介绍泛函分析应用的天地就广阔多了. 于是在本书中, 我们把泛函分析的几个基本定理应用到常、偏微分方程理论, 实函数论, 函数逼近论, 数值分析, 数学规划理论, 变分不等方程等好几个数学分支中去; 本书还有续编, 在那里我们还将更深入地介绍泛函分析与其他数学分支, 特别是与数学物理的联系.

本书是为本科生初学泛函而写的, 而其续编则可供研究生作为基础课教本. 根据我们的经验, 按每周 3 学时, 每册基本内容可于一学期内讲授完毕. 书中的应用与例子较多, 教师可选讲其中一部分, 其余部分则供有兴趣的读者参考. 书中每节配有一定数量的习题, 其中有些是某些定理的证明细节, 有些是学过定理证法的模仿, 还有一些本身就是有趣的结论或有用的反例, 读者可根据自己的情况选作练习.

编者虽抱有弥补前述缺陷之目的, 但因学识所限, 加之初次尝试, 谬误、片面之处一定不少. 又因为体系变动较大, 前后脱节, 甚至证明疏漏之处在所难免. 热诚欢迎读者批评指正. 本书曾在北京大学试讲过若干次, 北京大学数学系的许多师生曾提出过宝贵意见, 兹不一一列举, 在此一并致谢.

张恭庆　谨识

一九八六年夏于中关园

符 号 表

$\forall$	一切, 任一个
$\exists$	存在, 某一个
a. e.	几乎处处
$\mathbb{N}$	全体正整数
$\mathbb{Z}$	全体整数
$\mathbb{R}$	全体实数
$\mathbb{R}^n$	n 维 Euclid 空间
$\mathbb{C}$	全体复数
$\mathbb{K}$	数域, 实数或复数
∞	正无穷大或复平面上的无穷远点
$\varnothing$	空集
θ	向量空间的零元素
$B(x_0, r)$	以 x_0 为中心, 以 r 为半径的开球
$\mathring{E}$	集合 E 的内点全体
$\mapsto$	对应到
1-1	一对一
$\hookrightarrow$	嵌入
$\triangleq$	右端是左端的定义
$\exists\vert$	存在唯一
$\Longleftrightarrow$	当且仅当
$\Longrightarrow$	蕴含
$\blacksquare$	证毕、述毕

目　　录

第一章　度 量 空 间

§ 1　压缩映射原理

度量空间 (metric space) 又称距离空间, 是一种拓扑空间, 其上的拓扑由指定的一个距离决定.

定义 1.1.1　设 $\mathscr{X}$ 是一个非空集. $\mathscr{X}$ 叫作**度量空间**, 是指在 $\mathscr{X}$ 上定义了一个双变量的实值函数 $\rho(x,y)$, 满足下列三个条件:

(1) $\rho(x,y) \geqslant 0$, 而且 $\rho(x,y)=0$, 当且仅当 $x=y$;

(2) $\rho(x,y)=\rho(y,x)$;

(3) $\rho(x,z) \leqslant \rho(x,y)+\rho(y,z) \quad (\forall x,y,z \in \mathscr{X})$.

这里 ρ 叫作 $\mathscr{X}$ 上的一个**距离**, 以 ρ 为度量的度量空间 $\mathscr{X}$ 记作 $(\mathscr{X},\rho)$.

注　距离概念是欧氏空间中两点间距离的抽象.事实上, 如果对 $\forall x=(x_1,x_2,\cdots,x_n), y=(y_1,y_2,\cdots,y_n) \in \mathbb{R}^n$, 令

$$\rho(x,y)=\left[(x_1-y_1)^2+\cdots+(x_n-y_n)^2\right]^{\frac{1}{2}}. \tag{1.1.1}$$

容易看到条件 (1), (2), (3) 都满足.以后当说到欧氏空间时, 我们始终用这个 ρ 规定其上的距离.

例 1.1.2 (空间 $C[a,b]$)　区间 $[a,b]$ 上的连续函数全体记为 $C[a,b]$, 按距离

$$\rho(x,y) \triangleq \max_{a\leqslant t\leqslant b}|x(t)-y(t)| \tag{1.1.2}$$

形成度量空间 $(C[a,b],\rho)$, 简记作 $C[a,b]$. 以后当说到连续函数空间 $C[a,b]$ 时, 我们始终用 (1.1.2) 式规定的 ρ 作为其上的距离, 除非另外说明.

引进距离的目的是刻画收敛.

定义 1.1.3 度量空间 $(\mathscr{X},\rho)$ 上的点列 $\{x_n\}$ 叫作**收敛**到 x_0 是指: $\rho(x_n,x_0)\to 0(n\to\infty)$. 这时记作 $\lim\limits_{n\to\infty}x_n=x_0$, 或简单地记作 $x_n\to x_0$.

注 在 $C[a,b]$ 中点列 $\{x_n\}$ 收敛到 x_0 是指: $\{x_n(t)\}$ 一致收敛到 $x_0(t)$.

与实数集合一样, 对于一般的度量空间可引进闭集和完备性等概念.

定义 1.1.4 度量空间 $(\mathscr{X},\rho)$ 中的一个子集 E 称为**闭集**, 是指: $\forall\{x_n\}\subset E$, 若 $x_n\to x_0$, 则 $x_0\in E$.

定义 1.1.5 度量空间 $(\mathscr{X},\rho)$ 上的点列 $\{x_n\}$ 叫作**基本列**, 是指: $\rho(x_n,x_m)\to 0(n,m\to\infty)$. 这也就是说: $\forall\varepsilon>0,\exists N(\varepsilon)$, 使得 $m,n\geqslant N(\varepsilon)\Rightarrow\rho(x_n,x_m)<\varepsilon$. 如果空间中所有基本列都是收敛列, 那么就称该空间是**完备的**.

例 1.1.6 $(\mathbb{R}^n,\rho)$ 是完备的, 其中 ρ 按 (1.1.1) 式定义.

例 1.1.7 $(C[a,b],\rho)$ 是完备的.

证 设 $\{x_n\}$ 是 $(C[a,b],\rho)$ 中的一串基本列, 那么 $\forall\varepsilon>0$, $\exists N(\varepsilon)$, 使得对 $\forall m,n\geqslant N(\varepsilon)$, 有

$$\rho(x_m,x_n)=\max_{a\leqslant t\leqslant b}|x_m(t)-x_n(t)|<\varepsilon.$$

因此, 对 $\forall t\in[a,b]$,

$$|x_m(t)-x_n(t)|<\varepsilon\quad(\forall m,n\geqslant N(\varepsilon)).\tag{1.1.3}$$

固定 $t\in[a,b]$, 我们看到数列 $\{x_n(t)\}$ 是基本的, 从而极限 $\lim\limits_{n\to\infty}x_n(t)$ 存在. 让我们用 $x_0(t)$ 表示此极限, 在 (1.1.3) 式中令 $m\to\infty$ 得到 $|x_0(t)-x_n(t)|\leqslant\varepsilon(\forall n\geqslant N(\varepsilon))$. 由此可见 $x_n(t)$ 一致收敛到 $x_0(t)$, 从而 $x_0(t)$ 连续且在 $C[a,b]$ 中 x_n 收敛到 x_0. ■

给定度量空间 $(\mathscr{X},\rho),(\mathscr{Y},r)$, 考察映射 $T:\mathscr{X}\to\mathscr{Y}$.

定义 1.1.8 设 $T:(\mathscr{X},\rho)\to(\mathscr{Y},r)$ 是一个映射, 称它是**连**

续的, 如果对于 $\mathscr{X}$ 中的任意点列 $\{x_n\}$ 和点 x_0,

$$\rho(x_n, x_0) \to 0 \Longrightarrow r(Tx_n, Tx_0) \to 0 \quad (n \to \infty).$$

命题 1.1.9 为了 $T:(\mathscr{X},\rho) \to (\mathscr{Y}, r)$ 是连续的, 必须且只须 $\forall \varepsilon > 0, \forall x_0 \in \mathscr{X}, \exists \delta = \delta(x_0, \varepsilon) > 0$, 使得

$$\rho(x, x_0) < \delta \Longrightarrow r(Tx, Tx_0) < \varepsilon \quad (\forall x \in \mathscr{X}). \tag{1.1.4}$$

证 *必要性*. 若 (1.1.4) 式不成立, 必 $\exists x_0 \in \mathscr{X}, \exists \varepsilon > 0$, 使得 $\forall n \in \mathbb{N}, \exists x_n$, 使得 $\rho(x_n, x_0) < 1/n$, 但 $r(Tx_n, Tx_0) \geqslant \varepsilon$, 即得 $\lim\limits_{n\to\infty} \rho(x_n, x_0) = 0$, 但 $\lim\limits_{n\to\infty} r(Tx_n, Tx_0) \neq 0$, 矛盾.

充分性. 设 (1.1.4) 式成立, 且 $\lim\limits_{n\to\infty} \rho(x_n, x_0) = 0$, 那么 $\forall \varepsilon > 0$, $\exists N = N(\delta(x_0, \varepsilon))$, 使得当 $n > N$ 时, 有 $\rho(x_n, x_0) < \delta$. 从而 $r(Tx_n, Tx_0) < \varepsilon$, 即得 $\lim\limits_{n\to\infty} r(Tx_n, Tx_0) = 0$. ∎

设 φ 是 $\mathbb{R}$ 上定义的实函数, 求方程

$$\varphi(x) = 0$$

的根的问题可以看成 $\mathbb{R} \to \mathbb{R}$ 的映射

$$f(x) = x - \varphi(x)$$

的不动点问题. 即求 $x \in \mathbb{R}$ 满足:

$$f(x) = x.$$

下列常微分方程的初值问题:

$$\begin{cases} \dfrac{\mathrm{d}x}{\mathrm{d}t} = F(t, x), \\ x(0) = \xi, \end{cases} \tag{1.1.5}$$

或它的等价形式, 即求连续函数 $x(t)$ 满足下列积分方程的问题:

$$x(t) = \xi + \int_0^t F(\tau, x(\tau))\mathrm{d}\tau, \tag{1.1.6}$$

也可以看成是一个不动点问题. 为此, 在以 $t=0$ 为中心的某区间 $[-h,h]$ 上考察度量空间 $C[-h,h]$, 并引入映射

$$(Tx)(t)=\xi+\int_0^t F(\tau,x(\tau))\mathrm{d}\tau, \tag{1.1.7}$$

则 (1.1.6) 式等价于求 $C[-h,h]$ 上的一个点 x, 使得 $x=Tx$, 即求 T 的不动点.

在度量空间上有一个很简单而基本的不动点定理 —— 压缩映射原理.

定义 1.1.10 称 $T:(\mathscr{X},\rho)\to(\mathscr{X},\rho)$ 是一个**压缩映射**, 如果存在 $0<\alpha<1$, 使得 $\rho(Tx,Ty)\leqslant\alpha\rho(x,y)(\forall x,y\in\mathscr{X})$.

例 1.1.11 设 $\mathscr{X}=[0,1], T(x)$ 是 $[0,1]$ 上的一个可微函数, 满足条件:

$$T(x)\in[0,1]\quad(\forall x\in[0,1]), \tag{1.1.8}$$

以及

$$|T'(x)|\leqslant\alpha<1\quad(\forall x\in[0,1]), \tag{1.1.9}$$

则映射 $T:\mathscr{X}\to\mathscr{X}$ 是一个压缩映射.

证 $\rho(Tx,Ty)=|T(x)-T(y)|$

$$\begin{aligned}&=|T'(\theta x+(1-\theta)y)(x-y)|\\&\leqslant\alpha|x-y|=\alpha\rho(x,y)\quad(\forall x,y\in\mathscr{X},0<\theta<1).\end{aligned}$$ ■

启发 设 $T:[0,1]\to[0,1]$ 可微且满足 (1.1.8) 式及 (1.1.9) 式, 问 T 是否存在不动点? 若存在, 有多少个?

直观与算法 $\forall x_0\in[0,1]$, 做迭代序列 $x_{n+1}=Tx_n(n=0,1,2,\cdots)$, 参见图 1.1.1.

因为

$$\begin{aligned}|x_{n+1}-x_n|&=|Tx_n-Tx_{n-1}|\leqslant\alpha|x_n-x_{n-1}|\\&\leqslant\cdots\leqslant\alpha^n|x_1-x_0|,\end{aligned}$$

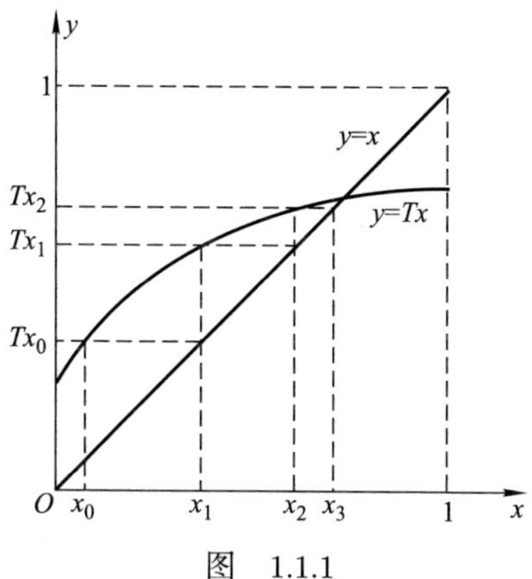

图 1.1.1

从而对 $\forall p \in \mathbb{N}$,

$$
\begin{aligned}
|x_{n+p} - x_n| &\leqslant \sum_{i=1}^{p} |x_{n+i} - x_{n+i-1}| \leqslant \sum_{i=1}^{p} \alpha^{n+i-1} |x_1 - x_0| \\
&< \sum_{i=1}^{\infty} \alpha^{n+i-1} |x_1 - x_0| = \frac{\alpha^n}{1-\alpha} |x_1 - x_0| \to 0
\end{aligned}
$$

(当 $n \to \infty$, 对 $\forall p \in \mathbb{N}$ 一致). 因此, $\{x_n\}$ 是一个基本列, 从而有极限. 从 $x_{n+1} = Tx_n$, 两边取极限 (因 T 连续) 得

$$x^* = Tx^*,$$

即 x^* 为一不动点. 这不动点还是唯一的. 事实上, 若 x^*, x^{**} 都是不动点, 则

$$
\begin{aligned}
|x^* - x^{**}| &= |Tx^* - Tx^{**}| \\
&\leqslant \alpha |x^* - x^{**}|.
\end{aligned}
$$

由此推出

$$x^* = x^{**}.$$

抽去上述过程中实数与绝对值的具体内容, 不难把这个结论推广到一般度量空间上去. 若 $T:(\mathscr{X},\rho)\to(\mathscr{X},\rho)$ 是一个压缩映射, 则仿照上述过程, 任取初始点 $x_0\in\mathscr{X}$. 考察迭代产生的序列

$$x_{n+1}=Tx_n\quad(n=0,1,2,\cdots).$$

和前面一样, 我们有

$$\begin{aligned}\rho(x_{n+1},x_n)&=\rho(Tx_n,Tx_{n-1})\\&\leqslant\alpha\rho(x_n,x_{n-1})\leqslant\cdots\leqslant\alpha^n\rho(x_1,x_0).\end{aligned}$$

从而对 $\forall p\in\mathbb{N}$,

$$\begin{aligned}\rho(x_{n+p},x_n)&\leqslant\sum_{i=1}^{p}\rho(x_{n+i},x_{n+i-1})\\&\leqslant\frac{\alpha^n}{1-\alpha}\rho(x_1,x_0)\to 0\end{aligned}$$

(当 $n\to\infty$, 对 $\forall p\in\mathbb{N}$ 一致). 由此可见 $\{x_n\}$ 是一个基本列. 为了它有极限, 还要假定 $(\mathscr{X},\rho)$ 是完备的. 于是我们得到

定理 1.1.12 (Banach 不动点定理 —— 压缩映射原理) 设 $(\mathscr{X},\rho)$ 是一个完备的度量空间, T 是 $(\mathscr{X},\rho)$ 到其自身的一个压缩映射, 则 T 在 $\mathscr{X}$ 上存在唯一的不动点.

这个原理非常基本, 它是泛函分析中的一个最常用、最简单的存在性定理. 数学分析中的许多存在性定理是它的特殊情形.

例 1.1.13 常微分方程的初值问题 (1.1.5) 的局部存在唯一性.

我们已经把这个问题化归为一个求不动点的问题了. 先在 $C[-h,h]$ 上考察由 (1.1.7) 式定义的映射 T, 我们考察在 $F(t,x)$ 上添加什么条件可以使 T 成为一个压缩映射. 注意到

$$\begin{aligned}\rho(Tx,Ty)&=\max_{|t|\leqslant h}\left|\int_0^t F(\tau,x(\tau))\mathrm{d}\tau-\int_0^t F(\tau,y(\tau))\mathrm{d}\tau\right|\\&\leqslant h\max_{|t|\leqslant h}\left|F(t,x(t))-F(t,y(t))\right|,\end{aligned}$$

因此, 比如说只要假设二元函数 $F(t,x)$ 对变元 x 关于 t 一致地满足局部 Lipschitz 条件: $\exists\delta>0, L>0$, 使得当 $|t|\leqslant h, |x_1-\xi|\leqslant\delta$, $|x_2-\xi|\leqslant\delta$ 时, 有

$$|F(t,x_1)-F(t,x_2)|\leqslant L|x_1-x_2|, \tag{1.1.10}$$

这时就有

$$\rho(Tx,Ty)\leqslant Lh\rho(x,y) \quad (\forall x,y\in\overline{B}(\xi,\delta)),$$

其中

$$\overline{B}(\xi,\delta)\triangleq\left\{x(t)\in C[-h,h]\Big|\max_{|t|\leqslant h}|x(t)-\xi|\leqslant\delta\right\}.$$

在这里我们不能直接取 $C[-h,h]$ 为定理 1.1.12 中的度量空间 $\mathscr{X}$, 因为当 $Lh<1$ 时, T 只是在 $C[-h,h]$ 的子集 $\overline{B}(\xi,\delta)$ 上才是压缩的. 在这里我们把常数 ξ 看成是 $[-h,h]$ 上恒等于 ξ 的常值函数.

我们取 $\mathscr{X}=\overline{B}(\xi,\delta)$, 为了要使 $T:\mathscr{X}\to\mathscr{X}$, 再设

$$M\triangleq\max\left\{|F(t,x)|\big|(t,x)\in[-h,h]\times[\xi-\delta,\xi+\delta]\right\},$$

取 $h>0$ 足够小, 以使

$$\max|(Tx)(t)-\xi|=\max\left|\int_0^t F(\tau,x(\tau))\mathrm{d}\tau\right|\leqslant Mh\leqslant\delta.$$

由于 $(C[-h,h],\rho)$ 是一个完备的度量空间, 而 $\mathscr{X}$ 又是它的一个闭子集, 因此 $(\mathscr{X},\rho)$ 还是一个完备的度量空间 (习题 1.1.1). 于是我们得到了下面的定理.

定理 1.1.14 设函数 $F(t,x)$ 在 $[-h,h]\times[\xi-\delta,\xi+\delta]$ 上定义、连续并满足条件 (1.1.10), 则当 $h<\min\{\delta/M,1/L\}$ 时, 初值问题 (1.1.5) 在 $[-h,h]$ 上存在唯一解.

例 1.1.15 (隐函数存在定理) 设 $f(x,y)=(f_1(x,y),\cdots,f_m(x,y)):\mathbb{R}^n\times\mathbb{R}^m\to\mathbb{R}^m, U\times V\subset\mathbb{R}^n\times\mathbb{R}^m$ 是 (x_0,y_0) 在

$\mathbb{R}^n \times \mathbb{R}^m$ 中的一个邻域. 设 $f(x,y)$ 及

$$\frac{\partial f(x,y)}{\partial y} = \begin{pmatrix} \dfrac{\partial f_1}{\partial y_1}(x,y), & \cdots, & \dfrac{\partial f_1}{\partial y_m}(x,y) \\ \vdots & & \vdots \\ \dfrac{\partial f_m}{\partial y_1}(x,y), & \cdots, & \dfrac{\partial f_m}{\partial y_m}(x,y) \end{pmatrix}$$

在 $U \times V$ 内连续, 又设

$$f(x_0,y_0) = 0, \quad \left[\det\left(\frac{\partial f}{\partial y}(x,y)\right)\right](x_0,y_0) \neq 0,$$

则 $\exists (x_0,y_0)$ 的一个邻域 $U_0 \times V_0 \subset U \times V$ 以及唯一的连续函数 $\varphi : U_0 \to V_0$, 满足

$$\begin{cases} f(x,\varphi(x)) = 0 \quad (\text{当 } x \in U_0), \\ \varphi(x_0) = y_0. \end{cases}$$

证 用 $\left(\dfrac{\partial f(x_0,y_0)}{\partial y}\right)^{-1} \cdot f(x,y)^{\mathrm{T}}$ 代替 $f(x,y)^{\mathrm{T}}$, 可设

$$\frac{\partial f}{\partial y}(x_0,y_0) = \begin{pmatrix} 1 & \cdots & 0 \\ \vdots & \ddots & \vdots \\ 0 & \cdots & 1 \end{pmatrix}$$

为恒等矩阵, 其中

$$f(x,y)^{\mathrm{T}} = \begin{pmatrix} f_1(x,y) \\ \vdots \\ f_m(x,y) \end{pmatrix}.$$

考虑映射 $T : \varphi \to T\varphi$,

$$(T\varphi)(x) = \varphi(x) - f(x,\varphi(x)),$$

其中 $\varphi \in C(\overline{B}(x_0,r),\mathbb{R}^m)$, 这里 $r > 0, C(\overline{B}(x_0,r),\mathbb{R}^m)$ 表示定义在闭球 $\overline{B}(x_0,r)$ 上取值于 $\mathbb{R}^m$ 上的向量值连续函数空间, 其距离定义为

$$\rho(\varphi,\psi) \triangleq \max_{\substack{x\in\overline{B}(x_0,r)\\ 1\leqslant i\leqslant m}} |\varphi_i(x)-\psi_i(x)|,$$

其中 $\varphi = (\varphi_1,\cdots,\varphi_m), \psi = (\psi_1,\cdots,\psi_m)$. 因为假设 $\dfrac{\partial f(x,y)}{\partial y}$ 在 $U \times V$ 上连续, 所以 $\exists\delta > 0$, 使得

$$\left|\delta_{ij} - \left[\frac{\partial f(x,y)}{\partial y}\right]_{ij}\right| < \frac{1}{2m},$$
$$i,j = 1,2,\cdots,m, x \in \overline{B}(x_0,\delta), y \in \overline{B}(y_0,\delta),$$

其中 $[\quad]_{ij}$ 表示括号内矩阵的第 i 行, 第 j 列元素, $\delta_{ij}=0, i\neq j$, $\delta_{ij} = 1, i = j$. 记 $d_i(x) = \varphi_i(x) - \psi_i(x), i = 1,2,\cdots,m$, 根据微分中值定理,

$$\begin{aligned}\rho(T\varphi,T\psi) &= \max_{\substack{x\in\overline{B}(x_0,r)\\ 1\leqslant i\leqslant m}} |d_i(x) - f_i(x,\varphi(x)) + f_i(x,\psi(x))| \\ &= \max_{\substack{x\leqslant\overline{B}(x_0,r)\\ 1\leqslant i\leqslant m}} \left|d_i(x) - \sum_{j=1}^{m}\frac{\partial f_i(x,\widehat{y}(x))}{\partial y_j}d_j(x)\right| \\ &\leqslant \frac{1}{2}\max_{\substack{x\in\overline{B}(x_0,r)\\ 1\leqslant i\leqslant m}} |d_i(x)| = \frac{1}{2}\rho(\varphi,\psi), \end{aligned} \tag{1.1.11}$$

其中 $\varphi,\psi \in \mathscr{X}$, $\widehat{y}(x) = (\widehat{y}_1(x),\widehat{y}_2(x),\cdots,\widehat{y}_m(x))$, 这里

$$\begin{aligned}\mathscr{X} \triangleq \{\varphi \in C(\overline{B}(x_0,r),\mathbb{R}^m)|\varphi(x_0) = y_0,\\ \varphi(x) \in \overline{B}(y_0,\delta), x \in \overline{B}(x_0,r)\},\end{aligned}$$
$$\begin{aligned}\widehat{y}_i(x) = \theta_i(x)\varphi(x) + (1-\theta_i(x))\psi(x),\\ 0 < \theta_i(x) < 1, x \in \overline{B}(x_0,r).\end{aligned}$$

因 $\mathscr{X}$ 在 $C(\overline{B}(x_0,r),\mathbb{R}^m)$ 中闭, 从而是一个完备度量空间. (1.1.11) 式表明, $T:\mathscr{X}\to C(\overline{B}(x_0,r),\mathbb{R}^m)$ 是压缩映射. 剩下来只要再证 $T:\mathscr{X}\to\mathscr{X}$ 就够了, 因为根据压缩映射原理 (定理 1.1.12), T 存在唯一的不动点, 这就是我们所要证的. 注意到

$$\begin{aligned}\rho(T\varphi,y_0)&\leqslant\rho(T\varphi,Ty_0)+\rho(Ty_0,y_0)\\&\leqslant\frac{1}{2}\rho(\varphi,y_0)+\max_{\substack{x\in\overline{B}(x_0,r)\\1\leqslant i\leqslant m}}|f_i(x,y_0)|,\end{aligned}$$

这里把 y_0 看成映射: $x\mapsto y_0, x\in\overline{B}(x_0,r)$, 此时有 $y_0\in\mathscr{X}$. 又由 f 的连续性, $\exists\eta>0$, 使得

$$\max_{\substack{x\in\overline{B}(x_0,r)\\1\leqslant i\leqslant m}}|f_i(x,y_0)|<\frac{\delta}{2}.$$

因此, 当 $0<r<\min\{\eta,\delta\}$ 时, $\rho(Ty_0,y_0)<\dfrac{\delta}{2}$,

$$\rho(T\varphi,y_0)\leqslant\frac{1}{2}\rho(\varphi,y_0)+\frac{1}{2}\delta\leqslant\frac{1}{2}\delta+\frac{1}{2}\delta=\delta,\quad\varphi\in\mathscr{X}.$$

此外, 还有

$$\begin{aligned}(T\varphi)(x_0)&=\varphi(x_0)-f(x_0,\varphi(x_0))\\&=y_0-f(x_0,y_0),\quad\varphi\in\mathscr{X}.\end{aligned}$$

所以 $T:\mathscr{X}\to\mathscr{X}$. ■

习　　题

1.1.1　证明: 完备空间的闭子集是一个完备的子空间, 而任一度量空间中的完备子空间必是闭子集.

1.1.2 (Newton 法)　设 f 是定义在 $[a,b]$ 上的二次连续可微的实值函数, $\widehat{x}\in(a,b)$ 使得 $f(\widehat{x})=0, f'(\widehat{x})\neq0$. 求证: 存在 $\widehat{x}$ 的邻域 $U(\widehat{x})$, 使得 $\forall x_0\in U(\widehat{x})$, 迭代序列

$$x_{n+1}=x_n-\frac{f(x_n)}{f'(x_n)}\quad(n=0,1,2,\cdots)$$

是收敛的, 并且

$$\lim_{n\to\infty} x_n = \widehat{x}.$$

1.1.3 设 $(\mathscr{X},\rho)$ 是度量空间, 映射 $T:\mathscr{X}\to\mathscr{X}$ 满足

$$\rho(Tx,Ty)<\rho(x,y)\quad(\forall x\neq y),$$

并已知 T 有不动点, 求证: 此不动点是唯一的.

1.1.4 设 T 是度量空间上的压缩映射, 求证: T 是连续的.

1.1.5 设 T 是压缩映射, 求证: $T^n(n\in\mathbb{N})$ 也是压缩映射, 并说明逆命题不一定成立.

1.1.6 设 M 是 $(\mathbb{R}^n,\rho)$ 中的有界闭集, 映射 $T:M\to M$ 满足: $\rho(Tx,Ty)<\rho(x,y)(\forall x,y\in M,x\neq y)$. 求证: T 在 M 中存在唯一的不动点.

1.1.7 对于积分方程

$$x(t)-\lambda\int_0^1 \mathrm{e}^{t-s}x(s)\mathrm{d}s=y(t),$$

其中 $y(t)\in C[0,1]$ 为一给定函数, λ 为常数, $|\lambda|<1$, 求证: 存在唯一解 $x(t)\in C[0,1]$.

§ 2 完 备 化

在压缩映射原理 (定理 1.1.12) 中, 对空间 $(\mathscr{X},\rho)$ 的完备性要求一般来说是不能省略的. 这很容易从下例中看出. 大家知道: 函数 $T(x)\triangleq\dfrac{1}{2}\sqrt{x+1}$ 在 $[0,1]$ 上有定义, 并且有唯一的不动点 $x_0=\dfrac{\sqrt{17}+1}{8}$. 然而若取 $\mathscr{X}=[0,1]\backslash\{x_0\}$, 那么 T 仍然是 $\mathscr{X}\to\mathscr{X}$ 的压缩映射, 但它却不再有不动点. 因此在许多分析问题中, 我们经常要求所在的空间 $\mathscr{X}$ 是完备的. 不过, 空间是否完备与其上的距离紧密相连. 以 $C[a,b]$ 为例, 当赋以另一距离:

$$\rho_1(x,y)\triangleq\int_a^b|x(t)-y(t)|\mathrm{d}t \tag{1.2.1}$$

时, $(C[a,b],\rho_1)$ 就不是完备的 (请读者自己验证)! 以下我们将仿照实数理论中从有理数域出发定义无理数的方法, 对空间 $(\mathscr{X},\rho)$ 增添 "理想元素", 使之 "扩充" 为一个完备空间.

定义 1.2.1 设 $(\mathscr{X},\rho),(\mathscr{X}_1,\rho_1)$ 是两个度量空间, 如果存在映射 $\varphi:\mathscr{X}\to\mathscr{X}_1$ 满足

(1) φ 是满射,

(2) $\rho(x,y)=\rho_1(\varphi x,\varphi y)\quad(\forall x,y\in\mathscr{X})$,

则称 $(\mathscr{X},\rho)$ 和 $(\mathscr{X}_1,\rho_1)$ 是**等距同构**的, 并称 φ 为**等距同构映射**, 有时简称**等距同构**.

注 由 (2) 导出 φ 还是单射.

显然, 凡是等距同构的度量空间, 它们的一切与距离相联系的性质都是一样的. 因此今后我们将不再区分它们. 如果度量空间 $(\mathscr{X}_1,\rho_1)$ 与另一个度量空间 $(\mathscr{X}_2,\rho_2)$ 的子空间 $(\mathscr{X}_0,\rho_2)$ 是等距同构的, 我们就说 $(\mathscr{X}_1,\rho_1)$ 可以嵌入 $(\mathscr{X}_2,\rho_2)$. 在上述意义下, 我们认为 $(\mathscr{X}_1,\rho_1)$ 就是 $(\mathscr{X}_2,\rho_2)$ 的一个子空间, 并简单地记作

$$(\mathscr{X}_1,\rho_1)\subset(\mathscr{X}_2,\rho_2).$$

在实数集合里, 我们知道什么叫稠密子集, 这个概念可以推广到一般的度量空间.

定义 1.2.2 设 $(\mathscr{X},\rho)$ 是度量空间. 集合 $E\subset\mathscr{X}$ 叫作在 $\mathscr{X}$ 中的**稠密子集**, 如果 $\forall x\in\mathscr{X},\forall\varepsilon>0,\exists z\in E$, 使得 $\rho(x,z)<\varepsilon$. 换句话说: $\forall x\in\mathscr{X},\exists\{x_n\}\subset E$, 使得 $x_n\to x\ (n\to\infty)$.

例 1.2.3 $[a,b]$ 上的多项式全体记为 $P[a,b]$. 根据 Weierstrass 定理可知 $P[a,b]$ 在 $C[a,b]$ 中稠密.

定义 1.2.4 包含给定度量空间 $(\mathscr{X},\rho)$ 的最小的完备度量空间称为 $\mathscr{X}$ 的**完备化空间**, 其中最小的含义是: 任何一个以$(\mathscr{X},\rho)$ 为子空间的完备度量空间都以此空间为子空间.

命题 1.2.5 如果 $(\mathscr{X}_1,\rho_1)$ 是一个以 $(\mathscr{X},\rho)$ 为子空间的完备度量空间, $\rho_1|_{\mathscr{X}\times\mathscr{X}}=\rho$, 并且 $\mathscr{X}$ 在 $\mathscr{X}_1$ 中稠密, 则 $\mathscr{X}_1$ 是 $\mathscr{X}$ 的

完备化空间.

证 事实上, $\forall \xi \in \mathscr{X}_1, \exists x_n \in \mathscr{X}$, 使得 $\rho_1(x_n, \xi) \to 0\ (n \to \infty)$. 如果存在 $(\mathscr{X}_2, \rho_2)$ 以 $(\mathscr{X}, \rho)$ 为子空间, 因为

$$\rho_2(x_n, x_m) = \rho_1(x_n, x_m) \to 0 \quad (n, m \to \infty),$$

所以 $\exists \widehat{\xi} \in \mathscr{X}_2$, 使得 $\rho_2(x_n, \widehat{\xi}) \to 0$. 做映射 $T: \mathscr{X}_1 \to \mathscr{X}_2, T\xi = \widehat{\xi}$. 我们还要证 T 是等距的. 因为 $\forall \eta \in \mathscr{X}_1$, 又 $\exists y_n \in \mathscr{X}$, 使得 $\rho_1(y_n, \eta) \to 0$, 所以

$$\rho_1(\xi, \eta) = \lim_{n\to\infty} \rho_1(x_n, y_n) = \lim_{n\to\infty} \rho_2(x_n, y_n) = \rho_2(\widehat{\xi}, \widehat{\eta}).$$

这表明 $(\mathscr{X}_1, \rho_1)$ 是 $(\mathscr{X}_2, \rho_2)$ 的一个子空间. ■

定理 1.2.6 每一个度量空间都有一个完备化空间.

证 设 $(\mathscr{X}, \rho)$ 是一个度量空间, 分三步证明它有一个完备化空间.

(1) 将 $\mathscr{X}$ 中的基本列分类, 凡是满足

$$\lim_{n\to\infty} \rho(x_n, y_n) = 0$$

的两个基本列 $\{x_n\}, \{y_n\}$ 称为等价的. 彼此等价的基本列归于同一类且只归一类, 称为等价类. 我们把一个等价类看成是一个元素, 并用 $\mathscr{X}_1$ 表示一切这种元素 (等价类) 组成的集合. 在 $\mathscr{X}_1$ 上定义距离: $\forall \xi, \eta \in \mathscr{X}_1$, 任取 $\{x_n\} \in \xi, \{y_n\} \in \eta$, 令

$$\rho_1(\xi, \eta) = \lim_{n\to\infty} \rho(x_n, y_n). \tag{1.2.2}$$

容易验证 (1.2.2) 式右端的极限的确存在并且极限值与 $\{x_n\}, \{y_n\}$ 的选取无关 (请读者自己验证). 为了验证 (1.2.2) 式定义的 ρ_1 的确是个距离, 注意到定义 1.1.1 中的 (1), (2) 是显然的, 而 (3) 可由

$$\rho(x_n, y_n) \leqslant \rho(x_n, z_n) + \rho(z_n, y_n)$$

取极限得到, 其中 $\{x_n\},\{y_n\},\{z_n\}$ 是分别属于等价类 ξ,η,ζ 的基本列. 这样, 我们就证明了 $(\mathscr{X}_1,\rho_1)$ 是一度量空间.

(2) $\forall x\in\mathscr{X}$, 我们用 $\xi_x\in\mathscr{X}_1$ 表示包含序列 $(x,x,\cdots,x,\cdots)$ 的等价类, 这样的 ξ_x 全体记为 $\mathscr{X}'$. 显然 $\mathscr{X}'\subset\mathscr{X}_1$ 且映射 $T: x\mapsto\xi_x$ 作为 $(\mathscr{X},\rho)\to(\mathscr{X}',\rho_1)$ 的映射满足定义 1.2.1 中的 (1), (2). 因此, $(\mathscr{X},\rho)$ 和 $(\mathscr{X}',\rho_1)$ 等距同构, 即有 $(\mathscr{X},\rho)\subset(\mathscr{X}_1,\rho_1)$. 进一步容易验证 $\mathscr{X}$ 在 $\mathscr{X}_1$ 中稠密.

(3) 证明 $(\mathscr{X}_1,\rho_1)$ 是完备的. 设 $\{\xi^{(n)}\}$ 是 $\mathscr{X}_1$ 中的基本列. 要证 $\exists\xi\in\mathscr{X}_1$, 使得

$$\rho_1(\xi^{(n)},\xi)\to 0\quad(n\to\infty).$$

1° 先证特殊情形, 假定 $\{\xi^{(n)}\}\subset\mathscr{X}'$. 令 $x_n=T^{-1}\xi^{(n)}$, 则 $\{x_n\}$ 是 $\mathscr{X}$ 中的基本列. 设 $\{x_n\}\in\xi$, 便有 $\xi^{(n)}\to\xi$.

2° 再证一般情形, 由于 $\mathscr{X}'$ 在 $\mathscr{X}_1$ 中稠密, $\forall\xi^{(n)}\in\mathscr{X}_1$, $\exists\overline{\xi}^{(n)}\in\mathscr{X}'$, 使得 $\rho_1(\overline{\xi}^{(n)},\xi^{(n)})<1/n$. 由 1° 可设 $\overline{\xi}^{(n)}\to\xi\in\mathscr{X}_1$, 即可推出 $\xi^{(n)}\to\xi$.

最后综合 (1), (2), (3) 并用命题 1.2.5 即得结论. ■

例 1.2.7 $P[a,b]$ ($[a,b]$ 上的多项式全体) 按距离

$$\rho(x,y)=\max_{a\leqslant t\leqslant b}|x(t)-y(t)|$$

的完备化空间是 $C[a,b]$.

例 1.2.8 $C[a,b]$ 按照 (1.2.1) 式定义的距离 ρ_1 完备化, 完备化空间是 $L^1[a,b]$.

习　　题

1.2.1 (空间 S)　令 S 为一切实 (或复) 数列

$$x=(\xi_1,\xi_2,\cdots,\xi_n,\cdots)$$

组成的集合, 在 S 中定义距离为

$$\rho(x,y)=\sum_{k=1}^{\infty}\frac{1}{2^k}\cdot\frac{|\xi_k-\eta_k|}{1+|\xi_k-\eta_k|},$$

其中 $x=(\xi_1,\xi_2,\cdots,\xi_k,\cdots),y=(\eta_1,\eta_2,\cdots,\eta_k,\cdots)$. 求证: S 为一个完备的度量空间.

1.2.2 在一个度量空间 $(\mathscr{X},\rho)$ 上, 求证: 基本列是收敛列, 当且仅当其中存在一串收敛子列.

1.2.3 设 F 是只有有限项不为 0 的实数列全体, 在 F 上引进距离

$$\rho(x,y)=\sup_{k\geqslant 1}|\xi_k-\eta_k|,$$

其中 $x=\{\xi_k\}\in F,y=\{\eta_k\}\in F$, 求证: (F,ρ) 不完备, 并指出它的完备化空间.

1.2.4 求证: [0, 1] 上的多项式全体按距离

$$\rho(p,q)=\int_0^1|p(x)-q(x)|\mathrm{d}x \quad (p,q\text{ 是多项式})$$

是不完备的, 并指出它的完备化空间.

1.2.5 在完备的度量空间 $(\mathscr{X},\rho)$ 中给定点列 $\{x_n\}$, 如果 $\forall\varepsilon>0$, 存在基本列 $\{y_n\}$, 使得

$$\rho(x_n,y_n)<\varepsilon \quad (n\in\mathbb{N}),$$

求证: $\{x_n\}$ 收敛.

§ 3 列 紧 集

设 $(\mathscr{X},\rho)$ 是一个度量空间, A 是 $\mathscr{X}$ 的一个子集, A 称为是有界的, 如果 $\exists x_0\in\mathscr{X}$ 及 $r>0$, 使得 $A\subset B(x_0,r)$, 其中

$$B(x_0,r)\triangleq\{x\in\mathscr{X}\,|\,\rho(x,x_0)<r\}.$$

在有穷维欧氏空间, 有界无穷集必含有一个收敛子列, 但这个性质不能推广到任意的度量空间.

例 1.3.1 在 $C[0,1]$ 上, 考察点列

$$x_n(t) = \begin{cases} 0, & t \geqslant 1/n, \\ 1 - nt, & t < 1/n \end{cases} \quad (n = 1, 2, \cdots).$$

显然 $\{x_n\} \subset B(\theta, 1)$, 其中 θ 表示恒等于 0 的函数, 但是 $\{x_n\}$ 不含有收敛子列.

定义 1.3.2 设 $(\mathscr{X}, \rho)$ 是一个度量空间, A 为其一子集. 称 A 是**列紧的**, 如果 A 中的任意点列在 $\mathscr{X}$ 中有一个收敛子列. 若这个子列还收敛到 A 中的点, 则称 A 是**自列紧的**. 如果空间 $\mathscr{X}$ 是列紧的, 那么称 $\mathscr{X}$ 为**列紧空间**.

命题 1.3.3 在 $\mathbb{R}^n$ 中任意有界集是列紧集, 任意有界闭集是自列紧集.

命题 1.3.4 列紧空间内任意 (闭) 子集都是 (自) 列紧集.

命题 1.3.5 列紧空间必是完备空间.

证 设 $(\mathscr{X}, \rho)$ 是一个列紧空间, $\{x_n\}$ 是其中的一串基本列, 不妨设其是一无穷点列. 由列紧性, 存在 $\{x_n\}$ 的子列 $\{y_n\}$ 收敛到 $x_0 \in \mathscr{X}$. 于是由习题 1.2.2 可知 $x_n \to x_0$ $(n \to \infty)$. ■

在度量空间中我们来引入一个比有界性更强的概念.

定义 1.3.6 (ε 网) 设 M 是 $(\mathscr{X}, \rho)$ 中的一个子集, $\varepsilon > 0$, $N \subset M$. 如果对于 $\forall x \in M, \exists y \in N$, 使得 $\rho(x, y) < \varepsilon$, 那么称 N 是 M 的一个 ε **网**. 如果 N 还是一个有穷集 (个数依赖于 ε), 那么称 N 为 M 的一个**有穷 ε 网**.

注 由定义显然有

$$M \subset \bigcup_{y \in N} B(y, \varepsilon).$$

定义 1.3.7 (完全有界) 集合 M 称为是**完全有界**的, 如果 $\forall \varepsilon > 0$, 都存在着 M 的一个有穷 ε 网.

定理 1.3.8 (Hausdorff) 为了 (完备) 度量空间 $(\mathscr{X}, \rho)$ 中的集合 M 是列紧的, 必须 (且仅须) M 是完全有界集.

证 *必要性*. 用反证法, 若 $\exists \varepsilon_0 > 0, M$ 中没有有穷的 ε_0 网. 任取 $x_1 \in M, \exists x_2 \in M \backslash B(x_1, \varepsilon_0)$;

对 $\{x_1, x_2\} \in M, \exists x_3 \in M \backslash B(x_1, \varepsilon_0) \cup B(x_2, \varepsilon_0)$;

······

对 $\{x_1, x_2, \cdots, x_n\} \in M, \exists x_{n+1} \in M \Big\backslash \bigcup\limits_{k=1}^{n} B(x_k, \varepsilon_0)$;

······

这样产生的点列 $\{x_n\} \subset M$ 显然满足 $\rho(x_n, x_m) \geqslant \varepsilon_0 (n \neq m)$, 它没有收敛的子列. 这与 M 的列紧性矛盾.

充分性. 若 $\{x_n\}$ 是 M 中的无穷点列, 想找一个收敛子列. 对 1 网, $\exists y_1 \in M, \{x_n\}$ 的子列 $\{x_n^{(1)}\} \subset B(y_1, 1)$;

对 $1/2$ 网, $\exists y_2 \in M, \{x_n^{(1)}\}$ 的子列 $\{x_n^{(2)}\} \subset B(y_2, 1/2)$;

······

对 $1/k$ 网, $\exists y_k \in M, \{x_n^{(k-1)}\}$ 的子列 $\{x_n^{(k)}\} \subset B(y_k, 1/k)$;

······

最后抽出对角线子列 $\{x_k^{(k)}\}$, 它是一个基本列. 事实上, $\forall \varepsilon > 0$, 当 $n > 2/\varepsilon$ 时, 对 $\forall p \in \mathbb{N}$ 有

$$\begin{aligned}\rho(x_{n+p}^{(n+p)}, x_n^{(n)}) &\leqslant \rho(x_{n+p}^{(n+p)}, y_n) + \rho(x_n^{(n)}, y_n) \\ &\leqslant \frac{2}{n} < \varepsilon.\end{aligned}$$

■

定义 1.3.9 一个度量空间若有可数的稠密子集, 就称这个度量空间是**可分的**.

定理 1.3.10 完全有界的度量空间是可分的.

证 取 N_n 为有穷的 $1/n$ 网, 则 $\bigcup\limits_{n=1}^{\infty} N_n$ 是一个可数的稠密子集. ■

定义 1.3.11 在拓扑空间 $\mathscr{X}$ 中, 集合 M 称为是**紧的**, 如果 $\mathscr{X}$ 中每个覆盖 M 的开集族中有有穷个开集覆盖集合 M.

定理 1.3.12 设 $(\mathscr{X},\rho)$ 是一个度量空间, 为了 $M\subset\mathscr{X}$ 是紧的必须且仅须 M 是自列紧集.

证 必要性. 设 M 是紧集. 先证 M 是闭集, 只要证 M 的余集是开集. $\forall x_0\in\mathscr{X}\backslash M$, 因为

$$M\subset\bigcup_{x\in M}B\left(x,\frac{1}{2}\rho(x,x_0)\right),$$

利用 M 的紧性, $\exists x_k\in M(k=1,2,\cdots,n)$, 使得

$$M\subset\bigcup_{k=1}^{n}B\left(x_k,\frac{1}{2}\rho(x_k,x_0)\right).$$

取 $\delta=\min\limits_{1\leqslant k\leqslant n}\dfrac{1}{2}\rho(x_k,x_0)$, 则显然有 $\delta>0$, 并且 $\forall x\in B(x_0,\delta)$ 有

$$\rho(x,x_k)\geqslant\rho(x_k,x_0)-\rho(x_0,x)>\delta\quad(k=1,2,\cdots,n).$$

因此, $B(x_0,\delta)\cap M=\varnothing$, 从而 M 的余集是开集得证.

其次证 M 是列紧集. 用反证法. 假若有 M 中的点列 $\{x_n\}$ 不含有收敛子列, 不妨假定 x_n 是互异的. 对每个 $n\in\mathbb{N}$, 做集合 $S_n\triangleq\{x_1,x_2,\cdots,x_{n-1},x_{n+1},x_{n+2},\cdots\}$, 显然每个 S_n 是闭集 (因为不含收敛子列), 从而每个 $\mathscr{X}\backslash S_n$ 是开集. 但

$$\bigcup_{n=1}^{\infty}(\mathscr{X}\backslash S_n)=\mathscr{X}\Big\backslash\bigcap_{n=1}^{\infty}S_n=\mathscr{X}\backslash\varnothing=\mathscr{X}\supset M,$$

由 M 的紧性, $\exists N\in\mathbb{N}$, 使得 $\bigcup\limits_{n=1}^{N}(\mathscr{X}\backslash S_n)\supset M$, 即得

$$\mathscr{X}\backslash\{x_n\}_{n=N+1}^{\infty}\supset M,$$

但这是不可能的, 因为 x_{N+1} 属于上式右端而不属于上式左端. 此矛盾说明 M 是列紧的.

充分性. 设 M 是自列紧的, 要在 M 的任一开覆盖中取出有限覆盖. 用反证法, 如果某个开覆盖 $\bigcup_{\lambda\in\Lambda} G_\lambda \supset M$ 不能取出 M 的有限覆盖. 由于 M 是自列紧的, $\forall n\in\mathbb{N}$, 存在有穷的 $1/n$ 网

$$N_n=\{x_1^{(n)},x_2^{(n)},\cdots,x_{k_{(n)}}^{(n)}\},$$

显然 $\bigcup_{y\in N_n} B(y,1/n)\supset M$. 因此, $\forall n\in\mathbb{N}, \exists y_n\in N_n$, 使得 $B(y_n,1/n)$ 不能被有限个 G_λ 所覆盖. 由假定 M 是自列紧集, 必存在收敛子列 y_{n_k} 收敛到一点 $y_0\in G_{\lambda_0}$. 又 G_{λ_0} 是开集, 所以 $\exists\delta>0$, 使得 $B(y_0,\delta)\subset G_{\lambda_0}$. 对此 $\delta>0$, 取 k 足够大, 使得 $n_k>2/\delta$, 并且 $\rho(y_{n_k},y_0)<\delta/2$, 则 $\forall x\in B(y_{n_k},1/n_k)$, 有

$$\rho(x,y_0)\leqslant\rho(x,y_{n_k})+\rho(y_{n_k},y_0)\leqslant\frac{1}{n_k}+\frac{\delta}{2}<\delta,$$

即 $x\in B(y_0,\delta)$, 从而 $B(y_{n_k},1/n_k)\subset B(y_0,\delta)\subset G_{\lambda_0}$. 这与每个 $B(y_n,1/n)$ 不能被有限个 G_λ 所覆盖矛盾. ■

我们曾考察过区间 $[a,b]$ 上的连续函数空间 $C[a,b]$, 现在稍微做一点推广. 设 M 是一个紧的度量空间, 带有距离 ρ, 用 $C(M)$ 表示 $M\to\mathbb{R}$ 的一切连续映射全体. 定义

$$d(u,v)=\max_{x\in M}|u(x)-v(x)|\quad(\forall u,v\in C(M)).\tag{1.3.1}$$

命题 1.3.13 $(C(M),d)$ 是一个度量空间.

证 其实只有定义本身的合理性是要验证的. 即, 对 $\forall u\in C(M)$, 存在着最大值 $\max_{x\in M}|u(x)|$. 事实上, $u(M)$ 是紧集. 因为对任意点列 $y_n\in u(M), \exists x_n\in M$, 使得 $u(x_n)=y_n$. 由于 M 是紧的, 从而有子列 $x_{n_k}\to x_0, k\to\infty$, 而 u 是连续的, 便有 $u(x_{n_k})\to u(x_0)\in u(M), k\to\infty$. 令 $y_0\triangleq u(x_0)$, 即得 $y_{n_k}=u(x_{n_k})\to y_0$, 从而 $u(M)$ 是紧集. 这蕴含 $u(M)$ 是有界闭的数集. 设

$$\min u(M)=\alpha,\quad \max u(M)=\beta,$$

由闭性推出 $\alpha,\beta\in u(M)$. 这就证明了 $\max\limits_{x\in M}|u(x)|$ 的存在性. ■

命题 1.3.14 $(C(M),d)$ 是完备的.

证明留给读者作为习题.

现在我们来讨论连续函数空间上列紧集的刻画.

定义 1.3.15 设 F 是 $C(M)$ 的一个子集. 称 F 是**一致有界**的, 如果 $\exists M_1>0$, 使得 $|\varphi(x)|\leqslant M_1(\forall x\in M,\forall\varphi\in F)$; 称 F 是**等度连续**的, 如果 $\forall\varepsilon>0$, 总可以找到 $\delta(\varepsilon)>0$, 使得

$$|\varphi(x_1)-\varphi(x_2)|<\varepsilon\quad(\forall x_1,x_2\in M,\rho(x_1,x_2)<\delta,\forall\varphi\in F).$$

定理 1.3.16 (Arzelà-Ascoli) 为了 $F\subset C(M)$ 是一个列紧集, 必须且仅须 F 是一致有界且等度连续的函数族.

证 因为 $C(M)$ 是完备的, 所以由定理 1.3.8, 为了 F 是列紧的, 必须且仅须它是完全有界的.

必要性. 因为完全有界集是有界集, 所以 F 是一致有界函数族. $\forall\varepsilon>0$, 要证 $\exists\delta=\delta(\varepsilon)$, 使得 $\forall\varphi\in F$ 有

$$|\varphi(x_1)-\varphi(x_2)|<\varepsilon\quad(\text{当 }\rho(x_1,x_2)<\delta).$$

因为 F 的 $\varepsilon/3$ 网是一个有穷集 $N(\varepsilon/3)=\{\varphi_1,\varphi_2,\cdots,\varphi_n\}$, 对这有穷个函数, 由连续性, $\exists\delta=\delta(\varepsilon/3)$, 当 $\rho(x_1,x_2)<\delta$ 有

$$|\varphi_i(x_1)-\varphi_i(x_2)|<\varepsilon/3\quad(i=1,2,\cdots,n).$$

因为 $\forall\varphi\in F,\exists\varphi_i\in N(\varepsilon/3)$, 使得 $d(\varphi,\varphi_i)<\varepsilon/3$, 所以

$$\begin{aligned}&|\varphi(x)-\varphi(x')|\\&\quad\leqslant|\varphi(x)-\varphi_i(x)|+|\varphi_i(x)-\varphi_i(x')|+|\varphi_i(x')-\varphi(x')|\\&\quad\leqslant 2d(\varphi,\varphi_i)+|\varphi_i(x)-\varphi_i(x')|<\varepsilon\quad(\text{当 }\rho(x,x')<\delta).\end{aligned}$$

充分性. 设 F 一致有界且等度连续, 我们要找有穷的 ε 网. 由于 F 是等度连续的, $\exists\delta=\delta(\varepsilon/3)>0$, 使得当 $\rho(x,x')<\delta$ 时,

$|\varphi(x)-\varphi(x')|<\varepsilon/3(\forall\varphi\in F)$. 就此 δ, 选取空间 M 上的有穷 δ 网 $N(\delta)=\{x_1,x_2,\cdots,x_n\}$. 做映射 $T:F\to\mathbb{R}^n$,

$$T\varphi\triangleq(\varphi(x_1),\varphi(x_2),\cdots,\varphi(x_n))\quad(\forall\varphi\in F).$$

记 $\widetilde{F}=T(F)$, 则 $\widetilde{F}$ 是 $\mathbb{R}^n$ 中的有界集. 事实上, 设 $|\varphi|\leqslant M_1$ $(\forall\varphi\in F)$, 则

$$\left(\sum_{i=1}^{n}|\varphi(x_i)|^2\right)^{\frac{1}{2}}\leqslant\sqrt{n}\max_{x\in M}|\varphi(x)|\leqslant\sqrt{n}M_1\quad(\forall\varphi\in F).$$

从而 $\widetilde{F}$ 是列紧集, 利用定理 1.3.8, $\widetilde{F}$ 有有穷的 $\varepsilon/3$ 网

$$\widetilde{N}(\varepsilon/3)=\{T\varphi_1,T\varphi_2,\cdots,T\varphi_m\}.$$

从而 $\{\varphi_1,\varphi_2,\cdots,\varphi_m\}$ 是 F 的 ε 网, 这是因为 $\forall\varphi\in F,\exists\varphi_i$, 使得 $\rho_n(T\varphi,T\varphi_i)<\varepsilon/3$, 于是取定 $x_r\in N(\delta)$, 使得 $\rho(x,x_r)<\delta$, 有

$$\begin{aligned}&|\varphi(x)-\varphi_i(x)|\\&\quad\leqslant|\varphi(x)-\varphi(x_r)|+|\varphi(x_r)-\varphi_i(x_r)|+|\varphi_i(x_r)-\varphi_i(x)|\\&\quad<\frac{2}{3}\varepsilon+\rho_n(T\varphi,T\varphi_i)<\varepsilon,\end{aligned}$$

其中 ρ_n 表示 $\mathbb{R}^n$ 上的距离. ■

例 1.3.17 设 $\Omega\subset\mathbb{R}^n$ 是有界开凸集. 若 M_1,M_2 是两个给定的正数, 则集合

$$F\triangleq\left\{\varphi\in C^{(1)}(\overline{\Omega})\big||\varphi(x)|\leqslant M_1,|\mathrm{grad}\,\varphi(x)|\leqslant M_2(\forall x\in\Omega)\right\}$$

是 $C(\overline{\Omega})$ 上的一个列紧集, 其中 $C^{(1)}(\overline{\Omega})$ 表示 $\overline{\Omega}$ 上的连续可微函数全体.

证 因为 $\forall\varphi\in F,\forall x_1,x_2\in\overline{\Omega},\exists\theta\in(0,1)$, 使得

$$\varphi(x_1)-\varphi(x_2)=\mathrm{grad}\,\varphi(\theta x_1+(1-\theta)x_2)\cdot(x_1-x_2),$$

所以

$$|\varphi(x_1)-\varphi(x_2)| \leqslant M_2\rho_n(x_1,x_2) \quad (\forall\varphi\in F).$$

这表明 F 是等度连续的. 此外 F 显然是一致有界的. ■

习　题

1.3.1 在完备的度量空间中求证: 子集 A 列紧的充要条件是对 $\forall\varepsilon>0$, 存在 A 的列紧的 ε 网.

1.3.2 在度量空间中求证: 紧集上的连续函数必是有界的, 并且达到它的上、下确界.

1.3.3 在度量空间中求证: 完全有界的集合是有界的, 并通过考虑 l^2 的子集 $E=\{e_k\}_{k=1}^{\infty}$, 其中

$$e_k=\{\underbrace{0,0,\cdots,0,1}_{k},0,\cdots\},$$

来说明一个集合可以是有界但不完全有界的.

1.3.4 设 $(\mathscr{X},\rho)$ 是度量空间, F_1,F_2 是它的两个紧子集, 求证: $\exists x_i\in F_i(i=1,2)$, 使得 $\rho(F_1,F_2)=\rho(x_1,x_2)$, 其中

$$\rho(F_1,F_2)\triangleq\inf\left\{\rho(x,y)\big|x\in F_1,y\in F_2\right\}.$$

1.3.5 设 M 是 $C[a,b]$ 中的有界集, 求证: 集合

$$\left\{F(x)=\int_a^x f(t)\mathrm{d}t\big|f\in M\right\}$$

是列紧集.

1.3.6 设 $E=\{\sin nt\}_{n=1}^{\infty}$, 求证: E 在 $C[0,\pi]$ 中不是列紧的.

1.3.7 求证: S 空间 (定义见习题 1.2.1) 的子集 A 列紧的充要条件是: $\forall n\in\mathbb{N},\exists C_n>0$, 使得对 $\forall x=(\xi_1,\xi_2,\cdots,\xi_n,\cdots)\in A$, 有 $|\xi_n|\leqslant C_n(n=1,2,\cdots)$.

1.3.8 设 $(\mathscr{X},\rho)$ 是度量空间, M 是 $\mathscr{X}$ 中的列紧集, 映射 $f:\mathscr{X}\to M$ 满足

$$\rho(f(x_1),f(x_2))<\rho(x_1,x_2)\quad(\forall x_1,x_2\in\mathscr{X},x_1\neq x_2).$$

求证: f 在 $\mathscr{X}$ 中存在唯一的不动点.

1.3.9 设 (M,ρ) 是一个紧度量空间, 又 $E\subset C(M),E$ 中的函数一致有界并满足下列 Hölder 条件:

$$|x(t_1)-x(t_2)|\leqslant C\rho(t_1,t_2)^{\alpha}\quad(\forall x\in E,\forall t_1,t_2\in M),$$

其中 $0<\alpha\leqslant 1,C>0$. 求证: E 在 $C(M)$ 中是列紧集.

§ 4 赋范线性空间

上一节我们在度量空间上讨论了映射的不动点问题. 然而度量空间只有拓扑结构, 对于许多分析问题只考虑拓扑结构不考虑代数结构是不够用的, 因为在分析中通常遇到的函数空间, 不但要考察收敛而且要考虑元素间的代数运算.

4.1 线性空间

在线性代数中, 我们学过线性空间的概念.

定义 1.4.1 设 $\mathscr{X}$ 是一个非空集, $\mathbb{K}$ 是复 (或实) 数域. 如果下列条件满足, 便称 $\mathscr{X}$ 为一**复 (或实) 线性空间**:

(1) $\mathscr{X}$ 是一加法交换群, 即对 $\forall x,y\in\mathscr{X},\exists u\in\mathscr{X}$, 记作 $u=x+y$, 称 u 为 x,y **之和**, 适合

(1.1) $x+y=y+x$;

(1.2) $(x+y)+z=x+(y+z)$;

(1.3) 存在唯一的 $\theta\in\mathscr{X}$, 对 $\forall x\in\mathscr{X},x+\theta=\theta+x$;

(1.4) 对任意的 $x\in\mathscr{X},\exists|x'\in\mathscr{X}$, 使得 $x+x'=\theta$, 记此 x' 为 $-x$.

(2) 定义了数域 $\mathbb{K}$ 中的数 α 与 $x \in \mathscr{X}$ 的数乘运算, 即 $\forall(\alpha, x) \in \mathbb{K} \times \mathscr{X}, \exists u \in \mathscr{X}$, 记作 $u = \alpha x$, 称 u 为 x 对 α 的**数乘**, 适合

(2.1) $\alpha(\beta x) = (\alpha\beta)x \quad (\forall \alpha, \beta \in \mathbb{K}, \forall x \in \mathscr{X})$;

(2.2) $1 \cdot x = x$;

(2.3) $(\alpha + \beta)x = \alpha x + \beta x \quad (\forall \alpha, \beta \in \mathbb{K}, \forall x \in \mathscr{X})$,

$\alpha(x + y) = \alpha x + \alpha y \quad (\forall x, y \in \mathscr{X}, \forall \alpha \in \mathbb{K})$.

线性空间的元素又称为向量, 因而线性空间又称为向量空间. 下述概念是线性空间的基本概念.

线性同构 设 $\mathscr{X}, \mathscr{X}_1$ 都是线性空间, $T : \mathscr{X} \to \mathscr{X}_1$ 称为是一个线性同构, 如果

(1) 它既是单射又是满射, 即它是一对一的并且是在上的;

(2) $T(\alpha x + \beta y) = \alpha Tx + \beta Ty \quad (\forall x, y \in \mathscr{X}, \forall \alpha, \beta \in \mathbb{K})$.

线性子空间 设 $E \subset \mathscr{X}$, 若 E 依 $\mathscr{X}$ 上的加法与数乘还构成一个线性空间, 则称 E 是 $\mathscr{X}$ 的一个线性子空间.

$\mathscr{X}$ 以及 $\{\theta\}$ 都是 $\mathscr{X}$ 的线性子空间, 我们称它们为平凡的子空间, 而称其他的子空间为真子空间.

线性流形 设 $E \subset \mathscr{X}$, 若 $\exists x_0 \in \mathscr{X}$ 及线性子空间 $E_0 \subset \mathscr{X}$, 使得 $E = E_0 + x_0 \triangleq \{x + x_0 | x \in E_0\}$, 则称 E 为线性流形. 简单地说, 线性流形就是子空间对某个向量的平移.

线性相关 一组向量 $x_1, x_2, \cdots, x_n \in \mathscr{X}$ 称为是线性相关的, 如果存在 $\lambda_1, \lambda_2, \cdots, \lambda_n \in \mathbb{K}$ 不全为 0, 使得

$$\lambda_1 x_1 + \lambda_2 x_2 + \cdots + \lambda_n x_n = 0;$$

否则称为是线性无关的.

线性基 若 A 是 $\mathscr{X}$ 中的一个极大线性无关向量组, 即 A 中的向量是线性无关的, 而且任意的 $x \in \mathscr{X}$ 都是 A 中的向量的线性组合, 则称 A 是 $\mathscr{X}$ 的一组线性基.

维数 线性空间中的线性基的元素个数 (势), 称为维数.

线性包 设 Λ 是一个指标集, $\{x_\lambda|\lambda\in\Lambda\}$ 是 $\mathscr{X}$ 中的向量族, 一切由 $\{x_\lambda|\lambda\in\Lambda\}$ 的有穷线性组合组成的集合

$$\left\{y=\alpha_1x_{\lambda_1}+\cdots+\alpha_nx_{\lambda_n}\middle|\lambda_i\in\Lambda,\alpha_i\in\mathbb{K},i=1,2,\cdots,n\right\}$$

称为 $\{x_\lambda|\lambda\in\Lambda\}$ 的线性包. 这线性包是一个线性子空间, 不难证明它是包含 $\{x_\lambda|\lambda\in\Lambda\}$ 的一切线性子空间的交. 因此称线性包为 $\{x_\lambda|\lambda\in\Lambda\}$ 张成的线性子空间, 记为

$$\operatorname{span}\{x_\lambda|\lambda\in\Lambda\}.$$

线性和与直和 设 E_1,E_2 是 $\mathscr{X}$ 的子空间, 我们称集合 $\{x+y|x\in E_1,y\in E_2\}$ 为 E_1 与 E_2 的线性和, 记为 E_1+E_2. 对于任意有限个子空间, 定义以此类推. 又若 (E_1,E_2) 中的任意一对非零向量都是线性无关的, 则称线性和 E_1+E_2 为直和, 记作 $E_1\oplus E_2$, 这时 $E_1\cap E_2=\{\theta\}$, 对 $\forall x\in E_1\oplus E_2$, 有唯一的分解:

$$x=x_1+x_2\quad(x_i\in E_i,i=1,2).$$

4.2 线性空间上的距离

我们引进过一个空间 $\mathscr{X}$ 的代数结构 —— 线性空间, 也引进过它的拓扑结构 —— 距离 ρ, 现在要把这两者结合起来, 即是要求:

(1) 距离的平移不变性:

$$\rho(x+z,y+z)=\rho(x,y)\quad(\forall x,y,z\in\mathscr{X}).$$

由此推出, ρ 对加法是连续的, 即

$$\left.\begin{array}{r}\rho(x_n,x)\to0\\ \rho(y_n,y)\to0\end{array}\right\}\Longrightarrow\rho(x_n+y_n,x+y)\to0\quad(n\to\infty).$$

事实上,

$$\begin{aligned}\rho(x_n+y_n,x+y)&=\rho(x_n+y_n-x-y,\theta)\\&=\rho(x_n-x,y-y_n)\\&\leqslant\rho(x_n-x,\theta)+\rho(y-y_n,\theta)\\&=\rho(x_n,x)+\rho(y,y_n)\to 0\quad(n\to\infty).\end{aligned}$$

反之, 如果距离 ρ 对加法连续, 则满足平移不变性. 证明详见关肇直、张恭庆、冯德兴著的《线性泛函分析入门》(上海科学技术出版社, 1979).

(2) 数乘的连续性:

(2.1) $\rho(x_n,x)\to 0\Longrightarrow\rho(\alpha x_n,\alpha x)\to 0\quad(n\to\infty)\ (\forall\alpha\in\mathbb{K})$;

(2.2) $\alpha_n\to\alpha(\mathbb{K})\Longrightarrow\rho(\alpha_n x,\alpha x)\to 0\quad(n\to\infty)\ (\forall x\in\mathscr{X})$.

若令 $p:\mathscr{X}\to\mathbb{R},p(x)\triangleq\rho(x,\theta)(\forall x\in\mathscr{X})$, 则由 (1) 有

$$p(x-y)=\rho(x-y,\theta)=\rho(x,y).$$

这时由距离公理逐条化为函数 p 的条件:

$\rho(x,y)\geqslant 0\Longleftrightarrow p(x)\geqslant 0\quad(\forall x,y\in\mathscr{X})$;

$\rho(x,y)=0$, 当且仅当 $x=y\Longleftrightarrow p(x)=0$, 当且仅当 $x=\theta$;

$\rho(x,y)\leqslant\rho(x,z)+p(z,y)\Longleftrightarrow\rho(x+y)\leqslant p(x)+p(y)$;

$\rho(x,y)=\rho(y,x)\Longleftrightarrow\rho(-x)=p(x)$.

此外,

$$\begin{aligned}&(2.1)\Longleftrightarrow p(\alpha x_n)\to 0\quad(\text{当 } p(x_n)\to 0);\\&(2.2)\Longleftrightarrow p(\alpha_n x)\to 0\quad(\text{当 } \alpha_n\to 0).\end{aligned}$$

于是导向下列定义:

定义 1.4.2 线性空间 $\mathscr{X}$ 上的**准范数** (**准模**) 定义为这空间上的一个函数 $\|\cdot\|:\mathscr{X}\to\mathbb{R}$, 满足条件:

(1) $\|x\|\geqslant 0(\forall x\in\mathscr{X})$; $\|x\|=0\Longleftrightarrow x=\theta$;

(2) $\|x+y\| \leqslant \|x\|+\|y\| \quad (\forall x, y \in \mathscr{X})$;

(3) $\|-x\|=\|x\| \quad (\forall x \in \mathscr{X})$;

(4) $\lim\limits_{\alpha_n \to 0}\|\alpha_n x\|=0, \lim\limits_{\|x_n\| \to 0}\|\alpha x_n\|=0 \quad (\forall x \in \mathscr{X}, \forall \alpha \in \mathbb{K})$.

定义 1.4.3 一个赋准范数的线性空间 $\mathscr{X}$, 如果按照

$$\|x_n-x\| \to 0 \quad (n \to \infty)$$

来定义 $x_n \to x\ (n \to \infty)$, 那么便称其为 F^* **空间**.

定义 1.4.4 完备的 F^* 空间称为 Frechet **空间**, 简称 F **空间**.

F^* 空间的例子很多.

例 1.4.5 空间 $C(M)$ (M 是一个紧度量空间). 显然

$$\|u\|=\max_{x \in M}|u(x)|$$

是一个准范数, $C(M)$ 是一个 F 空间.

例 1.4.6 Euclid 空间 $\mathbb{R}^n$. 设 $x=(x_1, x_2, \cdots, x_n) \in \mathbb{R}^n$, 定义

$$\|x\|=\left(\sum_{i=1}^n|x_i|^2\right)^{\frac{1}{2}},$$

显然它是一个准范数, $\mathbb{R}^n$ 是一个 F 空间.

例 1.4.7 空间 S. 用 S 表示一切序列 $x=(x_1,x_2,\cdots,x_n,\cdots)$ 组成的线性空间, 加法与数乘按自然方式定义:

$$x+y=(x_1+y_1, x_2+y_2, \cdots, x_n+y_n, \cdots),$$

$$\alpha x=(\alpha x_1, \alpha x_2, \cdots, \alpha x_n, \cdots) \quad (\alpha \in \mathbb{K}),$$

其中 $x=(x_1, x_2, \cdots, x_n, \cdots), y=(y_1, y_2, \cdots, y_n, \cdots)$. 对 $\forall x \in S$ 定义

$$\|x\|=\sum_{n=1}^{\infty} \frac{1}{2^n} \cdot \frac{|x_n|}{1+|x_n|},$$

那么它是一个准范数. 事实上, 准范数的条件 (1), (3) 是明显成立的. 下面先验证条件 (2), 注意到初等不等式

$$\frac{\alpha+\beta}{1+\alpha+\beta}=\frac{\alpha}{1+\alpha+\beta}+\frac{\beta}{1+\alpha+\beta}\leqslant\frac{\alpha}{1+\alpha}+\frac{\beta}{1+\beta}$$
$$(\forall\alpha,\beta>0),$$

便得到

$$\begin{aligned}\|x+y\|&=\sum_{n=1}^{\infty}\frac{1}{2^n}\cdot\frac{|x_n+y_n|}{1+|x_n+y_n|}\\&\leqslant\sum_{n=1}^{\infty}\frac{1}{2^n}\cdot\frac{|x_n|+|y_n|}{1+|x_n|+|y_n|}\\&\leqslant\sum_{n=1}^{\infty}\frac{1}{2^n}\left(\frac{|x_n|}{1+|x_n|}+\frac{|y_n|}{1+|y_n|}\right)\\&=\|x\|+\|y\|.\end{aligned}$$

其次验证条件 (4). 因为还有初等不等式

$$\frac{\alpha\beta}{1+\alpha\beta}\leqslant\begin{cases}\alpha\dfrac{\beta}{1+\beta}, & \text{当 } \alpha\geqslant1,\beta\geqslant0,\\ \dfrac{\beta}{1+\beta}, & \text{当 } 0<\alpha<1,\beta\geqslant0,\end{cases}$$

所以 $\forall\alpha\in\mathbb{K}$, 有

$$\|\alpha x_n\|\leqslant\max(|\alpha|,1)\|x_n\|\to0\quad(\|x_n\|\to0).$$

又若 $|\alpha_m|\to0,\forall\varepsilon>0$, 取 n_0, 使得 $1/2^{n_0}<\varepsilon/2$, 固定住 n_0, 取 $N=N(\varepsilon/2)$, 使得当 $m>N$ 时有

$$|\alpha_m|\max_{1\leqslant i\leqslant n_0}|x_i|<\frac{\varepsilon}{2},$$

则

$$\begin{aligned}\|\alpha_m x\| &= \sum_{n=1}^{n_0}\frac{1}{2^n}\cdot\frac{|\alpha_m x_n|}{1+|\alpha_m x_n|}+\sum_{n=n_0+1}^{\infty}\frac{1}{2^n}\cdot\frac{|\alpha_m x_n|}{1+|\alpha_m x_n|}\\ &\leqslant \frac{\varepsilon}{2}\sum_{n=1}^{n_0}\frac{1}{2^n}+\sum_{n=n_0+1}^{\infty}\frac{1}{2^n}<\frac{\varepsilon}{2}+\frac{\varepsilon}{2}=\varepsilon.\end{aligned}$$

这就证明了 S 是一个 F^* 空间.

最后再验证完备性. 若

$$\|x^{(m+p)}-x^{(m)}\|=\sum_{n=1}^{\infty}\frac{1}{2^n}\cdot\frac{|x_n^{(m+p)}-x_n^{(m)}|}{1+|x_n^{(m+p)}-x_n^{(m)}|}\to 0$$

(当 $m\to\infty,\forall p\in\mathbb{N}$), 则对 $\forall n\in\mathbb{N}, |x_n^{(m+p)}-x_n^{(m)}|\to 0$ (当 $m\to\infty,\forall p\in\mathbb{N}$). 于是存在 x_n^*, 使得 $x_n^{(m)}\to x_n^*$ (当 $m\to\infty$). 因此, $\forall\varepsilon>0$, 取 n_0, 使得 $1/2^{n_0}<\varepsilon/2$, 再取 N, 使得当 $m>N$ 时有

$$|x_n^{(m)}-x_n^*|<\varepsilon/2 \quad (n=1,2,\cdots,n_0),$$

便得到

$$\begin{aligned}\|x^{(m)}-x^*\| &= \sum_{n=1}^{\infty}\frac{1}{2^n}\cdot\frac{|x_n^{(m)}-x_n^*|}{1+|x_n^{(m)}-x_n^*|}\\ &\leqslant \sum_{n=1}^{n_0}\frac{1}{2^n}|x_n^{(m)}-x_n^*|+\sum_{n=n_0+1}^{\infty}\frac{1}{2^n}\\ &< \frac{\varepsilon}{2}+\frac{\varepsilon}{2}=\varepsilon \quad (\text{当 } m>N),\end{aligned}$$

其中 $x^*=(x_1^*,x_2^*,\cdots,x_n^*,\cdots)$. 于是 S 是一个 F 空间. ■

注 由上面的推演不难看出: 点列

$$x^{(m)}=(x_1^{(m)},x_2^{(m)},\cdots,x_n^{(m)},\cdots) \quad (m=1,2,\cdots)$$

收敛于 $\theta=(0,0,\cdots,0,\cdots)$ (当 $m\to\infty$), 必须且仅须对每个正整数 n 都有 $x_n^{(m)}\to 0$ (当 $m\to\infty$). 这意味着按 S 距离收敛与按坐标收敛是等价的.

例 1.4.8 $C(\mathbb{R}^n)$ 空间表示 $\mathbb{R}^n$ 上一切连续函数全体, 并令

$$\|u\| = \sum_{k=1}^{\infty} \frac{1}{2^k} \cdot \frac{\max\limits_{|x|\leqslant k} |u(x)|}{1 + \max\limits_{|x|\leqslant k} |u(x)|},$$

其中 $u(x) \in C(\mathbb{R}^n), x = (x_1, x_2, \cdots, x_n), |x| = \sqrt{x_1^2+x_2^2+\cdots+x_n^2}$. 这时 $\|\cdot\|$ 是一个准范数, 并且 $C(\mathbb{R}^n)$ 构成一个 F 空间.

4.3 范数与 Banach 空间

考察以上诸例, 还可以发现如下差异, 例 1.4.5 和例 1.4.6 的准范数具有齐次性:

$$\|\alpha x\| = |\alpha| \cdot \|x\| \quad (\forall \alpha \in \mathbb{K}, \forall x \in \mathscr{X}).$$

而例 1.4.7 和例 1.4.8 的准范数则不具有此性质.

具有齐次性的准范数叫作范数, 有时又称为模.

定义 1.4.9 线性空间 $\mathscr{X}$ 上的**范数** $\|\cdot\|$ 是一个非负值函数: $\mathscr{X} \to \mathbb{R}$ 满足

(1) $\|x\| \geqslant 0 (\forall x \in \mathscr{X}), \|x\| = 0 \Longleftrightarrow x = \theta$ (正定性);

(2) $\|x + y\| \leqslant \|x\| + \|y\| \quad (\forall x, y \in \mathscr{X})$ (三角形不等式);

(3) $\|\alpha x\| = |\alpha| \cdot \|x\| \quad (\forall \alpha \in \mathbb{K}, \forall x \in \mathscr{X})$ (齐次性).

显然, 范数必是准范数.

定义 1.4.10 当赋准范数的线性空间中的准范数是范数时, 这空间叫作**赋范线性空间**, 或称 B^* **空间**. 完备的 B^* 空间叫作 B **空间**或 **Banach 空间**.

除了上面的例 1.4.5 和例 1.4.6 外, 我们再举一些经常遇到的函数空间是 B 空间的例子.

例 1.4.11 空间 $L^p(\Omega, \mu) (1 \leqslant p < \infty)$. 设 $(\Omega, \mathscr{B}, \mu)$ 是一个测度空间, u 是 Ω 上的可测函数, 而且 $|u(x)|^p$ 在 Ω 上是可积的. 这种函数 u 的全体记作 $L^p(\Omega, \mu)$, 叫作 $(\Omega, \mathscr{B}, \mu)$ 上的 p **次可积函**

数空间. $L^p(\Omega,\mu)$ 按通常的加法与数乘规定运算, 并且把几乎处处 (记作 a. e.) 相等的两个函数看成是同一个向量, 经这样处理过的空间 $L^p(\Omega,\mu)$ 仍是一个线性空间, 并且定义

$$\|u\| = \left(\int_\Omega |u(x)|^p \mathrm{d}\mu\right)^{\frac{1}{p}},$$

那么 $\|\cdot\|$ 是一个范数. 这是因为定义 1.4.9 中的条件 (1), (3) 都是显然的, 而条件 (2) 正是著名的 Minkowski 不等式:

$$\left(\int_\Omega |u(x)+v(x)|^p \mathrm{d}\mu\right)^{\frac{1}{p}} \leqslant \left(\int_\Omega |u(x)|^p \mathrm{d}\mu\right)^{\frac{1}{p}} + \left(\int_\Omega |v(x)|^p \mathrm{d}\mu\right)^{\frac{1}{p}}.$$

又由 Riesz-Fisher 定理, $L^p(\Omega,\mu)$ 还是一个 B 空间.

注 本例有两个重要的特殊情形:

(1) Ω 是 $\mathbb{R}^n$ 中的一个可测集, 而 $\mathrm{d}\mu$ 即是普通的 Lebesgue 测度, 这时, 对应的空间记作 $L^p(\Omega)$.

(2) $\Omega=\mathbb{N}$, 而测度 μ 是等分布的: $\mu(\{n\})=1(\forall n\in\mathbb{N})$, 这时空间 $L^p(\Omega,\mu)$ 由满足 $\sum\limits_{n=1}^{\infty}|u_n|^p<\infty$ 的序列 $u=\{u_n\}_{n=1}^{\infty}$ 组成, 对应的空间记作 l^p, 其范数是

$$\|u\| = \left(\sum_{n=1}^{\infty}|u_n|^p\right)^{\frac{1}{p}}.$$

例 1.4.12 空间 $L^\infty(\Omega,\mu)$. 设 $(\Omega,\mathscr{B},\mu)$ 是一个测度空间, μ 对于 Ω 是 σ-有限的, $u(x)$ 是 Ω 上的可测函数. 如果 $u(x)$ 与 Ω 上的一个有界函数几乎处处相等, 则称 $u(x)$ 是 Ω 上的一个**本性有界可测函数**. Ω 上的一切本性有界可测函数 (把 a. e. 相等的两个函数视为同一个向量) 的全体记作 $L^\infty(\Omega,\mu)$, 在其上规定:

$$\|u\| = \inf_{\substack{\mu(E_0)=0\\ E_0\subset\Omega}}\left(\sup_{x\in\Omega\setminus E_0}|u(x)|\right), \tag{1.4.1}$$

此式右端有时也记作 $\operatorname*{ess\,sup}_{x\in\Omega}|u(x)|$ 或 $\operatorname*{l.u.b}_{x\in\Omega}|u(x)|$. 显然 $L^\infty(\Omega,\mu)$ 是一个线性空间, 以下验证 $\|\cdot\|$ 是一个范数. 事实上, 定义 1.4.9 中的条件 (3) 及 $\|u\|\geqslant 0$ 都是显然的, 需验证:

(1) $\|u\|=0\iff u=\theta$. 充分性是显然的. 为了证必要性, 若 $\|u\|=0$, 则 $\forall n\in\mathbb{N},\exists E_n\subset\Omega$, 使得 $\mu(E_n)=0$, 并且

$$\sup_{x\in\Omega\backslash E_n}|u(x)|<\frac{1}{n}.$$

令

$$\Omega_1\triangleq\bigcap_{n=1}^{\infty}(\Omega\backslash E_n)=\Omega\Big\backslash\bigcup_{n=1}^{\infty}E_n.$$

因为 $u(x)=0$ (当 $x\in\Omega_1$), $\mu\left(\bigcup\limits_{n=1}^{\infty}E_n\right)=0$, 所以

$$u(x)=0(\text{a.e.}x\in\Omega),\quad \text{即 } u=\theta.$$

(2) $\|u+v\|\leqslant\|u\|+\|v\|.\forall\varepsilon>0,\exists E_0,E_1\subset\Omega$, 使得 $\mu(E_0)=\mu(E_1)=0$, 且

$$\sup_{x\in\Omega\backslash E_0}|u(x)|\leqslant\|u\|+\varepsilon/2,$$
$$\sup_{x\in\Omega\backslash E_1}|v(x)|\leqslant\|v\|+\varepsilon/2.$$

因此

$$\begin{aligned}\|u+v\|&\leqslant\sup_{x\in\Omega\backslash(E_0\cup E_1)}|u(x)+v(x)|\\&\leqslant\sup_{x\in\Omega\backslash E_0}|u(x)|+\sup_{x\in\Omega\backslash E_1}|v(x)|\\&\leqslant\|u\|+\|v\|+\varepsilon,\end{aligned}$$

而 $\varepsilon>0$ 是任意的, 即得所要证的结论.

最后来证 $L^\infty(\Omega,\mu)$ 是完备的. 设

$$\|u_{n+p}-u_n\| \to 0 \quad (当\ n\to\infty, \forall p\in\mathbb{N}). \tag{1.4.2}$$

根据 $L^\infty(\Omega,\mu)$ 中范数定义, $\exists Z_{n,p}\subset\Omega, \mu(Z_{n,p})=0$, 使得

$$|u_{n+p}(x)-u_n(x)| \leqslant \|u_{n+p}-u_n\| + \frac{1}{2^{n+p}} \quad (\forall x\in\Omega\setminus Z_{n,p}). \tag{1.4.3}$$

令 $Z=\bigcup\limits_{n,p} Z_{n,p}$, 则 $\mu(Z)=0$, 且

$$|u_{n+p}(x)-u_n(x)| \leqslant \|u_{n+p}-u_n\| + \frac{1}{2^{n+p}} \\ (x\in\Omega\setminus Z, n,p\in\mathbb{N}). \tag{1.4.4}$$

由 (1.4.2) 式和 (1.4.4) 式, $\forall\varepsilon>0, \exists N\in\mathbb{N}$, 使 $\forall n\geqslant N, p\in\mathbb{N}$ 有

$$|u_{n+p}(x)-u_n(x)| < \varepsilon + \frac{1}{2^{n+p}} \quad (x\in\Omega\setminus Z). \tag{1.4.5}$$

由此 $\lim\limits_{n\to\infty} u_n(x)=u(x)$ 存在, $x\in\Omega\setminus Z$, 在 (1.4.5) 式中令 $p\to\infty$ 得

$$|u(x)-u_n(x)| \leqslant \varepsilon \quad (x\in\Omega\setminus Z),$$

即

$$\sup_{x\in\Omega\setminus Z} |u(x)-u_n(x)| \leqslant \varepsilon.$$

因 $\mu(Z)=0$, 所以 $u\in L^\infty(\Omega,\mu)$, 且

$$\|u_n-u\| \leqslant \varepsilon \quad (n\geqslant N),$$

即

$$\|u_n-u\| \to 0 \quad (n\to\infty). \qquad \blacksquare$$

注 当 Ω 是 $\mathbb{R}^n$ 中的一个可测集时, 对应的空间记作 $L^\infty(\Omega)$; 当 $\Omega=\mathbb{N}$ 时, 对应的空间记作 l^∞, 它是由一切有界序列 $u=\{u_n\}_{n=1}^\infty$ 组成的空间, 其范数是 $\|u\|=\sup\limits_{n\geqslant 1}|u_n|$.

例 1.4.13　$C^k(\overline{\Omega})$. 设 Ω 是 $\mathbb{R}^n$ 中的一个有界连通开区域, $k\in\mathbb{N}$, 用 $C^k(\overline{\Omega})$ 表示在 $\overline{\Omega}$ 上具有直到 k 阶连续偏导数的函数 $u(x)=u(x_1,x_2,\cdots,x_n)$ 的全体, 加法与数乘按自然法则定义, 再规定范数为

$$\|u\|=\max_{|\alpha|\leqslant k}\max_{x\in\overline{\Omega}}|\partial^\alpha u(x)|,\tag{1.4.6}$$

其中 $\alpha=(\alpha_1,\alpha_2,\cdots,\alpha_n),|\alpha|=\alpha_1+\alpha_2+\cdots+\alpha_n$, 以及

$$\partial^\alpha u(x)=\frac{\partial^{|\alpha|}}{\partial x_1^{\alpha_1}\partial x_2^{\alpha_2}\cdots\partial x_n^{\alpha_n}}u(x).\tag{1.4.7}$$

容易验证 (1.4.6) 式定义的 $\|\cdot\|$ 是一个范数, 从而 $C^k(\overline{\Omega})$ 是一个赋范线性空间. 再证它是完备的, 从而是 Banach 空间. 事实上, 若 $\{u_n\}$ 是一个基本列, 则必存在连续函数 v_α, 使得

$$\partial^\alpha u_n(x)\rightrightarrows v_\alpha(x)\quad (n\to\infty,|\alpha|\leqslant k,\ 对\ x\in\overline{\Omega}\ 一致).$$

我们只要再证明 $v_\alpha=\partial^\alpha v_\theta$ 就够了. 先证

$$v_{(1,0,\cdots,0)}=\frac{\partial}{\partial x_1}v_{(0,0,\cdots,0)}.\tag{1.4.8}$$

因为

$$\begin{aligned}&\frac{\partial}{\partial x_1}u_n(x)\rightrightarrows v_{(1,0,\cdots,0)}(x)\quad (n\to\infty,对\ x\in\overline{\Omega}\ 一致),\\&u_n(x)\rightrightarrows v_{(0,0,\cdots,0)}(x)\quad (n\to\infty,对\ x\in\overline{\Omega}\ 一致),\end{aligned}$$

以及

$$u_n(x)=\int_{x_1^0}^{x_1}\frac{\partial}{\partial\xi}u_n(\xi,x_2,\cdots,x_n)\mathrm{d}\xi+u_n(x_1^0,x_2,\cdots,x_n),$$

所以有

$$\begin{aligned}&v_{(0,0,\cdots,0)}(x)\\&\quad=\int_{x_1^0}^{x_1}v_{(1,0,\cdots,0)}(\xi,x_2,\cdots,x_n)\mathrm{d}\xi+v_{(0,0,\cdots,0)}(x_1^0,x_2,\cdots,x_n),\end{aligned}$$

即得 (1.4.8) 式. 同理有

$$v_{\underbrace{(0,0,\cdots,0,1}_{j},0,\cdots,0)} = \frac{\partial}{\partial x_j} v_{(0,0,\cdots,0)} \quad (j=2,3,\cdots,n).$$

其余对 $|\alpha|$ 用数学归纳法类推. ■

例 1.4.14 Sobolev 空间 $H^{m,p}(\Omega)$. 设 Ω 是 $\mathbb{R}^n$ 中的一个有界连通开区域, m 是一个非负整数, $1 \leqslant p < \infty$, 对于 $C^m(\overline{\Omega})$ 中的任意 u, 代替范数 (1.4.6) 式定义

$$\|u\|_{m,p} = \left(\sum_{|\alpha| \leqslant m} \int_{\Omega} |\partial^\alpha u(x)|^p \mathrm{d}x \right)^{\frac{1}{p}}. \tag{1.4.9}$$

不难验证 $\|\cdot\|_{m,p}$ 是范数, 但 $C^m(\overline{\Omega})$ 依 $\|\cdot\|_{m,p}$ 不是完备的.

根据 §2, 我们知道任意不完备的赋范线性空间 $\mathscr{X}$, 可以把它完备化, 即确定一个完备的赋范线性空间 $\widetilde{\mathscr{X}}$, $\mathscr{X}$ 可以连续地嵌入 $\widetilde{\mathscr{X}}$ 成为其稠密的子空间. 将 $C^m(\Omega)$ 的子集

$$S \triangleq \left\{ u \in C^m(\Omega) \middle| \|u\|_{m,p} < \infty \right\}$$

按照范数 (1.4.9) 式完备化, 得到的完备化空间称为 Sobolev 空间, 记作 $H^{m,p}(\Omega)$. 它在偏微分方程论中起着非常基本的重要作用. 特别当 $p=2$ 时, $H^{m,2}(\Omega)$ 简单地记成 $H^m(\Omega)$.

4.4 赋范线性空间上的范数等价

在许多分析问题中, 引进范数或引进距离是为了研究一种收敛性. 因此, 如果我们关心的只是按照一定意义的收敛性而不是距离本身的大小, 那么在空间上我们就可以认为决定同一种收敛性的不同范数是等价的.

定义 1.4.15 设在线性空间 $\mathscr{X}$ 上给定了两个范数 $\|\cdot\|_1$ 与 $\|\cdot\|_2$, 我们说 $\|\cdot\|_2$ 比 $\|\cdot\|_1$ **强**, 是指

$$\|x_n\|_2 \to 0 \Longrightarrow \|x_n\|_1 \to 0 \quad (n \to \infty).$$

如果 $\|\cdot\|_2$ 比 $\|\cdot\|_1$ 强, 而且 $\|\cdot\|_1$ 又比 $\|\cdot\|_2$ 强, 则称 $\|\cdot\|_1$ 与 $\|\cdot\|_2$ **等价**.

命题 1.4.16 为了 $\|\cdot\|_2$ 比 $\|\cdot\|_1$ 强, 必须且仅须存在常数 $C>0$, 使得

$$\|x\|_1 \leqslant C\|x\|_2 \quad (\forall x \in \mathscr{X}). \tag{1.4.10}$$

证 充分性是显然的, 下证必要性. 用反证法. 若 (1.4.10) 式不成立, 则对 $\forall n \in \mathbb{N}, \exists x_n \in \mathscr{X}$, 使得 $\|x_n\|_1 > n\|x_n\|_2$. 令 $y_n \triangleq x_n/\|x_n\|_1$. 一方面 $\|y_n\|_1 = 1$, 另一方面因为

$$0 \leqslant \|y_n\|_2 < \frac{1}{n} \quad (\forall n \in \mathbb{N}),$$

所以 $\|y_n\|_2 \to 0\ (n \to \infty)$. 又因为 $\|\cdot\|_2$ 比 $\|\cdot\|_1$ 强, 所以 $\|y_n\|_1 \to 0$ $(n \to \infty)$. 这显然是一个矛盾. ■

推论 1.4.17 为了 $\|\cdot\|_1$ 与 $\|\cdot\|_2$ 等价必须且仅须存在常数 $C_1, C_2 > 0$, 使得

$$C_1\|x\|_1 \leqslant \|x\|_2 \leqslant C_2\|x\|_1 \quad (\forall x \in \mathscr{X}).$$

如果线性空间 $\mathscr{X}$ 的维数是有穷数 n, 则记 $\dim \mathscr{X} = n$, 否则记为 $\dim \mathscr{X} = \infty$. 设 $\mathscr{X}$ 是一个赋范线性空间, 并且设 $\dim \mathscr{X} = n$, 这时 $\mathscr{X}$ 存在一组基: $e_1, e_2, \cdots, e_n$. 任意一个元素 $x \in \mathscr{X}$ 有下列唯一的表示:

$$x = \xi_1 e_1 + \xi_2 e_2 + \cdots + \xi_n e_n. \tag{1.4.11}$$

利用这种表示, 我们知道在代数同构意义下, 两个有穷维线性空间等价的充要条件是它们有相同的维数. 现在我们关心的是两个有穷维赋范线性空间, 如果维数相同, 那么它们的拓扑之间有什么关系? 根据 (1.4.11) 式, 每个 $x \in \mathscr{X}$ 唯一地对应着 $\mathbb{K}^n$ 空间中的一点 $\xi = Tx \triangleq (\xi_1, \xi_2, \cdots, \xi_n)$. 自然希望建立 x 在 $\mathscr{X}$ 中的范数 $\|x\|$

与 Tx 在 $\mathbb{K}^n$ 中的范数

$$|Tx| = |\xi| \triangleq \left(\sum_{j=1}^{n} |\xi_j|^2\right)^{\frac{1}{2}}$$

之间的关系. 为此, 考察函数 $p(\xi) \triangleq \left\|\sum_{j=1}^{n} \xi_j e_j\right\| (\forall \xi \in \mathbb{K}^n)$.

首先 p 对 ξ 是一致连续的. 事实上, $\forall \xi = (\xi_1, \xi_2, \cdots, \xi_n)$ 和 $\eta = (\eta_1, \eta_2, \cdots, \eta_n) \in \mathbb{K}^n$, 由三角形不等式与 Schwarz 不等式有

$$\begin{aligned}
|p(\xi) - p(\eta)| &\leqslant p(\xi - \eta) \\
&\leqslant \sum_{i=1}^{n} |\xi_i - \eta_i| \|e_i\| \\
&\leqslant \left(\sum_{i=1}^{n} |\xi_i - \eta_i|^2\right)^{\frac{1}{2}} \left(\sum_{i=1}^{n} \|e_i\|^2\right)^{\frac{1}{2}} \\
&\leqslant |\xi - \eta| \left(\sum_{i=1}^{n} \|e_i\|^2\right)^{\frac{1}{2}}.
\end{aligned}$$

其次, 根据范数的齐次性, 对 $\forall \xi \in \mathbb{K}^n \backslash \{\theta\}$ 有

$$p(\xi) = |\xi| \left\|\sum_{j=1}^{n} \frac{|\xi_j|}{|\xi|} e_j\right\| = |\xi| p\left(\frac{\xi}{|\xi|}\right). \tag{1.4.12}$$

注意到 $\mathbb{K}^n$ 的单位球面 $S_1 \triangleq \{\xi \in \mathbb{K}^n \big| |\zeta| = 1\}$ 是一个紧集, 因此 $p(\xi)$ 在 S_1 上必有非负的最小值 C_1 与最大值 C_2, 即有

$$C_1 \leqslant p(\xi) \leqslant C_2 \quad (\forall \xi \ \in S_1).$$

按 (1.4.12) 式便有

$$C_1 |\xi| \leqslant p(\xi) \leqslant C_2 |\xi| \quad (\forall \xi \in \mathbb{K}^n). \tag{1.4.13}$$

下面证明其中 $C_1 > 0$. 用反证法, 假若 $C_1 = 0$, 那么 $\exists \xi^* \in S_1$ 满足 $p(\xi^*) = 0$. 设 $\xi^* = (\xi_1^*, \xi_2^*, \cdots, \xi_n^*)$, 即有

$$\xi_1^* e_1 + \xi_2^* e_2 + \cdots + \xi_n^* e_n = 0. \tag{1.4.14}$$

因为 $\{e_1, e_2, \cdots, e_n\}$ 是基, 所以 (1.4.14) 式蕴含 $\xi^* = \theta$. 这与 $\xi^* \in S_1$ 矛盾. 改写 (1.4.13) 式为

$$C_1 |Tx| \leqslant \|x\| \leqslant C_2 |Tx| \quad (\forall x \in \mathscr{X}). \tag{1.4.15}$$

如果我们将 $|Tx|$ 看作是在 $\mathscr{X}$ 空间中引入的另一范数 $\|x\|_T$, 即 $\|x\|_T \triangleq |Tx| (\forall x \in \mathscr{X})$, 那么 (1.4.15) 式表明 $\|\cdot\|$ 与 $\|\cdot\|_T$ 是等价的. 以后简称 $\|\cdot\|_T$ 为 $\mathscr{X}$ 的 $\mathbb{K}^n$ 范数. 于是 n 维赋范线性空间的范数与其 $\mathbb{K}^n$ 范数等价.

定理 1.4.18 设 $\mathscr{X}$ 是一个有穷维线性空间, 若 $\|\cdot\|_1$ 与 $\|\cdot\|_2$ 都是 $\mathscr{X}$ 上的范数, 则必有正常数 C_1 与 C_2, 使得

$$C_1 \|x\|_1 \leqslant \|x\|_2 \leqslant C_2 \|x\|_1 \quad (\forall x \in \mathscr{X}).$$

证 设 $\dim \mathscr{X} = n$. 因为 $\|\cdot\|_1$ 与 $\|\cdot\|_2$ 都与 $\mathbb{K}^n$ 范数等价, 所以 $\|\cdot\|_1$ 与 $\|\cdot\|_2$ 等价. ■

注 本定理表明: 具有相同维数的两个有穷维赋范线性空间在代数上是同构的, 在拓扑上是同胚的.

推论 1.4.19 有穷维 B^* 空间必是 B 空间.

推论 1.4.20 B^* 空间上的任意有穷维子空间必是闭子空间.

定义 1.4.21 设 $P: \mathscr{X} \to \mathbb{R}$ 是线性空间 $\mathscr{X}$ 上的一个函数, 若它满足

(1) $P(x+y) \leqslant P(x) + P(y) \quad (\forall x, y \in \mathscr{X})$ (次可加性),

(2) $P(\lambda x) = \lambda P(x) \quad (\forall \lambda > 0, \forall x \in \mathscr{X})$ (正齐次性),

则称 P 为 $\mathscr{X}$ 上的一个**次线性泛函**.

注 如果 P 还满足 $P(x) \geqslant 0 (\forall x \in \mathscr{X})$, 并且代替条件 (2) 的是齐次性: $P(\alpha x) = |\alpha| P(x) (\forall \alpha \in \mathbb{K}, \forall x \in \mathscr{X})$, 则称 P 是一个**半范数**或**半模**.

类似于定理 1.4.18 的证明, 还有如下定理.

定理 1.4.22 设 P 是有穷维 B^* 空间 $\mathscr{X}$ 上的一个次线性泛函, 如果 $P(x) \geqslant 0(\forall x \in \mathscr{X})$, 并且 $P(x)=0 \Longleftrightarrow x=\theta$, 则存在正常数 C_1, C_2, 使得

$$C_1\|x\| \leqslant P(x) \leqslant C_2\|x\| \quad (\forall x \in \mathscr{X}).$$

4.5 应用: 最佳逼近问题

逼近论的一个基本问题是: 给定了一组函数 $\varphi_1, \varphi_2, \cdots, \varphi_n$ 和一个函数 f, 用 $\varphi_1, \varphi_2, \cdots, \varphi_n$ 的线性组合去逼近 f (按某种尺度), 问是否有最佳的逼近存在? 例如 f 是 $[0,2\pi]$ 上的一个周期函数, $\varphi_i(x)=\cos ix(i=1,2,\cdots,n)$, 用 $\sum\limits_{i=1}^{n} \lambda_i \varphi_i$ 去逼近 f, 求在 $L^p[0,2\pi]$ 意义下的最佳逼近.

提成 B^* 空间的问题: 给定一个 B^* 空间 $\mathscr{X}$, 并给定 $\mathscr{X}$ 中的有穷个向量 $e_1, e_2, \cdots, e_n$. 对于给定的向量 $x \in \mathscr{X}$, 求一组数 $(\lambda_1, \lambda_2, \cdots, \lambda_n) \in \mathbb{K}^n$, 使得

$$\left\|x-\sum_{i=1}^{n} \lambda_i e_i\right\|=\min_{a \in \mathbb{K}^n}\left\|x-\sum_{i=1}^{n} a_i e_i\right\|, \tag{1.4.16}$$

其中 $a=(a_1, a_2, \cdots, a_n)$.

首先要回答: 这组数 $(\lambda_1, \lambda_2, \cdots, \lambda_n)$ 是否存在? 当然, 不妨设 $e_1, e_2, \cdots, e_n$ 是线性无关的. 我们要求函数

$$F(a)=\left\|x-\sum_{i=1}^{n} a_i e_i\right\| \quad (a \in \mathbb{K}^n)$$

的最小值. 容易看出 F 是 $\mathbb{K}^n$ 上的连续函数. 又注意到

$$F(a) \geqslant\left\|\sum_{i=1}^{n} a_i e_i\right\|-\|x\| \quad (\forall a \in \mathbb{K}^n). \tag{1.4.17}$$

令 $P(a) \triangleq \left\|\sum_{i=1}^{n} a_i e_i\right\|$, 显然 $P(\cdot)$ 是 $\mathbb{K}^n$ 上的一个范数, 而 $\mathbb{K}^n$ 是有穷维空间, 应用定理 1.4.18, $\exists c_1 > 0$, 使得

$$P(a) \geqslant c_1|a| \quad (\forall a \in \mathbb{K}^n), \tag{1.4.18}$$

其中

$$|a| \triangleq (|a_1|^2 + |a_2|^2 + \cdots + |a_n|^2)^{\frac{1}{2}}$$
$$(\forall a = (a_1, a_2, \cdots, a_n) \in \mathbb{K}^n).$$

联合 (1.4.17) 式和 (1.4.18) 式推出 $F(a) \to \infty$ (当 $|a| \to \infty$). 于是函数 F 有最小值存在, 这就是下面的定理.

定理 1.4.23 设 $\mathscr{X}$ 是一个 B^* 空间. 若 $e_1, e_2, \cdots, e_n$ 是 $\mathscr{X}$ 中给定的向量组, 则 $\forall x \in \mathscr{X}$, 存在最佳逼近系数 $\lambda_1, \lambda_2, \cdots, \lambda_n$ 适合 (1.4.16) 式.

注 若记 $M \triangleq \text{span}\{e_1, e_2, \cdots, e_n\}, \rho(x, M) \triangleq \inf\limits_{y \in M} \|x - y\|$, $x_0 \triangleq \sum\limits_{i=1}^{n} \lambda_i e_i$, 则可改写 (1.4.16) 式为

$$\rho(x, x_0) = \rho(x, M). \tag{1.4.19}$$

适合 (1.4.19) 式的 $x_0 \in M$ 称为 x 在 M 上的最佳逼近元. 本定理表明: 在 B^* 空间中, 任一指定元素在给定的有限维子空间上的最佳逼近元总是存在的.

进一步问: 最佳逼近元是不是唯一的? 显然我们事先要假设给定的向量组 $e_1, e_2, \cdots, e_n$ 是线性无关的, 但即使如此, 唯一性还依赖于 B^* 空间 $\mathscr{X}$ 的范数的性质.

定义 1.4.24 B^* 空间 $(\mathscr{X}, \|\cdot\|)$ 称为**严格凸的**, 是指 $\forall x, y \in \mathscr{X}, x \neq y$, 必有

$$\|x\| = \|y\| = 1 \Longrightarrow \|\alpha x + \beta y\| < 1$$
$$(\forall \alpha, \beta > 0, \alpha + \beta = 1). \tag{1.4.20}$$

如果 $\mathscr{X}$ 是严格凸的 B^* 空间, 那么就不能有两个不同的最佳逼近元. 事实上, 倘若 $d \triangleq \rho(x, M) > 0$, 并有 $\|x-y\| = \|x-z\| = d$, 则对 $\forall \alpha, \beta > 0, \alpha+\beta=1$, 由严格凸性有

$$\begin{aligned}\frac{1}{d}\|x-(\alpha y+\beta z)\| &= \frac{1}{d}\|\alpha(x-y)+\beta(x-z)\| \\ &= \left\|\alpha\left(\frac{x-y}{d}\right)+\beta\left(\frac{x-z}{d}\right)\right\| < 1,\end{aligned}$$

即 $\|x-(\alpha y+\beta z)\| < d$. 这显然与 d 的定义矛盾. 但若 $d=0, y$ 是相应的最佳逼近元, 则必有 $\|x-y\|=0$, 即 $y=x$. 从而最佳逼近元必是唯一的.

定理 1.4.25 设 $\mathscr{X}$ 是严格凸的 B^* 空间, $\{e_1, e_2, \cdots, e_n\}$ 是 $\mathscr{X}$ 上给定的一组线性无关向量, 则 $\forall x \in \mathscr{X}$, 存在着唯一的一组最佳逼近系数 $\{\lambda_1, \lambda_2, \cdots, \lambda_n\}$ 适合 (1.4.16) 式.

例 1.4.26 空间 $L^p(\Omega, \mu)(1<p<\infty)$ 是严格凸的.

证 因为 Minkowski 不等式 $\|u+v\| \leqslant \|u\|+\|v\|$ 等号成立的充要条件是: $\exists k_1, k_2 \geqslant 0(k_1+k_2>0)$, 使得 $k_1u=k_2v$(a.e.). 这意味着 $\forall u, v \in L^p(\Omega, \mu)$, 当 $\|u\|=\|v\|=1, u \neq v$ 时,

$$\|tu+(1-t)v\| < t\|u\|+(1-t)\|v\| = 1 \quad (\forall 0<t<1),$$

即 $L^p(\Omega, \mu)$ 是严格凸的. ■

例 1.4.27 $C(M)$ 及 $L^1(\Omega, \mu)$ 都不是严格凸的.

以 $C[0,1]$ 为例. 取 $x(t) \equiv 1, y(t)=t$, 都满足 $\|x\|=\|y\|=1$, 但

$$\left\|\frac{1}{2}(x+y)\right\| = 1.$$

以 $L^1[0,1]$ 为例. 取 $x(t) \equiv 1, y(t)=2t$, 都满足 $\|x\|=\|y\|=1$, 但

$$\left\|\frac{1}{2}(x+y)\right\| = 1.$$

有了存在唯一性以后, 最佳逼近的计算方法化归求一凸函数的极小值 (见习题 1.4.12). 数值最优化技术给这类问题提供了许多具体的算法.

4.6 有穷维 B^* 空间的刻画

我们已经知道有穷维 B^* 空间 $\mathscr{X}$ 上的单位球面

$$S_1 \triangleq \left\{x \in \mathscr{X} \,\middle|\, \|x\| = 1\right\}$$

是列紧的, 现在反过来证明: 如果一个 B^* 空间 $\mathscr{X}$ 的单位球面是列紧的, 那么这空间必是有穷维的. 事实上, 倘若在 S_1 上给定了有穷个线性无关的向量 $\{x_1, x_2, \cdots, x_n\}$, 如果它们的线性包 M_n 张不满 $\mathscr{X}$, 那么 $\exists x_{n+1} \in S_1$, 使得

$$\|x_{n+1} - x_i\| \geqslant 1 \quad (i = 1, 2, \cdots, n).$$

这是因为任取 $y \overline{\in} M_n$, 按定理 1.4.23, $\exists x \in M_n$, 使得

$$\|y - x\| = d \triangleq \rho(y, M_n).$$

令 $x_{n+1} \triangleq (y - x)/d$, 显然 $x_{n+1} \in S_1$, 并且

$$\|x_{n+1} - x_i\| = \frac{1}{d}\|y - (x + dx_i)\| \geqslant \frac{1}{d}d = 1$$
$$(i = 1, 2, \cdots, n).$$

照此办法, 如果 $\mathscr{X}$ 是无穷维的, 我们便可以逐次在 S_1 上抽选出一串 $\{x_n\}_{n=1}^{\infty}$ 适合 $\|x_n - x_m\| \geqslant 1 (n, m \in \mathbb{N}, n \neq m)$. 这样 S_1 就不是列紧的. 于是我们得到如下定理.

定理 1.4.28 为了 B^* 空间 $\mathscr{X}$ 是有穷维的, 必须且仅须 $\mathscr{X}$ 的单位球面是列紧的.

定义 1.4.29 B^* 空间 $\mathscr{X}$ 上的一个子集 A 称为是**有界的**, 如果存在常数 $c > 0$, 使得 $\|x\| \leqslant c (\forall x \in A)$.

推论 1.4.30 为了 B^* 空间 $\mathscr{X}$ 是有穷维的, 必须且仅须其任意有界集是列紧的.

上述方法被 F. Riesz 用来导出如下非常有用的引理.

引理 1.4.31 (Riesz 引理) 如果 $\mathscr{X}_0$ 是 B^* 空间 $\mathscr{X}$ 的一个真闭子空间, 那么对 $\forall 0 < \varepsilon < 1, \exists y \in \mathscr{X}$, 使得 $\|y\| = 1$, 并且

$$\|y - x\| \geqslant 1 - \varepsilon \quad (\forall x \in \mathscr{X}_0).$$

证 任取 $y_0 \in \mathscr{X} \backslash \mathscr{X}_0$. 因为 $\mathscr{X}_0$ 是闭的, 所以

$$d \triangleq \inf_{x \in \mathscr{X}_0} \|y_0 - x\| > 0.$$

因此, $\forall \eta > 0, \exists x_0 \in \mathscr{X}_0$ 使得 $d \leqslant \|y_0 - x_0\| < d + \eta$ (参看图 1.4.1).

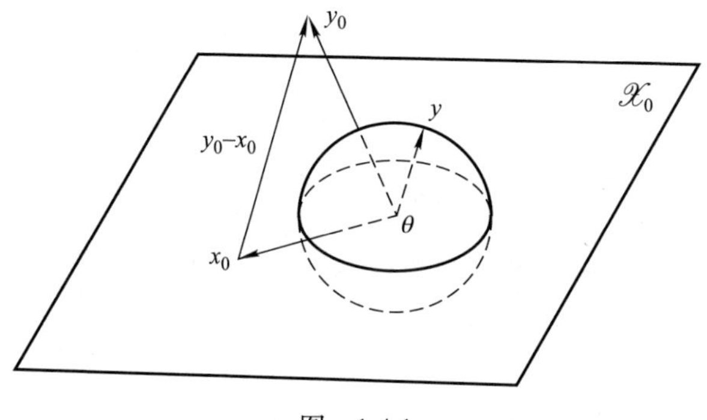

图 1.4.1

若 $y \triangleq (y_0 - x_0)/\|y_0 - x_0\|$, 则 $\|y\| = 1$, 并且对 $\forall x \in \mathscr{X}_0$ 有

$$\|y - x\| = \frac{\|y_0 - x'\|}{\|y_0 - x_0\|} > \frac{d}{d + \eta} = 1 - \frac{\eta}{d + \eta}, \tag{1.4.21}$$

其中 $x' = x_0 + \|y_0 - x_0\| x \in \mathscr{X}_0$. 于是对于 $\forall 0 < \varepsilon < 1$, 只要 $\eta = d\varepsilon/1 - \varepsilon$, 便得到 $\|y - x\| > 1 - \varepsilon$. ■

4.7 商空间

设 $(\mathscr{X},\|\cdot\|)$ 是 B^* 空间, $\mathscr{X}_0 \subset \mathscr{X}$ 是一个闭线性子空间, $x',x'' \in \mathscr{X}$, 记 $x' \sim x''$, 若 $x'-x'' \in \mathscr{X}_0$. 这是一个等价关系, 用 $[x]$ 表示 x 所在的等价类, 所有等价类组成的空间称为关于 $\mathscr{X}_0$ 的**商空间**, 记为 $\mathscr{X}/\mathscr{X}_0$, 其中加法和数乘定义如下:

(1) $[x]+[y]=[x+y] \quad ([x],[y] \in \mathscr{X}/\mathscr{X}_0)$;

(2) $\lambda[x]=[\lambda x] \quad (\lambda \in \mathbb{K},[x] \in \mathscr{X}/\mathscr{X}_0)$.

容易验证, $\mathscr{X}/\mathscr{X}_0$ 关于上述运算组成一个线性空间.

定理 1.4.32 设 $[x] \in \mathscr{X}/\mathscr{X}_0$, 定义

$$\|[x]\|_0=\inf_{y\in[x]}\|y\|,$$

则 $(\mathscr{X}/\mathscr{X}_0,\|\cdot\|_0)$ 是 B^* 空间, 又当 $(\mathscr{X},\|\cdot\|)$ 是 B 空间时, $(\mathscr{X}/\mathscr{X}_0,\|\cdot\|_0)$ 也是 B 空间.

证 根据定义, $\mathscr{X}/\mathscr{X}_0$ 中零元素为 $[x], x \in \mathscr{X}_0$. 又

$$\|[x]\|_0 \geqslant 0, \quad \|\lambda[x]\|_0=|\lambda|\,\|[x]\|_0, \quad \forall [x] \in \mathscr{X}/\mathscr{X}_0, \lambda \in \mathbb{R}$$

显然成立. 三角不等式验证如下:

$$\|[x]+[y]\|_0=\|[x+y]\|_0=\inf_{z\in[x+y]}\|z\|.$$

取 $x_n \in [x], y_n \in [y]$, 使

$$\|x_n\| \to \|[x]\|_0, \quad \|y_n\| \to \|[y]\|_0 \quad (n \to \infty),$$

这时 $x_n+y_n \in [x+y]$, 从而

$$\begin{aligned}\|[x]+[y]\|_0 &\leqslant \|x_n+y_n\| \\ &\leqslant \|x_n\|+\|y_n\| \to \|[x]\|_0+\|[y]\|_0 \quad (n \to \infty),\end{aligned}$$

即成立三角不等式:

$$\|[x]+[y]\|_0 \leqslant \|[x]\|_0+\|[y]\|_0.$$

现设 $\|[x]\|_0 = 0$. 根据定义, 存在 $x_n \in [x]$, 使得 $\|x_n\| \to 0$, $n \to \infty$. 因 $\mathscr{X}_0$ 是闭子空间, 由 $x - x_n \in \mathscr{X}_0$得

$$x = \lim_{n\to\infty}(x - x_n) \in \mathscr{X}_0,$$

即 $[x] = \theta$ 为$\mathscr{X}/\mathscr{X}_0$ 中的零元素, 从而 $(\mathscr{X}/\mathscr{X}_0, \|\cdot\|_0)$ 是 B^* 空间.

再设 $(\mathscr{X}, \|\cdot\|)$ 是 B 空间, 下证 $(\mathscr{X}/\mathscr{X}_0, \|\cdot\|_0)$ 完备. 令 $\{[x_n]\}$ 是 Cauchy 列, 则有

$$\|[x_n] - [x_m]\|_0 = \|[x_n - x_m]\|_0 \to 0 \quad (n, m \to \infty).$$

取子列, 仍记为 $\{[x_n]\}$, 使得

$$\|[x_n - x_{n+1}]\|_0 \leqslant \frac{1}{2^{n+1}}.$$

由定义, 存在 $y_{n,n+1} \in \mathscr{X}, y_{n,n+1} \in [x_n - x_{n+1}]$, 满足

$$\|y_{n,n+1}\| \leqslant \|[x_n - x_{n+1}]\|_0 + \frac{1}{2^{n+1}} \leqslant \frac{1}{2^n}.$$

记 $y_1 = x_1, y_{n+1} = y_n - y_{n,n+1}, n \geqslant 1$, 存在 $z_{n,n+1} \in \mathscr{X}_0$, 使

$$y_{n+1} = y_n - (x_n - x_{n+1} + z_{n,n+1}),$$

即

$$y_{n+1} - x_{n+1} = y_n - x_n - z_{n,n+1} \in \mathscr{X}_0.$$

因为 $y_1 = x_1$, 所以 $[y_{n+1}] = [x_{n+1}]$. 这时,

$$\begin{aligned}\|y_n - y_{n+p}\| &\leqslant \|y_n - y_{n+1}\| + \cdots + \|y_{n+p-1} - y_{n+p}\| \\ &= \|y_{n,n+1}\| + \cdots + \|y_{n+p-1,n+p}\| \\ &\leqslant \frac{1}{2^{n+1}} + \cdots + \frac{1}{2^{n+p}} \leqslant \frac{1}{2^n}.\end{aligned}$$

即 $\{y_n\}$ 是 $\mathscr{X}$ 中的 Cauchy 列, 于是有 $y \in \mathscr{X}$ 使得

$$\|y_n - y\| \to 0 \quad (n \to \infty).$$

因此,

$$\big\|[x_n]-[y]\big\|_0=\big\|[y_n]-[y]\big\|_0=\big\|[y_n-y]\big\|_0$$
$$\leqslant\|y_n-y\|\to 0\quad(n\to\infty),$$

即 $(\mathscr{X}/\mathscr{X}_0,\|\cdot\|_0)$ 完备. ■

习　　题

1.4.1　在二维空间 $\mathbb{R}^2$ 中, 对每一点 $z=(x,y)$, 令

$\|z\|_1=|x|+|y|$;　　$\|z\|_2=\sqrt{x^2+y^2}$;

$\|z\|_3=\max(|x|,|y|)$;　　$\|z\|_4=(x^4+y^4)^{\frac{1}{4}}$.

(1) 求证 $\|\cdot\|_i(i=1,2,3,4)$ 都是 $\mathbb{R}^2$ 的范数.

(2) 画出 $(\mathbb{R}^2,\|\cdot\|_i)(i=1,2,3,4)$ 各空间中的单位球面图形.

(3) 在 $\mathbb{R}^2$ 中取定三点 $O=(0,0),A=(1,0),B=(0,1)$, 试在上述四种不同范数下求出 $\triangle OAB$ 三边的长度.

1.4.2　设 $C(0,1]$ 表示 $(0,1]$ 上连续且有界的函数 $x(t)$ 全体. 对 $\forall x\in C(0,1]$, 令 $\|x\|=\sup\limits_{0<t\leqslant 1}|x(t)|$. 求证:

(1) $\|\cdot\|$ 是 $C(0,1]$ 上的范数;

(2) l^∞ 与 $C(0,1]$ 的一个子空间是等距同构的.

1.4.3　在 $C^1[a,b]$ 中, 令

$$\|f\|_1=\left(\int_a^b(|f|^2+|f'|^2)\mathrm{d}x\right)^{\frac{1}{2}}\quad(\forall f\in C^1[a,b]),$$

(1) 求证 $\|\cdot\|_1$ 是 $C^1[a,b]$ 上的范数.

(2) 问 $(C^1[a,b],\|\cdot\|_1)$ 是否完备?

1.4.4　在 $C[0,1]$ 中, 对每一个 $f\in C[0,1]$, 令

$$\|f\|_1=\left(\int_0^1|f(x)|^2\mathrm{d}x\right)^{\frac{1}{2}},$$

$$\|f\|_2=\left(\int_0^1(1+x)|f(x)|^2\mathrm{d}x\right)^{\frac{1}{2}},$$

求证: $\|\cdot\|_1$ 和 $\|\cdot\|_2$ 是 $C[0,1]$ 中的两个等价范数.

1.4.5 设 $BC[0,\infty)$ 表示 $[0,\infty)$ 上连续且有界的函数 $f(x)$ 全体, 对于每个 $f\in BC[0,\infty)$ 及 $a>0$, 定义

$$\|f\|_a=\left(\int_0^{\infty}\mathrm{e}^{-ax}|f(x)|^2\mathrm{d}x\right)^{\frac{1}{2}}.$$

(1) 求证 $\|\cdot\|_a$ 是 $BC[0,\infty)$ 上的范数.

(2) 若 $a,b>0, a\neq b$, 求证 $\|\cdot\|_a$ 与 $\|\cdot\|_b$ 作为 $BC[0,\infty)$ 上的范数是不等价的.

1.4.6 设 $\mathscr{X}_1,\mathscr{X}_2$ 是两个 B^* 空间, $x_1\in\mathscr{X}_1$ 和 $x_2\in\mathscr{X}_2$ 的序对 (x_1,x_2) 全体构成空间 $\mathscr{X}=\mathscr{X}_1\times\mathscr{X}_2$, 并赋以范数

$$\|x\|=\max(\|x_1\|_1,\|x_2\|_2),$$

其中 $x=(x_1,x_2), x_1\in\mathscr{X}_1, x_2\in\mathscr{X}_2$, $\|\cdot\|_1$ 和 $\|\cdot\|_2$ 分别是 $\mathscr{X}_1$ 和 $\mathscr{X}_2$ 的范数. 求证: 如果 $\mathscr{X}_1,\mathscr{X}_2$ 是 B 空间, 那么 $\mathscr{X}$ 也是 B 空间.

1.4.7 设 $\mathscr{X}$ 是 B^* 空间. 求证: $\mathscr{X}$ 是 B 空间, 必须且仅须对 $\forall\{x_n\}_{n=1}^{\infty}\subset\mathscr{X}$, $\displaystyle\sum_{n=1}^{\infty}\|x_n\|<\infty\Longrightarrow\sum_{n=1}^{\infty}x_n$ 收敛.

1.4.8 记 $[a,b]$ 上次数不超过 n 的多项式全体为 $\mathbb{P}_n$. 求证: $\forall f(x)\in C[a,b], \exists P_0(x)\in\mathbb{P}_n$, 使得

$$\max_{a\leqslant x\leqslant b}|f(x)-P_0(x)|=\min_{P\in\mathbb{P}_n}\max_{a\leqslant x\leqslant b}|f(x)-P(x)|.$$

也就是说, 如果用所有次数不超过 n 的多项式去对 $f(x)$ 一致逼近, 那么 $P_0(x)$ 是最佳的.

1.4.9 在 $\mathbb{R}^2$ 中, 对 $\forall x=(x_1,x_2)\in\mathbb{R}^2$, 定义范数

$$\|x\|=\max(|x_1|,|x_2|),$$

并设 $e_1=(1,0), x_0=(0,1)$. 求 $a\in\mathbb{R}$ 适合

$$\|x_0-ae_1\|=\min_{\lambda\in\mathbb{R}}\|x_0-\lambda e_1\|,$$

并问这样的 a 是否唯一? 请对结果做出几何解释.

1.4.10 求证: 范数的严格凸性等价于下列条件:

$$\|x+y\| = \|x\| + \|y\| (\forall x \neq \theta, y \neq \theta) \Longrightarrow x = cy \quad (c > 0).$$

1.4.11 设 $\mathscr{X}$ 是赋范线性空间, 函数 $\varphi : \mathscr{X} \to \mathbb{R}$ 称为**凸的**, 如果不等式

$$\varphi(\lambda x + (1-\lambda)y) \leqslant \lambda\varphi(x) + (1-\lambda)\varphi(y) \quad (\forall 0 \leqslant \lambda \leqslant 1)$$

成立. 求证: 凸函数的局部极小值必然是全空间最小值.

1.4.12 设 $(\mathscr{X}, \|\cdot\|)$ 是一赋范线性空间, M 是 $\mathscr{X}$ 的有限维子空间, $\{e_1, e_2, \cdots, e_n\}$ 是 M 的一组基, 给定 $g \in \mathscr{X}$, 引进函数 $F : \mathbb{K}^n \to \mathbb{R}$, 对 $\forall c = (c_1, c_2, \cdots, c_n) \in \mathbb{K}^n$ 规定

$$F(c) = F(c_1, c_2, \cdots, c_n) = \left\| \sum_{i=1}^{n} c_i e_i - g \right\|.$$

(1) 求证: F 是一个凸函数.

(2) 若 $F(c)$ 的最小值点是 $c = (c_1, c_2, \cdots, c_n)$, 求证:

$$f \triangleq \sum_{i=1}^{n} c_i e_i$$

给出 g 在 M 中的最佳逼近元.

1.4.13 设 $\mathscr{X}$ 是 B^* 空间, $\mathscr{X}_0$ 是 $\mathscr{X}$ 的线性子空间, 假定 $\exists c \in (0,1)$, 使得

$$\inf_{x \in \mathscr{X}_0} \|y - x\| \leqslant c\|y\| \quad (\forall y \in \mathscr{X}).$$

求证: $\mathscr{X}_0$ 在 $\mathscr{X}$ 中稠密.

1.4.14 设 C_0 表示以 0 为极限的实数全体, 并在 C_0 中赋以范数

$$\|x\| = \max_{n \geqslant 1} |\xi_n| \quad (\forall x = (\xi_1, \xi_2, \cdots, \xi_n) \in C_0).$$

又设 $M \triangleq \left\{ x = \{\xi_n\}_{n=1}^{\infty} \in C_0 \left| \sum_{n=1}^{\infty} \frac{\xi_n}{2^n} = 0 \right. \right\}$.

(1) 求证: M 是 C_0 的闭线性子空间.

(2) 设 $x_0 = (2, 0, \cdots, 0, \cdots)$, 求证:

$$\inf_{z \in M} \|x_0 - z\| = 1,$$

但 $\forall y \in M$ 有 $\|x_0 - y\| > 1$.

注 本题提供一个例子说明: 对于无穷维闭线性子空间来说, 给定其外一点 x_0, 未必能在其上找到一点 y 适合

$$\|x_0 - y\| = \inf_{z \in M} \|x_0 - z\|.$$

换句话说, 给定 $x_0 \overline{\in} M$, 未必能在 M 上找到最佳逼近元.

1.4.15 设 $\mathscr{X}$ 是 B^* 空间, M 是 $\mathscr{X}$ 的有限维真子空间. 求证: $\exists y \in \mathscr{X}, \|y\| = 1$, 使得

$$\|y - x\| \geqslant 1 \quad (\forall x \in M).$$

1.4.16 若 f 是定义在区间 $[0,1]$ 上的复值函数, 定义

$$\omega_\delta(f) = \sup\left\{ |f(x) - f(y)| \,\middle|\, \forall x, y \in [0,1], |x - y| \leqslant \delta \right\}.$$

如果 $0 < \alpha \leqslant 1$ 对应的 Lipschitz 空间 Lip α, 由满足

$$\|f\| \triangleq |f(0)| + \sup_{\delta > 0} \{\delta^{-\alpha} \omega_\delta(f)\} < \infty$$

的一切 f 组成, 并以 $\|f\|$ 为范数. 又设

$$\text{lip } \alpha \triangleq \left\{ f \in \text{Lip } \alpha \,\middle|\, \lim_{\delta \to 0} \delta^{-\alpha} \omega_\delta(f) = 0 \right\}.$$

求证: Lip α 是 B 空间, 而且 lip α 是 Lip α 的闭子空间.

1.4.17 设有商空间 $\mathscr{X} / \mathscr{X}_0$.

(1) 设 $[x] \in \mathscr{X}/\mathscr{X}_0$, 求证: 对 $\forall x \in [x]$, 有

$$\inf_{z \in \mathscr{X}_0} \|x - z\| = \|[x]\|_0.$$

(2) 定义映射 $\varphi : \mathscr{X} \to \mathscr{X}/\mathscr{X}_0$ 为

$$\varphi(x) = [x] \triangleq x + \mathscr{X}_0 \quad (\forall x \in \mathscr{X}),$$

求证: φ 是连续线性映射.

(3) $\forall [x] \in \mathscr{X}/\mathscr{X}_0$, 求证: $\exists x \in \mathscr{X}$, 使得

$$\varphi(x) = [x], \quad 且 \quad \|x\| \leqslant 2\|[x]\|_0.$$

(4) 设 $\mathscr{X} = C[0,1], \mathscr{X}_0 = \left\{ f \in \mathscr{X} \middle| f(0) = 0 \right\}$, 求证:

$$\mathscr{X}/\mathscr{X}_0 \cong \mathbb{K},$$

其中记号 “$\cong$” 表示等距同构.

§ 5 凸集与不动点

5.1 定义与基本性质

一般线性空间中的凸集概念是从平面凸集的特征性质中抽象出来的. 这性质是: 若 E 是一个平面凸集, 则对于 E 中任意两点 x, y, 联结这两点的线段也在 E 内, 即

$$\lambda x + (1 - \lambda) y \in E \quad (\forall x, y \in E, \forall 0 \leqslant \lambda \leqslant 1).$$

这个性质并不要求空间具有拓扑结构, 所以这个概念可以扩充到一般的线性空间.

定义 1.5.1 设 $\mathscr{X}$ 是线性空间, $E \subset \mathscr{X}$, 称 E 为一**凸集**, 如果

$$\lambda x + (1 - \lambda) y \in E \quad (\forall x, y \in E, \forall 0 \leqslant \lambda \leqslant 1).$$

下面命题可从定义直接推出.

命题 1.5.2 若 $\{E_\lambda|\lambda\in\Lambda\}$ 是线性空间 $\mathscr{X}$ 中的一族凸集, 则 $\bigcap\limits_{\lambda\in\Lambda}E_\lambda$ 也是凸集.

定义 1.5.3 设 $\mathscr{X}$ 是线性空间, $A\subset\mathscr{X}$. 若 $\{E_\lambda|\lambda\in\Lambda\}$ 为 $\mathscr{X}$ 中包含 A 的一切凸集, 那么称 $\bigcap\limits_{\lambda\in\Lambda}E_\lambda$ 为 A 的**凸包**, 并记作 $\mathrm{co}(A)$. 又对 $\forall n\in\mathbb{N},x_1,x_2,\cdots,x_n\in A$, 称 $\sum\limits_{i=1}^{n}\lambda_ix_i$ 为 $x_1,x_2,\cdots,x_n$ 的**凸组合**, 是指其中系数满足 $\lambda_i\geqslant 0,\sum\limits_{i=1}^{n}\lambda_i=1$.

命题 1.5.4 设 $\mathscr{X}$ 是线性空间, $A\subset\mathscr{X}$, 那么 A 的凸包是 A 中元素任意凸组合的全体, 即

$$\mathrm{co}(A)=\left\{\sum_{i=1}^{n}\lambda_ix_i\left|\sum_{i=1}^{n}\lambda_i=1,\lambda_i\geqslant 0,x_i\in A,i=1,2,\cdots,n,\forall n\in\mathbb{N}\right.\right\}.\tag{1.5.1}$$

证 若令 S 表示 (1.5.1) 式右端, 则 $A\subset S$ 而且 S 是凸集, 从而 $S\supset\mathrm{co}(A)$. 反之, 设 F 为包含 A 的任一凸集, 那么 $x_i\in F(i=1,2,\cdots,n)$, 从而 $\sum\limits_{i=1}^{n}\lambda_ix_i\in F$, 即得 $S\subset F$, 从而 $S\subset\mathrm{co}(A)$. ■

定义 1.5.5 设 $\mathscr{X}$ 是线性空间, C 是 $\mathscr{X}$ 上含有 θ 的凸子集, 在 $\mathscr{X}$ 上规定一个取值于 $[0,\infty]$ 的函数

$$P(x)=\inf\left\{\lambda>0\left|\frac{x}{\lambda}\in C\right.\right\}\quad(\forall x\in\mathscr{X})\tag{1.5.2}$$

与 C 对应, 称函数 P 为 C 的 **Minkowski 泛函**.

命题 1.5.6 设 $\mathscr{X}$ 是线性空间, C 是 $\mathscr{X}$ 上含有 θ 的凸子集. 若 P 为 C 的 Minkowski 泛函, 则 P 具有下列性质:

(1) $P(x) \in [0, \infty], P(\theta) = 0$;

(2) $P(\lambda x) = \lambda P(x) \quad (\forall x \in \mathscr{X}, \forall \lambda > 0)$ (正齐次性);

(3) $P(x + y) \leqslant P(x) + P(y) \quad (\forall x, y \in \mathscr{X})$ (次可加性).

证 只有 (3) 是需要验证的. 不妨设 $P(x), P(y)$ 有穷, 对 $\forall \varepsilon > 0$, 取 $\lambda_1 = P(x) + \varepsilon/2, \lambda_2 = P(y) + \varepsilon/2$, 则有

$$\frac{x}{\lambda_1} \in C, \quad \frac{y}{\lambda_2} \in C.$$

因为 C 是凸的, 所以

$$\frac{x+y}{\lambda_1 + \lambda_2} = \frac{\lambda_1}{\lambda_1 + \lambda_2} \cdot \frac{x}{\lambda_1} + \frac{\lambda_2}{\lambda_1 + \lambda_2} \cdot \frac{y}{\lambda_2} \in C.$$

这表明

$$P(x + y) \leqslant \lambda_1 + \lambda_2 = P(x) + P(y) + \varepsilon.$$

由 $\varepsilon > 0$ 的任意性得到 (3). ■

何时 $P(x)$ 是真正的函数, 即不取 ∞? 又何时正齐次性成为齐次性? 为了回答这些问题我们引进如下的概念.

定义 1.5.7 线性空间 $\mathscr{X}$ 中, 含有 θ 的凸集 C 称为是**吸收的**, 如果 $\forall x \in \mathscr{X}, \exists \lambda > 0$, 使得 $x/\lambda \in C$; 称 C 是**对称的**, 如果 $x \in C \Longrightarrow -x \in C$.

图 1.5.1 显示平面上吸收凸集和对称凸集的图形.

根据定义显然有如下命题.

命题 1.5.8 为了 C 是吸收凸集, 必须且仅须其 Minkowski 泛函 $P(x)$ 是实值函数; 为了 C 是对称凸集, 必须 $P(x)$ 是实齐次的, 即

$$P(\alpha x) = |\alpha| P(x) \quad (\forall \alpha \in \mathbb{R}).$$

对于复数域线性空间上的凸集, 我们引进均衡性的概念代替对称性.

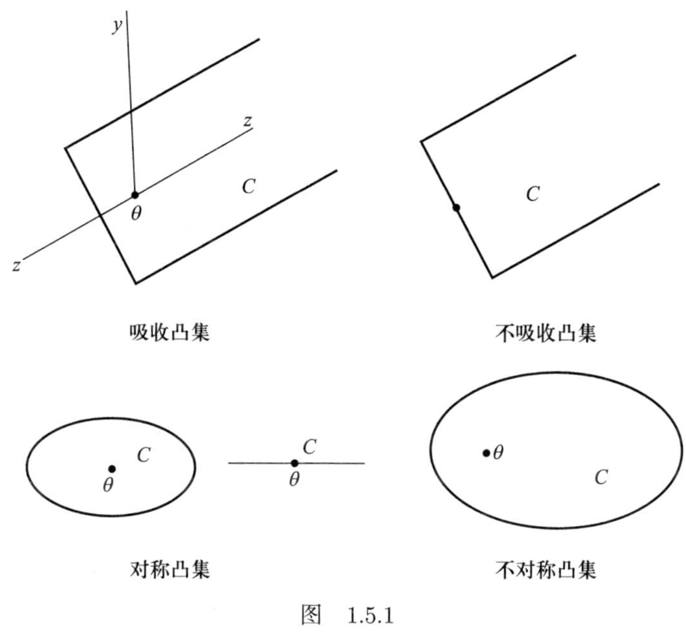

图 1.5.1

定义 1.5.9 复线性空间 $\mathscr{X}$ 的一个子集 C 称为是**均衡的**, 是指

$$x \in C \Longrightarrow \alpha x \in C \quad (\forall \alpha \in \mathbb{C}, |\alpha| = 1).$$

结合半范数定义 (见定义 1.4.21 的注) 我们有如下命题.

命题 1.5.10 复线性空间 $\mathscr{X}$ 上的任一个均衡吸收凸集 C, 决定了这空间上的一个半范数.

对于赋范线性空间 $\mathscr{X}$, 我们有更强的结果.

命题 1.5.11 设 $\mathscr{X}$ 是一个 B^* 空间, C 是一个含有 θ 点的闭凸集. 如果 $P(x)$ 是 C 的 Minkowski 泛函, 那么 $P(x)$ 下半连续, 且有

$$C = \left\{x \in \mathscr{X} \middle| P(x) \leqslant 1\right\}. \tag{1.5.3}$$

此外, 如果 C 还是有界的, 那么 $P(x)$ 适合

$$P(x) = 0 \Longleftrightarrow x = \theta.$$

又若 C 以 θ 为一内点, 那么 C 是吸收的, 并且 $P(x)$ 还是一致连续的.

证 (1) $\forall \alpha > 0$, 若 $x \in \alpha C$, 即 $x/\alpha \in C$, 由 $P(x)$ 的定义便有 $P(x) \leqslant \alpha$; 反之, 若 $P(x) \leqslant \alpha$, 则对 $\forall n \in \mathbb{N}$, 有

$$\frac{x}{\alpha + \dfrac{1}{n}} \in C, \quad \frac{x}{\alpha + \dfrac{1}{n}} \to \frac{x}{\alpha} \quad (n \to \infty).$$

又因为 C 是闭的, 所以 $x \in \alpha C$. 这就证得

$$\alpha C = \left\{ x \in \mathscr{X} \,\middle|\, P(x) \leqslant \alpha \right\} \quad (\forall \alpha > 0). \tag{1.5.4}$$

特别地, 令 $\alpha = 1$ 即得 (1.5.3) 式. 又因为 $\forall \alpha > 0, \alpha C$ 是闭集, 所以 P 是下半连续的.

(2) 因为 $\theta \in C$, 所以 $P(\theta) = 0$ 是显然的. 在 C 有界假定下, 即 $\exists r > 0$, 使得 $C \subset B(\theta, r)$, 于是

$$\forall x \in \mathscr{X} \backslash \{\theta\} \Longrightarrow \frac{rx}{\|x\|} \overline{\in} C \Longrightarrow P(x) \geqslant \frac{\|x\|}{r}.$$

由此可见, 当 $P(x) = 0$ 时, $x = \theta$.

(3) 若 C 以 θ 为内点, 即 $\exists r > 0$, 使得 $B(\theta, r) \subset C$, 那么

$$\frac{rx}{2\|x\|} \in C \quad (\forall x \in \mathscr{X} \backslash \{\theta\}).$$

因此 C 是吸收的, 并且有 $P(x) \leqslant 2\|x\|/r (\forall x \in \mathscr{X})$. 于是

$$|P(x) - P(y)| \leqslant \max(P(x-y), P(y-x)) \leqslant \frac{2}{r}\|x - y\|$$
$$(\forall x, y \in \mathscr{X}),$$

从而 $P(x)$ 是一致连续的. ■

推论 1.5.12 若 C 是 $\mathbb{R}^n$ 中的一个紧凸子集, 则必存在正整数 $m \leqslant n$, 使得 C 同胚于 $\mathbb{R}^m$ 中的单位球.

证 (1) 用 E 表示包含 C 的最小闭线性子流形. 设其维数是 $m(\leqslant n)$. 于是在 C 上必有 $m+1$ 个向量 $e_1, e_2, \cdots, e_m, e_{m+1}$, 使得 $e_i - e_{m+1}(i=1,2,\cdots,m)$ 是线性无关的.

(2) 令

$$e_0 = \frac{1}{m+1}\sum_{i=1}^{m+1} e_i.$$

因为 $e_0 \in C \subset E$, 所以 $E - e_0$ 是一个 m 维线性子空间. 于是对 $\forall y \in E$, 存在唯一的表示

$$y = \sum_{i=1}^{m} \mu_i(e_i - e_0) + e_0, \tag{1.5.5}$$

并在 $E - e_0$ 上可引进一个等价范数

$$\|z\| = \left(\sum_{i=1}^{m} |\mu_i|^2\right)^{\frac{1}{2}} \quad (z = y - e_0, y \in E). \tag{1.5.6}$$

(3) 我们要证: 当 (1.5.6) 式所表示的 $\|z\|$ 足够小时, 蕴含 (1.5.5) 式所表示的 $y \in C$. 事实上, 因为

$$\begin{aligned} y &= \sum_{i=1}^{m} \mu_i e_i + \left(1 - \sum_{j=1}^{m}\mu_j\right) e_0 \\ &= \sum_{i=1}^{m}\left[\mu_i + \frac{1}{m+1}\left(1 - \sum_{j=1}^{m}\mu_j\right)\right] e_i \\ &\quad + \frac{1}{m+1}\left(1 - \sum_{j=1}^{m}\mu_j\right) e_{m+1}, \end{aligned} \tag{1.5.7}$$

当 $|\mu_j|(j=1,2,\cdots,m)$ 足够小时, (1.5.7) 式右端各项系数都是正

的, 并且各项系数的总和满足

$$\sum_{i=1}^{m}\left[\mu_i+\frac{1}{m+1}\left(1-\sum_{j=1}^{m}\mu_j\right)\right]+\frac{1}{m+1}\left(1-\sum_{j=1}^{m}\mu_j\right)=1,$$

所以 $y\in \mathrm{co}\{e_1,e_2,\cdots,e_m,e_{m+1}\}\subset C$.

(4) 在 $E-e_0$ 上, $C-e_0$ 是一个以 θ 为内点的有界闭凸集, 它的 Minkowski 泛函 $P(z)$ 是 $E-e_0$ 上的一个一致连续、正齐次、次可加泛函, 适合 $P(z)=0\iff z=\theta$. 应用定理 1.4.22, $\exists$ 常数 $C_1,C_2>0$, 使得

$$C_1\|z\|\leqslant P(z)\leqslant C_2\|z\|\quad(\forall z\in E-e_0).$$

设 $B^m(\theta,1)$ 是 $E-e_0$ 中的单位球, 若令

$$\varphi(z)=e_0+\begin{cases}\|z\|z/P(z), & z\neq\theta,\\ 0, & z=\theta,\end{cases}$$

则 $\varphi: B^m(\theta,1)\to C$ 是一个在上同胚. ■

5.2 Brouwer 与 Schauder 不动点定理

在拓扑学中有一个重要的属于 Brouwer 的不动点定理, 引用如下:

定理 1.5.13 (Brouwer)[①] 设 B 是 $\mathbb{R}^n$ 中的闭单位球, 又设 $T: B\to B$ 是一个连续映射, 那么 T 必有一个不动点 $x\in B$.

联合推论 1.5.12 与 Brouwer 不动点定理 (定理 1.5.13), 有

推论 1.5.14 设 C 是 $\mathbb{R}^n$ 中的一个紧凸子集, $T: C\to C$ 是连续的, 则 T 必有一个在 C 上的不动点.

---

①这个定理的证明有好多个, 除了代数拓扑的证明外, 还有几个初等的、纯分析的证明, 例如参看 Milnor J., “Analytic Proofs of the ‘Hairy Ball Theorem’ and the Brouwer Fixed Point Theorem,” *Amer. Math. Monthly* 85, No.7 (1978): 521–524. Franklin J., *Methods of Mathematical Economics* (New York: Springer Verlag, 1980), pp. 232–246.

证 由于 C 与 $\mathbb{R}^m(m \leqslant n)$ 中的一个单位球同胚, 记此同胚为 $\varphi: B^m(\theta,1) \to C$. 考察映射

$$T_\varphi = \varphi^{-1} \circ T \circ \varphi.$$

显然 $T_\varphi: B^m(\theta,1) \to B^m(\theta,1)$. 对 T_φ 应用 Brouwer 不动点定理 (定理 1.5.13), 存在 $x \in B^m(\theta,1)$ 使得 $T_\varphi x = x$. 由此得到 $y = \varphi x \in C$ 是 T 的不动点. ■

现在我们把有穷维空间的不动点定理推广到无穷维空间中去.

定理 1.5.15 (Schauder) 设 C 是 B^* 空间 $\mathscr{X}$ 中的一个闭凸子集, $T: C \to C$ 连续且 $T(C)$ 列紧, 则 T 在 C 上必有一个不动点.

证 (1) 因为 $T(C)$ 是列紧集, 所以对 $\forall n \in \mathbb{N}$, 存在 $1/n$ 网 $N_n = \{y_1, y_2, \cdots, y_{r_n}\}$, 即

$$T(C) \subset \bigcup_{i=1}^{r_n} B\left(y_i, \frac{1}{n}\right) \quad (y_i \in T(C), i = 1,2,\cdots,r_n).$$

记 $E_n = \mathrm{span} N_n$, 即 E_n 为由 N_n 张成的有穷维线性子空间.

(2) 做 $T(C) \to \mathrm{co}(N_n)$ 的映射 I_n 如下:

$$I_n(y) = \sum_{i=1}^{r_n} y_i \lambda_i(y) \quad (\forall y \in T(C)), \tag{1.5.8}$$

其中

$$\lambda_i(y) = \frac{m_i(y)}{\sum\limits_{i=1}^{r_n} m_i(y)},$$

$$m_i(y) = \begin{cases} 1 - n\|y - y_i\|, & y \in B\left(y_i, \dfrac{1}{n}\right), \\ 0, & y \overline{\in} B\left(y_i, \dfrac{1}{n}\right). \end{cases}$$

因为 $m_i(y) \geqslant 0$, 并且 $\forall y \in T(C), \exists i_0 (1 \leqslant i_0 \leqslant r_n)$, 使得

$$y \in B\left(y_{i_0}, \frac{1}{n}\right), \quad \text{于是} \quad m_{i_0}(y) > 0,$$

所以 $\sum_{i=1}^{r_n} m_i(y) > 0 (\forall y \in T(C))$. 因此, $\lambda_i(y)(1 \leqslant i \leqslant r_n)$ 有定义并满足

$$\lambda_i(y) \geqslant 0 \quad (1 \leqslant i \leqslant r_n), \quad \sum_{i=1}^{r_n} \lambda_i(y) = 1. \tag{1.5.9}$$

于是 I_n 在 $T(C)$ 上有定义, 并且 (1.5.8) 式与 (1.5.9) 式蕴含 $I_n(y)$ 是 N_n 元素的凸组合, 从而 $I_n(y) \in \mathrm{co}(N_n)$. 此外还有

$$\begin{aligned}
\|I_n y - y\| &= \left\| \sum_{i=1}^{r_n} y_i \lambda_i(y) - \sum_{i=1}^{r_n} y \lambda_i(y) \right\| \\
&= \left\| \sum_{i=1}^{r_n} (y_i - y) \lambda_i(y) \right\| \leqslant \sum_{i=1}^{r_n} \|y_i - y\| \lambda_i(y) \\
&= \sum_{y \in B\left(y_i, \frac{1}{n}\right)}^{r_n} \|y_i - y\| \lambda_i(y) \\
&\quad + \sum_{y \overline{\in} B\left(y_i, \frac{1}{n}\right)}^{r_n} \|y_i - y\| \lambda_i(y) \\
&< \frac{1}{n} + 0 = \frac{1}{n}.
\end{aligned} \tag{1.5.10}$$

(3) 注意到 $T : C \to C, N_n \subset T(C)$, 而 C 是凸的, 所以 $\mathrm{co}(N_n) \subset C$. 令 $T_n \triangleq I_n \circ T$, 那么 $T_n : \mathrm{co}(N_n) \to \mathrm{co}(N_n)$. 又注意到 $\mathrm{co}(N_n)$ 是 E_n 中的一个有界闭凸子集, 应用推论 1.5.14, $\exists x_n \in \mathrm{co}(N_n) \subset C$, 使得

$$T_n x_n = x_n. \tag{1.5.11}$$

又因为 $T(C)$ 是列紧集而 C 是闭集, 所以存在子列 n_k 及 $x \in C$, 使得

$$Tx_{n_k} \to x \quad (k \to \infty). \tag{1.5.12}$$

联合 (1.5.10) 式与 (1.5.11) 式得到

$$\begin{aligned}\|x_n - x\| &= \|T_n x_n - x\| \\ &= \|I_n T x_n - T x_n + T x_n - x\| \\ &\leqslant \|I_n T x_n - T x_n\| + \|T x_n - x\| \\ &< \frac{1}{n} + \|T x_n - x\| \quad (\forall n \in \mathbb{N}).\end{aligned} \tag{1.5.13}$$

联合 (1.5.12) 式与 (1.5.13) 式即得 $x_{n_k} \to x(k \to \infty)$, 再利用 T 的连续性和 (1.5.12) 式即得

$$Tx = x.$$

■

定义 1.5.16 设 $\mathscr{X}$ 是 B^* 空间, E 是 $\mathscr{X}$ 的一个子集, 称映射 $T: E \to \mathscr{X}$ 是**紧的**, 如果它是连续的并且把 E 中的任意有界集映为 $\mathscr{X}$ 中的列紧集.

推论 1.5.17 设 C 为 B^* 空间 $\mathscr{X}$ 中的一个有界闭凸子集, $T: C \to C$ 是紧的, 则 T 在 C 上必有不动点.

5.3 应用

再考察常微分方程初值问题的存在性定理. 现在只假设函数

$$f(t, x): \mathbb{R} \times \mathbb{R} \to \mathbb{R}$$

在 $[-h, h] \times [\xi - b, \xi + b]$ 上二元连续 (从而有常数 $M > 0$, 使得 $|f(t, x)| \leqslant M$). 考察 $C[-h, h]$ 中的球 $\overline{B}(\xi, b)$ 上的映射:

$$(Tx)(t) = \xi + \int_0^t f(\tau, x(\tau)) \mathrm{d}\tau.$$

我们来证明: 对足够小的 h, T 映 $\overline{B}(\xi,b)$ 到自身, 并且 T 是紧的. 事实上,

$$\|Tx-\xi\|_{C[-h,h]}\leqslant Mh\quad(\forall x\in\overline{B}(\xi,b)),$$

故当 $h\leqslant b/M$ 时, T 映 $\overline{B}(\xi,b)$ 到自身. 又因为

$$\begin{aligned}|(Tx)(t)-(Tx)(t')|&=\left|\int_{t'}^{t}f(\tau,x(\tau))\mathrm{d}\tau\right|\\&\leqslant M|t-t'|\quad(\forall t,t'\in[-h,h]),\\|(Tx)(t)|&\leqslant|\xi|+Mh\quad(\forall t\in[-h,h]),\end{aligned}$$

所以 T 连续, 并根据 Arzelà-Ascoli 定理 (定理 1.3.16), $\overline{B}(\xi,b)$ 在 T 映射下的像是列紧的. 应用 Schauder 不动点定理 (定理 1.5.15), 立得下述定理.

定理 1.5.18 (Caratheodory) 假设函数 $f(t,x)$ 在 $[-h,h]\times[\xi-b,\xi+b]$ 上二元连续, $|f(t,x)|\leqslant M$, 那么当 $h<b/M$ 时, 方程的初值问题

$$\begin{cases}\dot{x}(t)=f(t,x(t)),\\x(0)=\xi\end{cases}$$

在 $[-h,h]$ 上存在解 $x(t)$.

习 题

1.5.1 设 $\mathscr{X}$ 是 B^* 空间, E 是以 θ 为内点的真凸子集, P 是由 E 产生的 Minkowski 泛函, 求证:

(1) $x\in\overset{\circ}{E}\Longleftrightarrow P(x)<1$;

(2) $\overline{\overset{\circ}{E}}=\overline{E}$.

1.5.2 求证: 在 B 空间中, 列紧集的凸包是列紧集.

1.5.3 设 C 是 B^* 空间 $\mathscr{X}$ 中的一个紧凸集, 映射 $T:C\to C$ 连续, 求证: T 在 C 上有一个不动点.

1.5.4 设 C 是 B 空间 $\mathscr{X}$ 中的一个有界闭凸集, 映射 $T_i:C\to\mathscr{X}\,(i=1,2)$ 适合

(1) $\forall x, y \in C \Longrightarrow T_1x + T_2y \in C$;

(2) T_1 是一个压缩映射, T_2 是一个紧映射.

求证: $T_1 + T_2$ 在 C 上至少有一个不动点.

1.5.5 设 A 是 $n \times n$ 矩阵, 其元素 $a_{ij} > 0(1 \leqslant i, j \leqslant n)$, 求证: 存在 $\lambda > 0$ 及各分量非负但不全为零的向量 $x \in \mathbb{R}^n$, 使得

$$Ax = \lambda x.$$

提示 在 $\mathbb{R}^n$ 上考察子集

$$C \triangleq \left\{ x = (x_1, \cdots, x_n) \in \mathbb{R}^n \,\middle|\, \sum_{i=1}^{n} x_i = 1, x_i \geqslant 0 (i = 1, 2, \cdots, n) \right\},$$

并做映射

$$f(x) = \frac{Ax}{\sum_{j=1}^{n} (Ax)_j}.$$

1.5.6 设 $K(x, y)$ 是 $[0,1] \times [0,1]$ 上的正值连续函数, 定义映射

$$(Tu)(x) = \int_0^1 K(x, y) u(y) \mathrm{d}y \quad (\forall u \in C[0,1]).$$

求证: 存在 $\lambda > 0$ 及非负但不恒为零的连续函数 u, 满足

$$Tu = \lambda u.$$

§ 6 内 积 空 间

B^* 空间上虽然有了范数, 可以定义收敛, 但是缺少一个重要概念 —— “角度”, 所以还不能说两个向量相互垂直. 欧氏空间 $\mathbb{R}^n$ 上两个向量的夹角是通过内积来定义的, 在无穷维空间上也可引入类似的概念.

6.1 定义与基本性质

我们先从共轭双线性函数的概念入手.

定义 1.6.1 线性空间 $\mathscr{X}$ 上的一个二元函数 $a(\cdot,\cdot):\mathscr{X}\times\mathscr{X}\to\mathbb{K}$, 称为是**共轭双线性函数** (sesquilinear), 如果

(1) $a(x,\alpha_1 y_1+\alpha_2 y_2)=\overline{\alpha}_1 a(x,y_1)+\overline{\alpha}_2 a(x,y_2)$,

(2) $a(\alpha_1 x_1+\alpha_2 x_2,y)=\alpha_1 a(x_1,y)+\alpha_2 a(x_2,y)$,

其中 $\forall x,y,x_1,x_2,y_1,y_2\in\mathscr{X},\forall\alpha_1,\alpha_2\in\mathbb{K}$. 我们还称由

$$q(x)\triangleq a(x,x)\quad(\forall x\in\mathscr{X})$$

定义的函数为 $\mathscr{X}$ 上由 a 诱导的**二次型**.

命题 1.6.2 设 a 是 $\mathscr{X}$ 上的共轭双线性函数, q 是由 a 诱导的二次型, 那么

$$q(x)\in\mathbb{R}(\forall x\in\mathscr{X})\Longleftrightarrow a(x,y)=\overline{a(y,x)}\quad(\forall x,y\in\mathscr{X}).$$

证 “$\Longleftarrow$” 是显然的. 下证 “$\Longrightarrow$”. 从

$$q(x+y)=\overline{q(x+y)}\quad(\forall x,y\in\mathscr{X}),$$

容易推出

$$a(x,y)+a(y,x)=\overline{a(x,y)}+\overline{a(y,x)}.\tag{1.6.1}$$

在 (1.6.1) 式中换 y 为 $\mathrm{i}y$, 即得

$$-a(x,y)+a(y,x)=\overline{a(x,y)}-\overline{a(y,x)}.\tag{1.6.2}$$

(1.6.1) 式与 (1.6.2) 式相减即得 $a(x,y)=\overline{a(y,x)}$. ■

定义 1.6.3 线性空间 $\mathscr{X}$ 上的一个共轭双线性函数

$$(\cdot,\cdot):\mathscr{X}\times\mathscr{X}\to\mathbb{K}$$

称为是一个**内积**, 如果它满足:

(1) $(x,y)=\overline{(y,x)}\quad(\forall x,y\in\mathscr{X})$ (共轭对称性);

(2) $(x,x)\geqslant 0\quad(\forall x\in\mathscr{X}),(x,x)=0\Longleftrightarrow x=\theta$ (正定性).

具有内积的线性空间称为**内积空间**, 记作 $(\mathscr{X},(\cdot,\cdot))$.

注 若在 (2) 中仅保存非负定条件: $(x,x)\geqslant 0(\forall x\in\mathscr{X})$, 则称 $(\cdot,\cdot)$ 为一个**半内积**, 对应的空间称为**半内积空间**.

显然, 这个内积概念是有穷维欧氏空间上相应概念的推广.

例 1.6.4 $\mathbb{R}^n,\mathbb{C}^n$ 都是内积空间, 它们的内积分别定义为

$$(x,y)=\sum_{i=1}^{n}x_iy_i\quad(\forall x,y\in\mathbb{R}^n),$$

$$(x,y)=\sum_{i=1}^{n}x_i\overline{y}_i\quad(\forall x,y\in\mathbb{C}^n),$$

其中 $x=(x_1,x_2,\cdots,x_n),y=(y_1,y_2,\cdots,y_n)$.

例 1.6.5 l^2 空间 (定义见例 1.4.11 的注 (2)) 是内积空间, 规定内积

$$(x,y)=\sum_{i=1}^{\infty}x_i\overline{y}_i,$$

其中 $x=(x_1,x_2,\cdots,x_i,\cdots),y=(y_1,y_2,\cdots,y_i,\cdots)\in l^2$.

例 1.6.6 $L^2(\Omega,\mu)$ (定义见例 1.4.11) 是内积空间, 规定内积

$$(u,v)=\int_\Omega u(x)\cdot\overline{v(x)}\mathrm{d}\mu,$$

其中 $u,v\in L^2(\Omega,\mu)$.

例 1.6.7 在空间 $C^k(\overline{\Omega})$ (定义见例 1.4.13) 中, 规定内积

$$(u,v)=\sum_{|\alpha|\leqslant k}\int_\Omega\partial^\alpha u(x)\cdot\overline{\partial^\alpha v(x)}\,\overline{\mathrm{d}x}\quad(\forall u,v\in C^k(\overline{\Omega})).$$

那么 $(C^k(\overline{\Omega}),(\cdot,\cdot))$ 是一个内积空间.

和欧氏空间 $\mathbb{R}^n$ 一样, 由内积可以导出范数, 这要用到下面一个重要的不等式.

命题 1.6.8 (Cauchy-Schwarz 不等式) 设 $(\mathscr{X},(\cdot,\cdot))$ 是内积空间. 若令

$$\|x\|=(x,x)^{\frac{1}{2}}\quad(\forall x\in\mathscr{X}),\tag{1.6.3}$$

则有

$$|(x,y)|\leqslant\|x\|\cdot\|y\|\quad(\forall x,y\in\mathscr{X}),\tag{1.6.4}$$

而且 (1.6.4) 式中的等号当且仅当 x 与 y 线性相关时成立.

我们就更一般的情形证明不等式 (1.6.4).

命题 1.6.9 设 a 是线性空间 $\mathscr{X}$ 上的共轭双线性函数, $q(x)$ 是由 a 诱导的二次型. 如果

$$q(x)\geqslant 0\quad(\forall x\in\mathscr{X})\quad 且\quad q(x)=0\Longleftrightarrow x=\theta,$$

那么

$$|a(x,y)|\leqslant[q(x)q(y)]^{\frac{1}{2}}\quad(\forall x,y\in\mathscr{X}),\tag{1.6.5}$$

而且 (1.6.5) 式中的等号当且仅当 x 与 y 线性相关时成立.

证 不妨设 $y\neq\theta$, 对 $\forall\lambda\in\mathbb{K}$ 考察

$$q(x+\lambda y)=q(x)+\overline{\lambda}a(x,y)+\lambda a(y,x)+|\lambda|^2q(y)\geqslant 0.\tag{1.6.6}$$

取 $\lambda=-a(x,y)/q(y)$, 因为 $a(x,y)=\overline{a(y,x)}$ (这是由假设 $q(x)\geqslant 0$, 根据命题 1.6.2 推出的), 所以

$$q(x)-\frac{2|a(x,y)|^2}{q(y)}+\frac{|a(x,y)|^2}{q(y)}\geqslant 0,$$

由此立得 (1.6.5) 式. 又当 $x=-\lambda y(\lambda\in\mathbb{K})$ 时, (1.6.5) 式中的等号成立. 反之, 若 (1.6.5) 式中的等号成立, 则 (1.6.6) 式中的等号成立, 从而 $x=-\lambda y(\lambda\in\mathbb{K})$. ■

命题 1.6.10 内积空间 $(\mathscr{X},(\cdot,\cdot))$ 按 (1.6.3) 式定义范数, 是一个 B^* 空间.

证 只要证明按 (1.6.3) 式定义的 $\|\cdot\|$ 是范数. 事实上, 定义 1.4.9 中的 (1) 和 (3) 都是显然成立的, 下面来验证 (2).

$$\begin{aligned}\|x+y\|^2 &= (x+y,x+y)\\ &= (x,x)+(x,y)+(y,x)+(y,y)\\ &\leqslant \|x\|^2+2\|x\|\|y\|+\|y\|^2\\ &= (\|x\|+\|y\|)^2 \quad (\forall x,y\in\mathscr{X}).\end{aligned}$$ ■

命题 1.6.11 在内积空间 $(\mathscr{X},(\cdot,\cdot))$ 中, 内积 (x,y) 是 $\mathscr{X}\times\mathscr{X}$ 上关于范数 $\|\cdot\|$ 的连续函数.

证 设 $x_n\to x, y_n\to y$. 那么 $\|x_n\|$ 和 $\|y_n\|$ 有界, 用 M 表示它们的一个上界, 便有

$$\begin{aligned}&|(x_n,y_n)-(x,y)|\\ &\quad\leqslant |(x_n,y_n)-(x,y_n)|+|(x,y_n)-(x,y)|\\ &\quad\leqslant \|x_n-x\|\cdot\|y_n\|+\|x\|\cdot\|y_n-y\|\\ &\quad\leqslant M\|x_n-x\|+\|x\|\|y_n-y\|\to 0 \quad (n\to\infty).\end{aligned}$$ ■

命题 1.6.12 内积空间 $(\mathscr{X},(\cdot,\cdot))$ 是严格凸的 B^* 空间.

证 $\forall 0<\lambda<1$, 根据命题 1.6.8 我们有

$$\begin{aligned}&\|\lambda x+(1-\lambda)y\|^2\\ &\quad=\lambda^2\|x\|^2+2\lambda(1-\lambda)\mathrm{Re}(x,y)+(1-\lambda)^2\|y\|^2\\ &\quad<[\lambda+(1-\lambda)]^2=1 \quad (\text{当 } \|x\|=\|y\|=1, x\neq y).\end{aligned}$$ ■

我们还要问: 什么样的 B^* 空间 $(\mathscr{X},\|\cdot\|)$ 可以引入一个内积 $(\cdot,\cdot)$ 适合

$$(x,x)^{\frac{1}{2}}=\|x\| \quad (\forall x\in\mathscr{X}). \tag{1.6.7}$$

命题 1.6.13 在 B^* 空间 $(\mathscr{X},\|\cdot\|)$ 中, 为了在 $\mathscr{X}$ 上可引入一个内积 $(\cdot,\cdot)$ 适合 (1.6.7) 式, 必须且仅须范数 $\|\cdot\|$ 满足如下平

行四边形等式:

$$\|x+y\|^2+\|x-y\|^2=2(\|x\|^2+\|y\|^2)\quad(\forall x,y\in\mathscr{X}). \tag{1.6.8}$$

证　必要性可通过直接计算得到. 为了证充分性, 令

$$(x,y)=\begin{cases}\dfrac{1}{4}(\|x+y\|^2-\|x-y\|^2), & \text{当 } \mathbb{K}=\mathbb{R},\\ \dfrac{1}{4}(\|x+y\|^2-\|x-y\|^2+\mathrm{i}\|x+\mathrm{i}y\|^2 & \\ \quad -\mathrm{i}\|x-\mathrm{i}y\|^2), & \text{当 } \mathbb{K}=\mathbb{C}.\end{cases}$$

容易验证它是一个满足 (1.6.7) 式的内积. ■

定义 1.6.14　完备的内积空间称为 **Hilbert 空间**.

例 1.6.4, 例 1.6.5 和例 1.6.6 都是 Hilbert 空间. 下面我们再举一个在偏微分方程边值问题理论中特别有用的内积空间 —— $H_0^m(\varOmega)$ 作为例子, 为此先证明如下引理.

引理 1.6.15 (Poincaré 不等式)　设 $C_0^m(\varOmega)$ 表示有界开区域 $\varOmega\subset\mathbb{R}^n$ 上一切 m 次连续可微, 并在边界 $\partial\varOmega$ 的某邻域内为 0 的函数集合, 即

$$C_0^m(\varOmega)=\left\{u\in C^m(\overline{\varOmega})\,\middle|\,u(x)=0,\ \text{当 } x\in\partial\varOmega \text{ 的某邻域}\right\}.$$

那么 $\forall u\in C_0^m(\varOmega)$ 有

$$\sum_{|\alpha|<m}\int_\varOmega|\partial^\alpha u(x)|^2\mathrm{d}x\leqslant C\sum_{|\alpha|=m}\int_\varOmega|\partial^\alpha u(x)|^2\mathrm{d}x, \tag{1.6.9}$$

其中 C 是仅依赖于区域 $\varOmega$ 及 m 的常数.

证　因为 $\varOmega$ 是有界的, 我们可以把 $\varOmega$ 放在某个边长为 a 的立方体 $\varOmega_1$ 内, 适当选择坐标系, 使得

$$\varOmega_1=\left\{(x_1,x_2,\cdots,x_n)\in\mathbb{R}^n\,\middle|\,0\leqslant x_i\leqslant a(i=1,2,\cdots,n)\right\}.$$

在 $\Omega_1\backslash\Omega$ 上补充定义 $u=0$, 经补充定义后, $u(x)$ 在 Ω_1 上 m 次连续可微, 而且在边界上等于 0.$\forall x\in\Omega_1$,

$$u(x)=\int_0^{x_1}\frac{\partial u}{\partial t}(t,x_2,\cdots,x_n)\mathrm{d}t.$$

再利用 Cauchy-Schwarz 不等式 (命题 1.6.8), 我们有

$$|u(x)|^2\leqslant a\int_0^a\left|\frac{\partial u}{\partial x_1}\right|^2\mathrm{d}x_1. \tag{1.6.10}$$

在 Ω_1 上积分不等式 (1.6.10), 我们得

$$\begin{aligned}\int_\Omega|u(x)|^2\mathrm{d}x&\leqslant a^2\int_\Omega\left|\frac{\partial u}{\partial x_1}\right|^2\mathrm{d}x\\&\leqslant a^2\int_\Omega|\mathrm{grad}\,u(x)|^2\mathrm{d}x.\end{aligned} \tag{1.6.11}$$

然后逐次应用不等式 (1.6.11) 于 $\partial^\alpha u(x)(|\alpha|<m)$, 即得不等式 (1.6.9). ■

引理 1.6.15 表明在 $C_0^m(\Omega)$ 上,

$$\|u\|_m\triangleq\left(\sum_{|\alpha|=m}\int_\Omega|\partial^\alpha u(x)|^2\mathrm{d}x\right)^{\frac12} \tag{1.6.12}$$

和

$$\|u\|\triangleq\left(\sum_{|\alpha|\leqslant m}\int_\Omega|\partial^\alpha u(x)|^2\mathrm{d}x\right)^{\frac12} \tag{1.6.13}$$

是一对等价范数. 记 $C_0^m(\Omega)$ 按 (1.6.12) 式完备化后的空间为 $H_0^m(\Omega)$. 它是 $H^m(\Omega)$ (定义见例 1.4.14) 的一个闭子空间.

例 1.6.16 $H_0^m(\Omega)$ 是一个 Hilbert 空间, 其内积定义为

$$(u,v)_m=\sum_{|\alpha|=m}\int_\Omega\partial^\alpha u(x)\cdot\overline{\partial^\alpha v(x)}\mathrm{d}x\quad(\forall u,v\in C_0^m(\Omega)). \tag{1.6.14}$$

注 当 Ω 的边界 $\partial\Omega$ 具有光滑的法向导数时, $H_0^m(\Omega)$ 中的元素实际上是满足边界条件:

$$u\Big|_{\partial\Omega} = \frac{\partial u}{\partial n}\Big|_{\partial\Omega} = \cdots = \left(\frac{\partial}{\partial n}\right)^{m-1} u\Big|_{\partial\Omega} = 0$$

的 $C^m(\Omega)$ 函数 u 的一种推广, 其中 $\partial/\partial n$ 是 $\partial\Omega$ 上的法向导数.

6.2 正交与正交基

在内积空间 $\mathscr{X}$ 中, 可以引入两个向量夹角的概念, 从而可定义什么叫垂直或正交. 和欧氏空间一样, 对内积空间中的两个向量 x, y, 我们用

$$\theta \triangleq \cos^{-1} \frac{|(x,y)|}{\|x\| \cdot \|y\|}$$

表示它们之间的夹角.

定义 1.6.17 内积空间 $\mathscr{X}$ 上的两个元素 x 与 y 称为是**正交的**, 是指

$$(x,y) = 0,$$

记作 $x \perp y$. 又设 M 是 $\mathscr{X}$ 的一个非空子集, $x \in \mathscr{X}$. 若对 $\forall y \in M$ 都有 $x \perp y$, 则称 x 与 M **正交**, 记作 $x \perp M$. 此外我们还称集合

$$\{x \in \mathscr{X} | x \perp M\}$$

为 M 的**正交补**, 记作 $M^{\perp}$.

由定义可以直接推出

命题 1.6.18 设 $\mathscr{X}$ 是内积空间, M 是 $\mathscr{X}$ 的一个非空子集.

(1) 若 $x \perp y_i (i = 1, 2)$, 则

$$x \perp \lambda_1 y_1 + \lambda_2 y_2 \quad (\forall \lambda_1, \lambda_2 \in \mathbb{K}).$$

(2) 若 $x = y + z$, 且 $y \perp z$, 则

$$\|x\|^2 = \|y\|^2 + \|z\|^2.$$

(3) 若 $x \perp y_n (n \in \mathbb{N})$, 且 $y_n \to y$, 则 $x \perp y$.

(4) 若 $x \perp M$, 则 $x \perp \operatorname{span} M$.

(5) $M^{\perp}$ 是 $\mathscr{X}$ 的一个闭线性子空间.

现在我们把欧氏空间中的直角坐标系概念推广到一般的内积空间中去.

定义 1.6.19 设 $\mathscr{X}$ 是一个内积空间, 集合 $S = \{e_\alpha | \alpha \in A\}$ 是 $\mathscr{X}$ 的一个子集. 称 S 为**正交集**, 是指

$$e_\alpha \perp e_\beta \quad (\text{当 } \alpha \neq \beta, \forall \alpha, \beta \in A).$$

如果还有 $\|e_\alpha\| = 1 (\forall \alpha \in A)$, 则称 S 为**正交规范集**. 又如果在 $\mathscr{X}$ 中不存在非零元与 S 正交, 即 $S^{\perp} = \{\theta\}$, 那么称 S 为**完备的**.

一个内积空间是否一定有完备的正交集? 为了回答这个问题, 我们引用一个与无穷归纳法等价的命题 —— Zorn 引理.

引理 1.6.20 (Zorn) 设 $\mathscr{X}$ 是一个半序集. 如果它的每一个全序子集有一个上界, 那么 $\mathscr{X}$ 有一个极大元.

命题 1.6.21 非 $\{\theta\}$ 内积空间 $\mathscr{X}$ 中必存在完备正交集.

证 因为 $\mathscr{X} \neq \{\theta\}$, 所以 $\mathscr{X}$ 中的正交集依包含关系构成一个半序集类, 并且每个全序子集类有一个上界, 就是这些集之并集. 依 Zorn 引理 (引理 1.6.20), 这个半序集类有极大元. 我们来证明: 这个极大元 (记作 S) 就是完备正交集. 因若不然, 则必 $\exists x_0 \in S^{\perp}, x_0 \neq \theta$, 令 $S_1 = \{x_0\} \cup S$, 得到 S_1 还是正交集, 并且 $S \subsetneqq S_1$, 这便与 S 的极大性相矛盾. ■

定义 1.6.22 内积空间 $\mathscr{X}$ 中的正交规范集 $S = \{e_\alpha | \alpha \in A\}$, 称为一个**基** (或**封闭的**) 是指 $\forall x \in \mathscr{X}$, 有下列表示:

$$x = \sum_{\alpha \in A} (x, e_\alpha) e_\alpha, \tag{1.6.15}$$

其中 $\{(x, e_\alpha) | \alpha \in A\}$ 称为 x 关于基 $\{e_\alpha | \alpha \in A\}$ 的 **Fourier 系数**.

定理 1.6.23 (Bessel 不等式) 设 $\mathscr{X}$ 是一个内积空间. 如果 $S=\{e_\alpha|\alpha\in A\}$ 是 $\mathscr{X}$ 中的正交规范集, 那么 $\forall x\in\mathscr{X}$, 有

$$\sum_{\alpha\in A}|(x,e_\alpha)|^2\leqslant\|x\|^2. \tag{1.6.16}$$

证 首先对 A 的任意有限子集, 不妨设它们是 $1,2,\cdots,n$, 证明

$$\sum_{i=1}^{n}|(x,e_i)|^2\leqslant\|x\|^2. \tag{1.6.17}$$

因为

$$\begin{aligned}0&\leqslant\left\|x-\sum_{i=1}^{n}(x,e_i)e_i\right\|^2\\&=\left(x-\sum_{i=1}^{n}(x,e_i)e_i,x-\sum_{j=1}^{n}(x,e_j)e_j\right)\\&=\|x\|^2-\sum_{i=1}^{n}|(x,e_i)|^2,\end{aligned}$$

所以 (1.6.17) 式成立. 由此可见, 对 $\forall n\in\mathbb{N}$, 适合 $|(x,e_\alpha)|>1/n$ 的 $\alpha\in A$ 至多只有有穷多个, 从而 $(x,e_\alpha)\neq0$ 的 $\alpha\in A$ 至多有可数多个. 于是 (1.6.16) 式的左端实际上是至多可数项求和的级数. 再由 (1.6.17) 式我们有

$$\sum_{\alpha\in A_f}|(x,e_\alpha)|^2\leqslant\|x\|^2,$$

其中 A_f 表示 A 的任意有限子集. 由此立得 (1.6.16) 式. ■

推论 1.6.24 假设 $\mathscr{X}$ 是 Hilbert 空间, 且 $\{e_\alpha|\alpha\in A\}$ 是 $\mathscr{X}$ 中的正交规范集. 那么对 $\forall x\in\mathscr{X}$, 有

$$\sum_{\alpha\in A}(x,e_\alpha)e_\alpha\in\mathscr{X},$$

且

$$\left\|x-\sum_{\alpha\in A}(x,e_\alpha)e_\alpha\right\|^2=\|x\|^2-\sum_{\alpha\in A}|(x,e_\alpha)|^2. \tag{1.6.18}$$

证 不妨设使得 $(x,e_\alpha)\neq 0$ 的可数多个 $\alpha\in A$ 是 $1,2,\cdots,n,\cdots$, 那么

$$\sum_{\alpha\in A}(x,e_\alpha)e_\alpha=\sum_{n=1}^{\infty}(x,e_n)e_n,$$

并由 Bessel 不等式 (定理 1.6.23) 可知 $\sum\limits_{n=1}^{\infty}|(x,e_n)|^2$ 收敛, 因此有

$$\left\|\sum_{n=m}^{m+p}(x,e_n)e_n\right\|^2=\sum_{n=m}^{m+p}|(x,e_n)|^2\to 0\quad(m\to\infty,\forall p\in\mathbb{N}).$$

于是, $\left\{x_m=\sum\limits_{n=1}^{m}(x,e_n)e_n\right\}$ 是基本列, 从而

$$\sum_{\alpha\in A}(x,e_\alpha)e_\alpha=\sum_{n=1}^{\infty}(x,e_n)e_n=\lim_{m\to\infty}x_m\in\mathscr{X}.$$

又因为 $x-\sum\limits_{n=1}^{\infty}(x,e_n)e_n\perp\sum\limits_{n=1}^{\infty}(x,e_n)e_n$, 所以

$$\left\|x-\sum_{n=1}^{\infty}(x,e_n)e_n\right\|^2=\|x\|^2-\sum_{n=1}^{\infty}|(x,e_n)|^2.$$

这就是 (1.6.18) 式. ∎

何时 Bessel 不等式 (1.6.16) 式取等号? 何时 $\sum\limits_{\alpha\in A}(x,e_\alpha)e_\alpha$ 等于 x? 请看如下定理.

定理 1.6.25 设 $\mathscr{X}$ 是一个 Hilbert 空间, 若 $S=\{e_\alpha|\alpha\in A\}$ 是 $\mathscr{X}$ 中的正交规范集, 则如下三条等价:

(1) S 是封闭的;

(2) S 是完备的;

(3) Parseval 等式

$$\|x\|^2 = \sum_{\alpha\in A} |(x, e_\alpha)|^2 \quad (\forall x \in \mathscr{X}). \tag{1.6.19}$$

成立.

证 (1)$\Longrightarrow$(2). 若 S 不完备, 则 $\exists x \in \mathscr{X}\backslash\{\theta\}$, 使得

$$(x, e_\alpha) = 0 \quad (\forall \alpha \in A).$$

但由封闭性有 $x = \sum\limits_{\alpha\in A}(x, e_\alpha)e_\alpha = \theta$, 矛盾.

(2)$\Longrightarrow$(3). 若 $\exists x \in \mathscr{X}$ 使 Parseval 等式 (1.6.19) 不成立, 则由 (1.6.18) 式,

$$\left\|x - \sum_{\alpha\in A}(x, e_\alpha)e_\alpha\right\|^2 = \|x\|^2 - \sum_{\alpha\in A} |(x, e_\alpha)|^2 > 0.$$

于是 $y \triangleq x - \sum\limits_{\alpha\in A}(x, e_\alpha)e_\alpha \neq \theta$, 但 $y \in S^\perp$. 这与 S 完备性矛盾.

(3)$\Longrightarrow$(1). 联合 Parseval 等式 (1.6.19) 与 (1.6.18) 式得到

$$\left\|x - \sum_{\alpha\in A}(x, e_\alpha)e_\alpha\right\|^2 = \|x\|^2 - \sum_{\alpha\in A} |(x, e_\alpha)|^2 = 0.$$

因此有

$$x = \sum_{\alpha\in A}(x, e_\alpha)e_\alpha.$$

■

下面举一些正交规范基的例子.

例 1.6.26 在 $L^2[0, 2\pi]$ 上,

$$e_n(t) = \frac{1}{\sqrt{2\pi}}\mathrm{e}^{\mathrm{i}nt} \quad (n = 0, \pm 1, \pm 2, \cdots)$$

是一组正交规范基. $\forall u \in L^2[0,2\pi]$, 对应的 Fourier 系数是

$$(u,e_n)=\frac{1}{\sqrt{2\pi}}\int_0^{2\pi}u(t)\mathrm{e}^{-\mathrm{i}nt}\mathrm{d}t \quad (n=0,\pm1,\pm2,\cdots).$$

例 1.6.27 在 l^2 空间上,

$$e_n=(\underbrace{0,0,\cdots,0,1}_{n},0,\cdots) \quad (n=1,2,3,\cdots)$$

是一组正交规范基.

例 1.6.28 设 D 是 $\mathbb{C}$ 中的单位开圆域, $H^2(D)$ 表示在 D 内满足

$$\iint_D |u(z)|^2\mathrm{d}x\mathrm{d}y<\infty \quad (z=x+\mathrm{i}y)$$

的解析函数全体组成的空间. 规定内积为

$$(u,v)=\iint_D u(z)\overline{v(z)}\mathrm{d}x\mathrm{d}y.$$

这时函数组

$$\varphi_n(z)=\sqrt{\frac{n}{\pi}}z^{n-1} \quad (n=1,2,3,\cdots)$$

是一组正交规范基. 设 $u(z)=\sum\limits_{k=0}^{\infty}b_kz^k\in H^2(D)$, 它对应的 Fourier 系数是

$$\begin{aligned}(u,\varphi_n)&=\iint_D\sum_{k=0}^{\infty}b_kz^k\sqrt{\frac{n}{\pi}}\overline{z}^{n-1}\mathrm{d}x\mathrm{d}y\\&=\sum_{k=0}^{\infty}b_k\sqrt{\frac{\pi}{k+1}}(\varphi_{k+1},\varphi_n)\\&=b_{n-1}\sqrt{\frac{\pi}{n}} \quad (n=1,2,3,\cdots).\end{aligned}$$

6.3 正交化与 Hilbert 空间的同构

线性代数中的 Gram-Schmidt 正交化过程可以毫无困难地搬到内积空间上来. 设 $\{x_1, x_2, \cdots\}$ 是内积空间 $\mathscr{X}$ 中的一列线性无关的元素. 我们要构造一组正交规范集

$$S = \{e_i | i = 1, 2, \cdots\},$$

使得对 $\forall n \in \mathbb{N}, e_n$ 是 $x_1, x_2, \cdots, x_n$ 的线性组合, 而且 x_n 也是 $e_1, e_2, \cdots, e_n$ 的线性组合. 其构造过程如下:

$$\begin{aligned}
&y_1 = x_1, && e_1 = \frac{y_1}{\|y_1\|};\\
&y_2 = x_2 - (x_2, e_1)e_1, && e_2 = \frac{y_2}{\|y_2\|};\\
&\cdots\cdots && \cdots\cdots\\
&y_n = x_n - \sum_{i=1}^{n-1}(x_n, e_i)e_i, && e_n = \frac{y_n}{\|y_n\|};\\
&\cdots\cdots && \cdots\cdots.
\end{aligned}$$

定义 1.6.29　设 $(\mathscr{X}_1, (\cdot,\cdot)_1)$ 与 $(\mathscr{X}_2, (\cdot,\cdot)_2)$ 是两个内积空间, 如果存在 $\mathscr{X}_1 \to \mathscr{X}_2$ 的一个线性同构 T, 满足

$$(Tx, Ty)_2 = (x, y)_1 \quad (\forall x, y \in \mathscr{X}_1),$$

则称内积空间 $\mathscr{X}_1$ 与 $\mathscr{X}_2$ 是**同构的**.

定理 1.6.30　为了 Hilbert 空间 $\mathscr{X}$ 是可分的, 必须且仅须它有至多可数的正交规范基 S. 又若 S 的元素个数 $N < \infty$, 则 $\mathscr{X}$ 同构于 $\mathbb{K}^N$; 若 $N = \infty$, 则 $\mathscr{X}$ 同构于 l^2.

证　*必要性.* 设 $\{x_n\}_{n=1}^{\infty}$ 是 $\mathscr{X}$ 中的可数稠密子集, 那么其中必存在一个线性无关的子集 $\{y_n\}_{n=1}^{N}$ ($N < \infty$ 或 $N = \infty$), 使得

$$\operatorname{span}\{y_n\}_{n=1}^{N} = \operatorname{span}\{x_n\}_{n=1}^{\infty}.$$

再对 $\{y_n\}_{n=1}^N$ 应用 Gram-Schmidt 过程, 便构造出一个正交规范集 $\{e_n\}_{n=1}^N$. 又因为

$$\overline{\operatorname{span}\{e_n\}_{n=1}^N}=\overline{\operatorname{span}\{y_n\}_{n=1}^N}=\mathscr{X},$$

所以 $\{e_n\}_{n=1}^N$ 是正交规范基.

充分性. 设 $\{e_n\}_{n=1}^N$ ($N<\infty$ 或 $N=\infty$) 是 $\mathscr{X}$ 的正交规范基, 那么集合

$$\left\{x=\sum_{n=1}^N a_n e_n\middle|\operatorname{Re}a_n \text{ 与 } \operatorname{Im}a_n \text{ 皆为有理数}\right\}$$

是 $\mathscr{X}$ 中的稠密子集. 从而 $\mathscr{X}$ 是可分的.

对于正交规范基 $\{e_n\}_{n=1}^N$ ($N<\infty$ 或 $N=\infty$), 做对应

$$T: x\mapsto\{(x,e_n)\}_{n=1}^N \quad (\forall x\in\mathscr{X}).$$

根据 Parseval 等式我们有

$$\|x\|^2=\sum_{n=1}^N|(x,e_n)|^2 \quad (\forall x\in\mathscr{X}).$$

由此可见, 对应 T 是 $\mathscr{X}\to\mathbb{K}^N$ (当 $N<\infty$) 或 $\mathscr{X}\to l^2$ (当 $N=\infty$) 的一对一在上线性同构. 此外,

$$\begin{aligned}(x,y)&=\left(\sum_{i=1}^N(x,e_i)e_i,\sum_{j=1}^N(y,e_j)e_j\right)\\&=\sum_{i=1}^N(x,e_i)\overline{(y,e_i)} \quad (\forall x,y\in\mathscr{X}).\end{aligned}$$

因此 T 还是保持内积的. 于是当 $N<\infty$ 时, $\mathscr{X}$ 同构于 $\mathbb{K}^N$; 而当 $N=\infty$ 时, $\mathscr{X}$ 同构于 l^2. ■

6.4 再论最佳逼近问题

我们在本章 4.5 小节中曾经把最佳逼近问题看成求空间上一点到它的一个线性子空间的距离问题, 在那里给定的子空间是有穷维的. 对于无穷维闭线性子空间 M 来说, 一般不知道能否对给定的 $x \in \mathscr{X}$, 找到一点 $y \in M$ 适合

$$\inf_{z\in M} \|x - z\| = \|x - y\|$$

(见习题 1.4.14). 然而在 Hilbert 空间中, 不但答案是肯定的, 而且可以用更为一般的闭凸子集 C 来代替闭线性子空间 M. 现在我们先从 $x = \theta$ 这一特殊情形开始.

定理 1.6.31 如果 C 是 Hilbert 空间 $\mathscr{X}$ 中的一个闭凸子集, 那么在 C 上存在唯一元素 x_0 取到最小范数.

证 *存在性.* 若 $\theta \in C$, 则 $x_0 = \theta$, 若 $\theta \overline{\in} C$, 则

$$d \triangleq \inf_{z\in C} \|z\| > 0.$$

由下确界定义, $\forall n \in \mathbb{N}, \exists x_n \in C$, 使得

$$d \leqslant \|x_n\| \leqslant d + \frac{1}{n} \quad (n = 1, 2, \cdots). \tag{1.6.20}$$

如果 $\{x_n\}$ 有极限 x_0, 那么由 C 的闭性, $x_0 \in C$, 并由 (1.6.20) 式, $\|x_0\| = d$, 即 x_0 取到了 C 上元素的最小范数. 为了 $\{x_n\}$ 有极限, 只需验证 $\{x_n\}$ 是一个基本列. 这要用到平行四边形等式:

$$\begin{aligned}\|x_m - x_n\|^2 &= 2(\|x_m\|^2 + \|x_n\|^2) - 4\left\|\frac{x_m + x_n}{2}\right\|^2 \\ &\leqslant 2\left[\left(d + \frac{1}{n}\right)^2 + \left(d + \frac{1}{m}\right)^2\right] - 4d^2 \to 0 \quad (\text{当 } n, m \to \infty).\end{aligned}$$

唯一性. 如果有 $x_0, \widehat{x}_0 \in C$ 使得 $\|x_0\| = \|\widehat{x}_0\| = d$, 那么

$$\begin{aligned}\|x_0 - \widehat{x}_0\|^2 &= 2(\|x_0\|^2 + \|\widehat{x}_0\|^2) - 4\left\|\frac{x_0 + \widehat{x}_0}{2}\right\|^2 \\ &\leqslant 4d^2 - 4d^2 = 0,\end{aligned}$$

即得 $x_0 = \widehat{x}_0$ (见图 1.6.1). ■

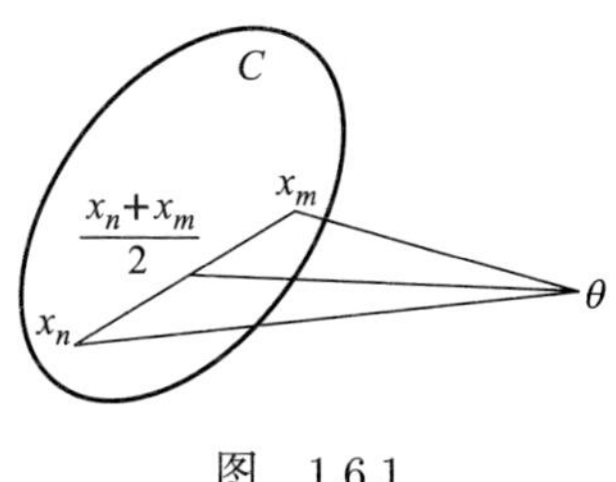

图 1.6.1

推论 1.6.32 若 C 是 Hilbert 空间 $\mathscr{X}$ 中的一个闭凸子集, 则对 $\forall y \in \mathscr{X}, \exists | x_0 \in C$, 使得

$$\|y - x_0\| = \inf_{x \in C} \|x - y\|. \tag{1.6.21}$$

证 只需考察集合 $C - \{y\} \triangleq \{x - y | x \in C\}$, 它显然还是 $\mathscr{X}$ 上的一个闭凸子集. 根据定理 1.6.31. $\exists | z_0 \in C - \{y\}$, 使得

$$\|z_0\| = \inf_{z \in C - \{y\}} \|z\|.$$

令 $x_0 \triangleq z_0 + y$, 便得到 (1.6.21) 式. ■

特例 1.6.33 若 M 是 Hilbert 空间 $\mathscr{X}$ 上的一个闭线性子空间, 则对 $\forall y \in \mathscr{X}, \exists | x_0 \in M$, 使得

$$\|y - x_0\| = \inf_{x \in M} \|x - y\|.$$

虽然我们证明了最佳逼近问题 (1.6.21) 式的解 x_0 (简称为最佳逼近元) 是存在唯一的. 但是上述证明并没有告诉我们这个元素有什么性质. 下面一个定理给出最佳逼近元的刻画.

定理 1.6.34 设 C 是内积空间 $\mathscr{X}$ 中的一个闭凸子集, $\forall y \in \mathscr{X}$, 为了 x_0 是 y 在 C 上的最佳逼近元, 必须且仅须它适合

$$\operatorname{Re}(y - x_0, x_0 - x) \geqslant 0 \quad (\forall x \in C). \tag{1.6.22}$$

证 对 $\forall x \in C$, 考察函数

$$\varphi_x(t) = \|y - tx - (1-t)x_0\|^2 \quad (t \in [0,1]).$$

显然, 为了 x_0 是 y 在 C 上的最佳逼近元, 必须且仅须

$$\varphi_x(t) \geqslant \varphi_x(0) \quad (\forall x \in C, \forall t \in [0,1]). \tag{1.6.23}$$

下证

$$(1.6.22) \text{ 式成立 } \Longleftrightarrow (1.6.23) \text{ 式成立}. \tag{1.6.24}$$

因为

$$\begin{aligned}\varphi_x(t) &= \|(y - x_0) + t(x_0 - x)\|^2 \\ &= \|y - x_0\|^2 + 2t\mathrm{Re}(y - x_0, x_0 - x) + t^2\|x_0 - x\|^2,\end{aligned}$$

所以

$$\varphi_x'(0) = 2\mathrm{Re}(y - x_0, x_0 - x). \tag{1.6.25}$$

因此

$$(1.6.22) \text{ 式成立 } \Longleftrightarrow \varphi_x'(0) \geqslant 0. \tag{1.6.26}$$

又因为

$$\varphi_x(t) - \varphi_x(0) = \varphi_x'(0)t + \|x_0 - x\|^2 t^2,$$

所以

$$\varphi_x'(0) \geqslant 0 \Longleftrightarrow (1.6.23)\text{式成立}. \tag{1.6.27}$$

联合 (1.6.26) 式与 (1.6.27) 式即得 (1.6.24) 式. ■

推论 1.6.35 设 M 是 Hilbert 空间 $\mathscr{X}$ 的一个闭线性子流形. $\forall x \in \mathscr{X}$, 为了 y 是 x 在 M 上的最佳逼近元, 必须且仅须它适合

$$x - y \perp M - \{y\} \triangleq \big\{w = z - y \big| \forall z \in M\big\}. \tag{1.6.28}$$

证 由定理 1.6.34, 为了 y 是 x 在 M 上的最佳逼近元, 必须且仅须

$$\mathrm{Re}(x-y,y-z)\geqslant 0 \quad (\forall z\in M). \tag{1.6.29}$$

因为 M 是线性流形, 所以 $\forall z\in M$ 可表示为

$$z=y+w \quad (w\in M-\{y\}). \tag{1.6.30}$$

注意到 $M-\{y\}$ 是线性子空间, 且当 z 跑遍 M 时, w 跑遍 $M-\{y\}$. 将 (1.6.30) 式代入 (1.6.29) 式得

$$\mathrm{Re}(x-y,w)\leqslant 0 \quad (\forall w\in M-\{y\}). \tag{1.6.31}$$

在 (1.6.31) 式中, 用 $-w$ 代替 w, 便推出

$$\mathrm{Re}(x-y,w)=0 \quad (\forall w\in M-\{y\}). \tag{1.6.32}$$

进一步在 (1.6.32) 式中用 $\mathrm{i}w$ 代替 w, 便推出

$$(x-y,w)=0 \quad (\forall w\in M-\{y\}).$$

这就是 (1.6.28) 式. ■

特例 1.6.36 当 M 是闭线性子空间时, $M-\{y\}=M$. 因此, 为了 y 是 x 在 M 上的最佳逼近元, 必须且仅须 $x-y\perp M$.

推论 1.6.37 (正交分解) 设 M 是 Hilbert 空间 $\mathscr{X}$ 上的一个闭线性子空间. 那么 $\forall x\in\mathscr{X}$, 存在下列唯一的正交分解:

$$x=y+z \quad (y\in M, z\in M^{\perp}). \tag{1.6.33}$$

证 取 y 为 x 在 M 上的最佳逼近元, 而 $z=x-y$, 即为满足 (1.6.33) 式的分解. 又若还存在另外一种分解:

$$x=y'+z' \quad (y'\in M, z'\in M^{\perp}),$$

则

$$y-y'=z-z'(\in M\cap M^{\perp})=\theta,$$

即得分解的唯一性. ■

注 由 x 的正交分解产生的 y 称为 x 在 M 上的**正交投影** (见图 1.6.2).

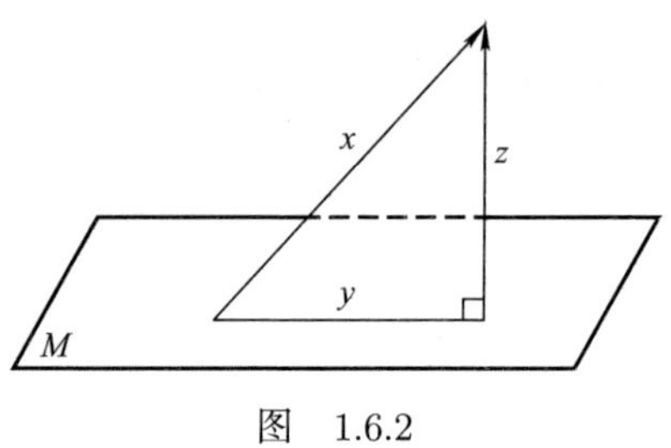

图 1.6.2

6.5 应用: 最小二乘法

(1) 实际观测问题. 许多实际观测数据的处理问题如下: 已知量 y 与量 $x_1, x_2, \cdots, x_n$ 之间呈线性关系:

$$y = \lambda_1 x_1 + \lambda_2 x_2 + \cdots + \lambda_n x_n.$$

但事先这些线性系数 $\lambda_1, \lambda_2, \cdots, \lambda_n$ 是不知道的. 为了确定它们观测数据 m 次, 即测得 m 组数, 如表 1.6.3 所示. 如果观测绝对精确, 原则上只要测量 $m = n$ 次. 通过线性方程组就可以解出 $\lambda_1, \lambda_2, \cdots, \lambda_n$. 事实上, 任何观测都不可避免带有误差. 这样便多观测些次数, 即 $m > n$. 于是方程的个数大于未知数的个数. 今按下述意义确定系数: 求 $\lambda_1, \lambda_2, \cdots, \lambda_n$, 使得

$$\min_{\alpha_1, \alpha_2, \cdots, \alpha_n} \sum_{j=1}^{m} \left| y^{(j)} - \sum_{i=1}^{n} \alpha_i x_i^{(j)} \right|^2 = \sum_{j=1}^{m} \left| y^{(j)} - \sum_{i=1}^{n} \lambda_i x_i^{(j)} \right|^2 .$$

这个问题可以看成是在空间 $\mathbb{R}^m$ 中, 求由表 1.6.3 中的后 n 列向量张成的子空间上的元素, 对于给定的表 1.6.3 中的第一列向量的最佳逼近.

表 1.6.3

$$\begin{array}{ccccc} y^{(1)}, & x_1^{(1)}, & x_2^{(1)}, & \cdots, & x_n^{(1)} \\ y^{(2)}, & x_1^{(2)}, & x_2^{(2)}, & \cdots, & x_n^{(2)} \\ y^{(3)}, & x_1^{(3)}, & x_2^{(3)}, & \cdots, & x_n^{(3)} \\ \vdots & \vdots & \vdots & & \vdots \\ y^{(m)}, & x_1^{(m)}, & x_2^{(m)}, & \cdots, & x_n^{(m)} \end{array}$$

(2) 平方平均逼近. 在函数逼近论中, 对于给定的一般函数 $f \in L^2[a,b]$, 要求用给定的 n 个 $L^2[a,b]$ 函数 $\varphi_1, \varphi_2, \cdots, \varphi_n$ 的线性组合按平方平均意义求最佳逼近, 即求系数 $\lambda_1, \lambda_2, \cdots, \lambda_n$, 使得

$$\begin{aligned} &\min_{\alpha_1,\alpha_2,\cdots,\alpha_n} \int_a^b \left| f(x) - \sum_{i=1}^n \alpha_i \varphi_i(x) \right|^2 \mathrm{d}x \\ &= \int_a^b \left| f(x) - \sum_{i=1}^n \lambda_i \varphi_i(x) \right|^2 \mathrm{d}x. \end{aligned}$$

(3) 最佳估计问题. 设 $(\Omega, \mathscr{B}, P)$ 是一个概率空间, 即一个测度空间, 满足 $P(\Omega) = 1$. 所谓一个随机变量 X 就是 $(\Omega, \mathscr{B}, P)$ 上的一个可测函数. 在随机过程中, 常对随机变量 $X(\omega)$ 用另一组随机变量 $X_1(\omega), X_2(\omega), \cdots, X_n(\omega)$ 的线性组合来估计. 设 $X, X_1, X_2, \cdots, X_n \in L^2(\Omega, \mathscr{B}, P)$, 求系数 $\lambda_1, \lambda_2, \cdots, \lambda_n$, 使得

$$\begin{aligned} &\min_{(\alpha_1,\alpha_2,\cdots,\alpha_n)\in\mathbb{R}^n} \int_\Omega \left| X(\omega) - \sum_{i=1}^n \alpha_i X_i(\omega) \right|^2 \mathrm{d}P(\omega) \\ &= \int_\Omega \left| X(\omega) - \sum_{i=1}^n \lambda_i X_i(\omega) \right|^2 \mathrm{d}P(\omega). \end{aligned}$$

上面三个问题本质上是一个: 在 Hilbert 空间 $\mathscr{X}$ 上给定 x 及 $x_1, x_2, \cdots, x_n$, 要求出 $(\lambda_1, \lambda_2, \cdots, \lambda_n) \in \mathbb{R}^n$, 使得

$$\min_{(\alpha_1,\alpha_2,\cdots,\alpha_n)\in\mathbb{R}^n} \left\| x - \sum_{i=1}^n \alpha_i x_i \right\| = \left\| x - \sum_{i=1}^n \lambda_i x_i \right\|.$$

从几何上看, 就是求 x 在由 $x_1, x_2, \cdots, x_n$ 张成的子空间 M 上的正交投影. 不妨设 $\{x_1, x_2, \cdots, x_n\}$ 是线性无关的. 根据特例 1.6.36, 为了 $x_0 = \sum\limits_{i=1}^{n} \lambda_i x_i$ 是所求的解, 必须且仅须

$$(x - x_0, x_j) = 0 \quad (j = 1, 2, \cdots, n),$$

即

$$\sum_{i=1}^{n} \lambda_i (x_i, x_j) = (x, x_j) \quad (j = 1, 2, \cdots, n). \tag{1.6.34}$$

因为解 $\{\lambda_i\}_1^n$ 是存在唯一的, 所以线性方程组 (1.6.34) 的系数行列式不等于 0. 由此求得

$$\lambda_i = \frac{\begin{vmatrix} (x_1, x_1) & \cdots & (x, x_1) & \cdots & (x_n, x_1) \\ (x_1, x_2) & \cdots & (x, x_2) & \cdots & (x_n, x_2) \\ \vdots & & \vdots & & \vdots \\ (x_1, x_n) & \cdots & (x, x_n) & \cdots & (x_n, x_n) \end{vmatrix}}{\begin{vmatrix} (x_1, x_1) & \cdots & (x_i, x_1) & \cdots & (x_n, x_1) \\ (x_1, x_2) & \cdots & (x_i, x_2) & \cdots & (x_n, x_2) \\ \vdots & & \vdots & & \vdots \\ (x_1, x_n) & \cdots & (x_i, x_n) & \cdots & (x_n, x_n) \end{vmatrix}} \quad (i = 1, 2, \cdots, n).$$

习　　题

1.6.1 (极化恒等式)　设 a 是复线性空间 $\mathscr{X}$ 上的共轭双线性函数, q 是由 a 诱导的二次型, 求证: 对 $\forall x, y \in \mathscr{X}$ 有

$$a(x, y) = \frac{1}{4}\big[q(x+y) - q(x-y) + \mathrm{i}q(x+\mathrm{i}y) - \mathrm{i}q(x-iy)\big].$$

1.6.2　求证: 在 $C[a,b]$ 中不可能引进一种内积 $(\cdot,\cdot)$, 使其满足

$$(f, f)^{\frac{1}{2}} = \max_{a \leqslant x \leqslant b} |f(x)| \quad (\forall f \in C[a,b]).$$

1.6.3 在 $L^2[0,T]$ 中, 求证: 函数

$$x \mapsto \left|\int_0^T \mathrm{e}^{-(T-\tau)} x(\tau)\mathrm{d}\tau\right| \quad (\forall x \in L^2[0,T])$$

在单位球面上达到最大值, 并求出此最大值和达到最大值的元素 x.

提示 利用 Cauchy-Schwarz 不等式 (命题 1.6.8) 及其取等号的条件.

1.6.4 设 M, N 是内积空间中的两个子集, 求证:

$$M \subset N \Longrightarrow N^{\perp} \subset M^{\perp}.$$

1.6.5 设 M 是 Hilbert 空间 $\mathscr{X}$ 的子集, 求证:

$$(M^{\perp})^{\perp} = \overline{\mathrm{span} M}.$$

1.6.6 在 $L^2[-1,1]$ 中, 问偶函数集的正交补是什么? 证明你的结论.

1.6.7 在 $L^2[a,b]$ 中, 考察函数集 $S = \{\mathrm{e}^{2\pi \mathrm{i} n x}\}$.

(1) 若 $|b-a| \leqslant 1$, 求证: $S^{\perp} = \{\theta\}$;

(2) 若 $|b-a| > 1$, 求证: $S^{\perp} \neq \{\theta\}$.

1.6.8 设 $\mathscr{X}$ 表示闭单位圆上的解析函数全体, 内积定义为

$$(f,g) = \frac{1}{\mathrm{i}} \oint_{|z|=1} \frac{f(z)\overline{g(z)}}{z} \mathrm{d}z \quad (\forall f, g \in \mathscr{X}).$$

求证: $\{z^n/\sqrt{2\pi}\}$ 是一组正交规范集.

1.6.9 设 $\{e_n\}_{n=1}^{\infty}, \{f_n\}_{n=1}^{\infty}$ 是 Hilbert 空间 $\mathscr{X}$ 中的两个正交规范集, 满足条件

$$\sum_{n=1}^{\infty} \|e_n - f_n\|^2 < 1.$$

求证: $\{e_n\}$ 和 $\{f_n\}$ 两者中一个完备蕴含另一个完备.

1.6.10 设 $\mathscr{X}$ 是 Hilbert 空间, $\mathscr{X}_0$ 是 $\mathscr{X}$ 的闭线性子空间, $\{e_n\},\{f_n\}$ 分别是 $\mathscr{X}_0$ 和 $\mathscr{X}_0^{\perp}$ 的正交规范基. 求证: $\{e_n\}\cup\{f_n\}$ 是 $\mathscr{X}$ 的正交规范基.

1.6.11 设 $H^2(D)$ 是按例 1.6.28 定义的内积空间.

(1) 如果 $u(z)$ 的 Taylor 展开式是 $u(z)=\sum\limits_{k=0}^{\infty}b_kz^k$, 求证:

$$\sum_{k=0}^{\infty}\frac{|b_k|^2}{1+k}<\infty.$$

(2) 设 $u(z),v(z)\in H^2(D)$, 并且

$$u(z)=\sum_{k=0}^{\infty}a_kz^k,\quad v(z)=\sum_{k=0}^{\infty}b_kz^k,$$

求证:

$$(u,v)=\pi\sum_{k=0}^{\infty}\frac{a_k\overline{b_k}}{k+1}.$$

(3) 设 $u(z)\in H^2(D)$, 求证:

$$|u(z)|\leqslant\frac{\|u\|}{\sqrt{\pi}(1-|z|)}\quad(\forall|z|<1).$$

(4) 验证 $H^2(D)$ 是 Hilbert 空间.

1.6.12 设 $\mathscr{X}$ 是内积空间, $\{e_n\}$ 是 $\mathscr{X}$ 中的正交规范集, 求证:

$$\left|\sum_{n=1}^{\infty}(x,e_n)\overline{(y,e_n)}\right|\leqslant\|x\|\cdot\|y\|\quad(\forall x,y\in\mathscr{X}).$$

1.6.13 设 $\mathscr{X}$ 是一个内积空间, $\forall x_0\in\mathscr{X},\forall r>0$, 令

$$C=\left\{x\in\mathscr{X}\,\middle|\,\|x-x_0\|\leqslant r\right\}.$$

(1) 求证: C 是 $\mathscr{X}$ 中的闭凸集.

(2) $\forall x \in \mathscr{X}$, 令

$$y = \begin{cases} x_0 + r(x - x_0)/\|x - x_0\|, & 当\ x \overline{\in} C, \\ x, & 当\ x \in C. \end{cases}$$

求证: y 是 x 在 C 中的最佳逼近元.

1.6.14 求 $(a_0, a_1, a_2) \in \mathbb{R}^3$, 使得 $\int_0^1 |\mathrm{e}^t - a_0 - a_1 t - a_2 t^2|^2 \mathrm{d}t$ 取最小值.

1.6.15 设 $f(x) \in C^2[a,b]$, 满足边界条件

$$f(a) = f(b) = 0, \quad f'(a) = 1, \quad f'(b) = 0.$$

求证:

$$\int_a^b |f''(x)|^2 \mathrm{d}x \geqslant \frac{4}{b-a}.$$

1.6.16 (变分不等式) 设 $\mathscr{X}$ 是一个 Hilbert 空间, $a(x,y)$ 是 $\mathscr{X}$ 上的共轭对称的双线性函数, $\exists M > 0, \delta > 0$, 使得

$$\delta\|x\|^2 \leqslant a(x,x) \leqslant M\|x\|^2 \quad (\forall x \in \mathscr{X}).$$

又设 $u_0 \in \mathscr{X}, C$ 是 $\mathscr{X}$ 上的一个闭凸子集. 求证: 函数

$$x \mapsto a(x,x) - \mathrm{Re}(u_0, x)$$

在 C 上达到最小值, 并且达到最小值的点 x_0 唯一, 且满足

$$\mathrm{Re}[2a(x_0, x - x_0) - (u_0, x - x_0)] \geqslant 0 \quad (\forall x \in C).$$

第二章　线性算子与线性泛函

线性算子和线性泛函是泛函分析研究的基本对象. 本章研究线性算子和线性泛函的一般概念和基本性质.

§ 1　线性算子的概念

1.1　线性算子和线性泛函的定义

算子的概念起源于运算. 例如,

(1) 代数运算:

$$x \mapsto Ax \quad (\forall x \in \mathbb{R}^n),$$

其中 A 是一个 $n \times n$ 矩阵.

(2) 求导运算:

$$u(x) \mapsto P(\partial_x)u(x) \quad (\forall u \in C^\infty(\overline{\Omega})),$$

其中 $P(\cdot)$ 是一个多项式, 而 ∂_x 是偏导数运算.

(3) 积分变换:

$$u(x) \mapsto \int_\Omega K(x,y)u(y)\mathrm{d}y \quad (\forall u \in C(\overline{\Omega})),$$

其中 $K(x,y)$ 是 $\Omega \times \Omega$ 上的可积函数. 上一章遇到过的 "映射" 实际上也就是算子.

线性算子的概念起源于线性代数中的线性变换.

定义 2.1.1　设 $\mathscr{X}, \mathscr{Y}$ 是两个线性空间, D 是 $\mathscr{X}$ 的一个线性子空间. $T: D \to \mathscr{Y}$ 是一种映射, D 称为 T 的**定义域**, 有时记作 $D(T)$. $R(T) = \{Tx | \forall x \in D\}$ 称为 T 的**值域**. 如果

$$T(\alpha x + \beta y) = \alpha Tx + \beta Ty \quad (\forall x, y \in D, \forall \alpha, \beta \in \mathbb{K}),$$

那么称 T 是一个**线性算子**.

例 2.1.2 设 $\mathscr{X}=\mathbb{R}^n,\mathscr{Y}=\mathbb{R}^m,T=(t_{ij})_{m\times n}$. 如果

$$x\mapsto Tx=\left(\sum_{j=1}^{n}t_{ij}x_j\right)_{i=1}^{m}\quad(\forall x=(x_1,x_2,\cdots,x_n)\in\mathbb{R}^n),$$

那么 T 是一个线性算子.

例 2.1.3 设 $\mathscr{X}=\mathscr{Y}=C^\infty(\overline{\Omega})$, 又设微分多项式

$$P(\partial_x)=\sum_{|\alpha|\leqslant m}a_\alpha(x)\partial_x^\alpha\quad(a_\alpha(x)\in C^\infty(\overline{\Omega})).$$

如果 $T:u(x)\mapsto P(\partial_x)u(x)(\forall u\in\mathscr{X})$, 那么 T 便是一个 $\mathscr{X}$ 到 $\mathscr{Y}$ 的线性算子.

若 $\mathscr{X}=\mathscr{Y}=L^2(\Omega),D(T)=C^m(\overline{\Omega})$, 则上面定义的算子 T 也是线性的.

例 2.1.4 设 $\mathscr{X}=L^1(-\infty,\infty)$, $\mathscr{Y}=L^\infty(-\infty,\infty)$, 若规定

$$T:u(x)\mapsto\int_{-\infty}^{\infty}\mathrm{e}^{\mathrm{i}\xi\cdot x}u(x)\mathrm{d}x\quad(\forall u\in\mathscr{X}),$$

那么 T 是一个 $\mathscr{X}$ 到 $\mathscr{Y}$ 的线性算子.

定义 2.1.5 取值于实数 (复数) 的线性算子称为**实** (**复**) **线性泛函**, 记作 $f(x)$ 或 $\langle f,x\rangle$ (即线性函数).

例 2.1.6 设 $\mathscr{X}=C(\overline{\Omega})$, 若规定

$$f(x)\triangleq\int_\Omega x(\xi)\mathrm{d}\xi\quad(\forall x\in\mathscr{X}),$$

则 f 是一个线性泛函, 但 $x(\xi)\mapsto\int_\Omega x^2(\xi)\mathrm{d}\xi$ 却不是线性泛函.

例 2.1.7 设 $\mathscr{X}=C^\infty(\Omega)$, 若对某个指标 α 及 $\xi_0\in\Omega$ 规定

$$f(u)=\partial^\alpha u(\xi_0)\quad(\forall u\in\mathscr{X}),$$

则 f 是 $C^\infty(\Omega)$ 上的一个线性泛函.

1.2 线性算子的连续性和有界性

算子的连续性概念就是映射的连续性概念.

定义 2.1.8 设 $\mathscr{X},\mathscr{Y}$ 是 F^* 空间, $D(T)\subset\mathscr{X}$, 称线性算子 $T:D(T)\to\mathscr{Y}$ 在 $x_0\in D(T)$ 是**连续的**, 如果

$$x_n\in D(T),\quad x_n\to x_0\Longrightarrow Tx_n\to Tx_0.$$

命题 2.1.9 对于线性算子 T, 为了它在 $D(T)$ 内处处连续, 必须且仅须它在 $x=\theta$ 处连续.

证 若 T 在 θ 处连续, 那么对 $\forall x_n,x_0\in D(T),x_n\to x_0$ 有

$$x_n-x_0\to\theta\Longrightarrow Tx_n-Tx_0=T(x_n-x_0)\to T\theta=\theta. \qquad\blacksquare$$

定义 2.1.10 设 $\mathscr{X},\mathscr{Y}$ 都是 B^* 空间, 称线性算子 $T:\mathscr{X}\to\mathscr{Y}$ 是**有界的**, 如果有常数 $M\geqslant 0$, 使得

$$\|Tx\|_{\mathscr{Y}}\leqslant M\|x\|_{\mathscr{X}}\quad(\forall x\in\mathscr{X}).$$

命题 2.1.11 设 $\mathscr{X},\mathscr{Y}$ 都是 B^* 空间, 为了线性算子 T 连续, 必须且只须 T 有界.

证 充分性显然. 下证必要性. 若不然, 则 $\exists x_n\in\mathscr{X}$, 使得

$$\|Tx_n\|>n\|x_n\|.$$

令 $y_n=\dfrac{x_n}{n\|x_n\|}$, 便有 $\|Ty_n\|>1$. 但 $y_n\to\theta(n\to\infty)$, 便与 T 的连续性矛盾. $\blacksquare$

定义 2.1.12 用 $\mathscr{L}(\mathscr{X},\mathscr{Y})$ 表示一切由 $\mathscr{X}$ 到 $\mathscr{Y}$ 的有界线性算子的全体, 并规定

$$\|T\|=\sup_{x\in\mathscr{X}\setminus\theta}\|Tx\|/\|x\|=\sup_{\|x\|=1}\|Tx\|$$

为 $T\in\mathscr{L}(\mathscr{X},\mathscr{Y})$ 的范数. 特别用 $\mathscr{L}(\mathscr{X})$ 表示 $\mathscr{L}(\mathscr{X},\mathscr{X})$, 用 $\mathscr{X}^*$ 表示 $\mathscr{L}(\mathscr{X},\mathbb{K})$, 即 $\mathscr{X}^*$ 表示 $\mathscr{X}$ 上的有界线性泛函全体.

定理 2.1.13 设 $\mathscr{X}$ 是 B^* 空间, $\mathscr{Y}$ 是 B 空间, 若在 $\mathscr{L}(\mathscr{X},\mathscr{Y})$ 上规定线性运算:

$$(\alpha_1T_1+\alpha_2T_2)(x)=\alpha_1T_1x+\alpha_2T_2x\quad(\forall x\in\mathscr{X}),$$

其中 $\alpha_1,\alpha_2\in\mathbb{K},T_1,T_2\in\mathscr{L}(\mathscr{X},\mathscr{Y})$, 则 $\mathscr{L}(\mathscr{X},\mathscr{Y})$ 按 $\|T\|$ 构成一个 Banach 空间.

证 显然 $\mathscr{L}(\mathscr{X},\mathscr{Y})$ 是一个线性空间, 下证 $\|T\|$ 是范数:

$$\|T\|\geqslant 0,\quad \|T\|=0\Longleftrightarrow Tx=\theta(\forall x\in\mathscr{X})\Longleftrightarrow T=\theta,$$

$$\begin{aligned}\|T_1+T_2\|&=\sup_{\|x\|=1}\|T_1x+T_2x\|\\&\leqslant\sup_{\|x\|=1}\|T_1x\|+\sup_{\|x\|=1}\|T_2x\|\\&=\|T_1\|+\|T_2\|,\end{aligned}$$

$$\|\alpha T\|=\sup_{\|x\|=1}\|\alpha Tx\|=|\alpha|\sup_{\|x\|=1}\|Tx\|=|\alpha|\,\|T\|.$$

再证完备性. 设 $\{T_n\}_1^\infty$ 是一个基本列, 则 $\forall\varepsilon>0,\exists N=N(\varepsilon)$, 使得对 $\forall x\in\mathscr{X}$ 有

$$\|T_{n+p}x-T_nx\|\leqslant\varepsilon\|x\|\quad(\forall n>N,\forall p\in\mathbb{N}).$$

于是 $T_nx\to y\in\mathscr{Y}(n\to\infty)$. 记此 $y=Tx$, 我们要证 $T\in\mathscr{L}(\mathscr{X},\mathscr{Y})$. 不难看出 T 是线性的, 再证其有界. 事实上, $\exists n\in\mathbb{N}$, 使得

$$\begin{aligned}\|Tx\|=\|y\|&\leqslant\|T_nx\|+1\\&\leqslant(\|T_n\|+1)\|x\|\quad(\forall x\in\mathscr{X},\|x\|=1).\end{aligned}$$

即得 $\|T\|\leqslant\|T_n\|+1$. ■

例 2.1.14 设 T 是有穷维 B^* 空间 $\mathscr{X}$ 到 $\mathscr{Y}$ 的线性映射, 则 T 必是连续的.

证 T 可以通过矩阵 (t_{ij}) 表示出来, 而同一个有穷维空间的任意两个范数等价. 不妨取 $\mathscr{X}=\mathbb{K}^n,\mathscr{Y}=\mathbb{K}^m$, 便有

$$\begin{aligned}\|Tx\| &= \left(\sum_{i=1}^{m}\left|\sum_{j=1}^{n}t_{ij}x_j\right|^2\right)^{\frac{1}{2}}\\ &\leqslant \left(\sum_{i=1}^{m}\sum_{j=1}^{n}|t_{ij}|^2\cdot\sum_{j=1}^{n}|x_j|^2\right)^{\frac{1}{2}}\\ &= \left(\sum_{i=1}^{m}\sum_{j=1}^{n}|t_{ij}|^2\right)^{\frac{1}{2}}\|x\|.\end{aligned}$$

即得 $\|Tx\|\leqslant\left(\sum_{i=1}^{m}\sum_{j=1}^{n}|t_{ij}|^2\right)^{\frac{1}{2}}\|x\|.$ ■

例 2.1.15 Hilbert 空间 $\mathscr{X}$ 上的正交投影算子. 设 M 是 $\mathscr{X}$ 的一个闭线性子空间, 依正交分解定理 (推论 1.6.37), $\forall x\in\mathscr{X}$, 存在唯一的分解

$$x=y+z,$$

其中 $y\in M,z\in M^{\perp}$. 对应 $x\mapsto y$ 称作由 $\mathscr{X}$ 到 M 的**正交投影算子**, 记作 P_M. 在不强调子空间 M 时, 我们省略 M 而简记为 P. 我们来证明 P 还是一个连续线性算子, 并且如果 $M\neq\{\theta\}$, 那么 $\|P\|=1$.

先证线性. 设 $x_i=Px_i+z_i(i=1,2)$, 其中 $z_i\in M^{\perp}$. 这时,

$$\alpha_1x_1+\alpha_2x_2=(\alpha_1Px_1+\alpha_2Px_2)+(\alpha_1z_1+\alpha_2z_2)\quad(\forall\alpha_1,\alpha_2\in\mathbb{K}).$$

因为 $\alpha_1z_1+\alpha_2z_2\in M^{\perp}$, 而 $\alpha_1Px_1+\alpha_2Px_2\in M$, 所以

$$P(\alpha_1x_1+\alpha_2x_2)=\alpha_1Px_1+\alpha_2Px_2.$$

即得 P 是线性算子.

其次证连续, 这是由于 $\|Px\|^2 = \|x\|^2 - \|z\|^2 \leqslant \|x\|^2$. 因此, $\|Px\| \leqslant \|x\|$, 或者 $\|P\| \leqslant 1$.

最后, 当 $M \neq \{\theta\}$ 时, 任取 $x \in M\backslash\{\theta\}$, 便有 $\|Px\| = \|x\|$, 从而 $\|P\| = 1$. ■

习　　题

(本节各题中, $\mathscr{X}, \mathscr{Y}$ 均指 Banach 空间)

2.1.1　求证: $T \in \mathscr{L}(\mathscr{X}, \mathscr{Y})$ 的充要条件是 T 为线性算子, 并将 $\mathscr{X}$ 中的有界集映为 $\mathscr{Y}$ 中的有界集.

2.1.2　设 $A \in \mathscr{L}(\mathscr{X}, \mathscr{Y})$, 求证:

(1) $\|A\| = \sup\limits_{\|x\| \leqslant 1} \|Ax\|$;　　(2) $\|A\| = \sup\limits_{\|x\| < 1} \|Ax\|$.

2.1.3　设 $f \in \mathscr{L}(\mathscr{X}, \mathbb{R})$, 求证:

(1) $\|f\| = \sup\limits_{\|x\| = 1} f(x)$;　(2) $\sup\limits_{\|x\| < \delta} f(x) = \delta\|f\| \quad (\forall \delta > 0)$.

2.1.4　设 $y(t) \in C[0,1]$, 定义 $C[0,1]$ 上的泛函

$$f(x) = \int_0^1 x(t)y(t)\mathrm{d}t \quad (\forall x \in C[0,1]),$$

求 $\|f\|$.

2.1.5　设 f 是 $\mathscr{X}$ 上的非零有界线性泛函, 令

$$d = \inf\left\{\|x\| \,\middle|\, f(x) = 1, x \in \mathscr{X}\right\},$$

求证: $\|f\| = 1/d$.

2.1.6　设 $f \in \mathscr{X}^*$, 求证: $\forall \varepsilon > 0, \exists x_0 \in \mathscr{X}$, 使得 $f(x_0) = \|f\|$, 且 $\|x_0\| < 1 + \varepsilon$.

2.1.7　设 $T: \mathscr{X} \to \mathscr{Y}$ 是线性的, 令

$$N(T) \triangleq \left\{x \in \mathscr{X} \,\middle|\, Tx = \theta\right\}.$$

(1) 若 $T \in \mathscr{L}(\mathscr{X}, \mathscr{Y})$, 求证: $N(T)$ 是 $\mathscr{X}$ 的闭线性子空间.

(2) 问 $N(T)$ 是 $\mathscr{X}$ 的闭线性子空间能否推出 $T \in \mathscr{L}(\mathscr{X}, \mathscr{Y})$?

(3) 若 f 是线性泛函, 求证:

$$f \in \mathscr{X}^* \Longleftrightarrow N(f) \text{ 是闭线性子空间.}$$

2.1.8 设 f 是 $\mathscr{X}$ 上的线性泛函, 记

$$H_f^\lambda \triangleq \left\{x \in \mathscr{X} \middle| f(x) = \lambda\right\} \quad (\forall \lambda \in \mathbb{K}).$$

如果 $f \in \mathscr{X}^*$, 并且 $\|f\| = 1$, 求证:

(1) $|f(x)| = \inf\left\{\|x - z\| \middle| \forall z \in H_f^0\right\} \quad (\forall x \in \mathscr{X})$;

(2) $\forall \lambda \in \mathbb{K}, H_f^\lambda$ 上的任一点 x 到 H_f^0 的距离都等于 $|\lambda|$.

并对 $\mathscr{X} = \mathbb{R}^2, \mathbb{K} = \mathbb{R}$ 情形解释 (1) 和 (2) 的几何意义.

2.1.9 设 $\mathscr{X}$ 是实 B^* 空间, f 是 $\mathscr{X}$ 上的非零实值线性泛函, 求证: 不存在开球 $B(x_0, \delta)$, 使得 $f(x_0)$ 是 $f(x)$ 在 $B(x_0, \delta)$ 中的极大值或极小值.

§ 2 Riesz 表示定理及其应用

设 $\mathscr{X}$ 是一个 Hilbert 空间, $\forall y \in \mathscr{X}$, 如果定义

$$f_y : x \mapsto (x, y) \quad (\forall x \in \mathscr{X}),$$

那么 $f_y \in \mathscr{X}^*$. 事实上,

$$|f_y(x)| \leqslant \|y\| \cdot \|x\| \quad (\forall x \in \mathscr{X}),$$

并因此 $\|f_y\| \leqslant \|y\|$. 特别若 $y \neq \theta$, 取 $x = y$, 便有

$$|f_y(y)| = (y, y) = \|y\|^2.$$

总之有 $\|f_y\| = \|y\|$. 这个结论反过来也是对的.

定理 2.2.1 (Riesz 表示定理 (Hilbert 空间)) 设 f 是 Hilbert 空间 $\mathscr{X}$ 上的一个连续线性泛函, 则必存在唯一的 $y_f \in \mathscr{X}$, 使得

$$f(x) = (x, y_f) \quad (\forall x \in \mathscr{X}). \tag{2.2.1}$$

启发 在三维空间中, (2.2.1) 式就是

$$f(\boldsymbol{x}) = ax + by + cz = \boldsymbol{n} \cdot \boldsymbol{x} \quad (\forall \boldsymbol{x} \in \mathbb{R}^3).$$

其中 $\boldsymbol{x} = (x, y, z), \boldsymbol{n} = (a, b, c)$, 要找的 y_f 现在就是 $\boldsymbol{n}$, 它是平面 $f(\boldsymbol{x}) = 0$ 的法线.

证 不妨设 f 不是 0 泛函, 考察集合 $M \triangleq \{x \in \mathscr{X} | f(x) = 0\}$. 由于 f 是连续线性的, 则 M 是一个真闭线性子空间, 任取 $x_0 \perp M$ (由正交分解定理 (推论 1.6.37), 这 x_0 是存在的). 不妨设 $\|x_0\| = 1, \mathscr{X}$ 中任意元素 x 可以分解如下:

$$x = \alpha x_0 + y, \tag{2.2.2}$$

其中 $y \in M, \alpha = f(x)/f(x_0)$. 这是因为当令 $y = x - \alpha x_0$ 时,

$$f(y) = f(x - \alpha x_0) = f(x) - \alpha f(x_0) = 0.$$

在 (2.2.2) 式两边同时与 x_0 做内积, 我们得

$$\alpha = (x, x_0).$$

于是

$$f(x) = \alpha f(x_0) = (x, \overline{f(x_0)} x_0).$$

取 $y_f = \overline{f(x_0)} x_0$, 这就是我们要求的.

再证唯一性. 若 $\exists y, y' \in \mathscr{X}$ 满足

$$f(x) = (x, y) = (x, y') \quad (\forall x \in \mathscr{X}),$$

那么

$$(x, y - y') = 0 \quad (\forall x \in \mathscr{X}).$$

特别取 $x = y - y'$, 就推得 $y = y'$. ■

注 1 这个定理的几何意义如下: 连续线性泛函 $f(x)$ 的等值面都是互相平行的超平面 (见习题 2.1.8), 因此每个向量 x 的泛函值 $f(x)$ 应由 x 的垂直于这些等值面的分量所决定.

注 2 我们还知道, $\|f\| = \|y_f\|$. 事实上, 由 (2.2.1) 式得

$$|f(x)| \leqslant \|y_f\| \cdot \|x\| \quad (\forall x \in \mathscr{X}), \quad \text{或} \quad \|f\| \leqslant \|y_f\|.$$

另一方面, 取 $x = y_f$, 再由 (2.2.1) 式可推得 $\|y_f\| \leqslant \|f\|$, 即得到 $\|f\| = \|y_f\|$.

定理 2.2.2 设 $\mathscr{X}$ 是一个 Hilbert 空间, $a(x, y)$ 是 $\mathscr{X}$ 上的共轭双线性函数, 并 $\exists M > 0$, 使得

$$|a(x, y)| \leqslant M\|x\| \cdot \|y\| \quad (\forall x, y \in \mathscr{X}),$$

则存在唯一的 $A \in \mathscr{L}(\mathscr{X})$, 使得

$$a(x, y) = (x, Ay) \quad (\forall x, y \in \mathscr{X}),$$

且

$$\|A\| = \sup_{\substack{(x,y) \in \mathscr{X} \times \mathscr{X} \\ x \neq \theta, y \neq \theta}} \frac{|a(x, y)|}{\|x\| \cdot \|y\|}. \tag{2.2.3}$$

证 固定 $y \in \mathscr{X}, x \mapsto a(x, y)$ 是一个连续线性泛函. 由 Riesz 表示定理 (定理 2.2.1), $\exists z = z(y) \in \mathscr{X}$, 使得

$$a(x, y) = (x, z) \quad (\forall x \in \mathscr{X}).$$

定义映射 $A : y \mapsto z(y)$, 便有 $a(x, y) = (x, Ay) (\forall x, y \in \mathscr{X})$. 又因为

$$(x, A(\alpha_1 y_1 + \alpha_2 y_2)) = a(x, \alpha_1 y_1 + \alpha_2 y_2)$$

$$
\begin{aligned}
&= \overline{\alpha}_1 a(x,y_1) + \overline{\alpha}_2 a(x,y_2) \\
&= \overline{\alpha}_1 (x, Ay_1) + \overline{\alpha}_2 (x, Ay_2) \\
&= (x, \alpha_1 Ay_1 + \alpha_2 Ay_2)
\end{aligned}
$$

$$(\forall x, y_1, y_2 \in \mathscr{X}, \forall \alpha_1, \alpha_2 \in \mathbb{K}),$$

所以 A 是线性的, 并且

$$\|Ay\| = \sup_{x \in \mathscr{X} \setminus \{\theta\}} \frac{|a(x,y)|}{\|x\|} \leqslant M\|y\|,$$

即得 $A \in \mathscr{L}(\mathscr{X})$, 并满足 (2.2.3) 式. ■

应用

1. Laplace 方程 $-\Delta u = f$ Dirichlet 边值问题的弱解

设 $\Omega \subset \mathbb{R}^n$ 是一个有界开区域, $f \in L^2(\Omega)$, 称实函数 u 是

$$
\begin{cases}
-\Delta u = f \quad (\text{在 } \Omega \text{ 内}), & (2.2.4) \\
u|_{\partial\Omega} = 0 & (2.2.5)
\end{cases}
$$

的一个**弱解**是指 $u \in H_0^1(\Omega)$, 满足

$$\int_\Omega \nabla u \cdot \nabla v \mathrm{d}x = \int_\Omega f v \mathrm{d}x \quad (\forall v \in H_0^1(\Omega)). \tag{2.2.6}$$

这是因为: 如果 $u \in C^2(\overline{\Omega})$, 并且是 (2.2.4) 式与 (2.2.5) 式的解, 那么

$$\int_\Omega -\Delta u \cdot v \mathrm{d}x = \int_\Omega f v \mathrm{d}x \quad (\forall v \in C^2(\overline{\Omega}), v|_{\partial\Omega} = 0).$$

在上式左边应用 Green 公式得

$$
\begin{aligned}
\int_\Omega -\Delta u \cdot v \mathrm{d}x &= \int_\Omega \nabla u \cdot \nabla v \mathrm{d}x - \int_{\Omega} \frac{\partial u}{\partial n} v \mathrm{d}\sigma \\
&= \int_\Omega \nabla u \cdot \nabla v \mathrm{d}x,
\end{aligned}
$$

即得

$$\int_\Omega \nabla u \cdot \nabla v \mathrm{d}x = \int_\Omega f \cdot v \mathrm{d}x \quad (\forall v \in C^2(\Omega), v|_{\partial\Omega} = 0).$$

但集合 $\{v \in C^2(\Omega) \big| v|_{\partial\Omega} = 0\}$ 显然在 $H_0^1(\Omega)$ 中稠密, 由 $u \in H_0^1(\Omega)$ 以及 $f \in L^2(\Omega)$ 立得

$$\int_\Omega \nabla u \cdot \nabla v \mathrm{d}x = \int_\Omega f \cdot v \mathrm{d}x \quad (\forall v \in H_0^1(\Omega)).$$

历史上, 人们在很长时期内直接求解 (2.2.4) 式与 (2.2.5) 式, 但在证明一般存在性结果时遇到很大困难. 于是经过近半个世纪的努力, 改成先求弱解证其存在唯一, 再证其光滑性, 这样一种途径成为近代偏微分方程理论的基本方法, 也正因为如此, 泛函分析才成为研究近代偏微分方程理论所必不缺少的工具.

定理 2.2.3 $\forall f \in L^2(\Omega)$, 方程 (2.2.4) 的 0-Dirichlet 问题 (即以 (2.2.5) 式为边界条件) 弱解存在唯一.

证 *存在性*. 根据 Poincaré 不等式 (引理 1.6.15),

$$(u, v)_1 \triangleq \int_\Omega \nabla u \cdot \nabla v \mathrm{d}x \quad (\forall u, v \in H_0^1(\Omega))$$

是 $H_0^1(\Omega)$ 上的一个内积. 而

$$\begin{aligned} \left|\int_\Omega f \cdot v \mathrm{d}x\right| &\leqslant \left(\int_\Omega |f|^2 \mathrm{d}x\right)^{\frac{1}{2}} \left(\int_\Omega |v|^2 \mathrm{d}x\right)^{\frac{1}{2}} \\ &\leqslant C\|f\| \cdot \|v\|_1 \quad (\forall v \in H_0^1(\Omega)), \end{aligned} \tag{2.2.7}$$

其中 $\|\cdot\|$ 与 $\|\cdot\|_1$ 分别表示 $L^2(\Omega)$ 与 $H_0^1(\Omega)$ 上的范数. (2.2.7) 式表明,

$$v \mapsto \int_\Omega f \cdot v \mathrm{d}x \quad (\forall v \in H_0^1(\Omega))$$

是 $H_0^1(\Omega)$ 上的一个连续线性泛函. 应用 Riesz 表示定理 (定理 2.2.1), $\exists u_0 \in H_0^1(\Omega)$, 使得

$$(u_0, v)_1 = \int_\Omega \nabla u_0 \cdot \nabla v \mathrm{d}x = \int_\Omega f v \mathrm{d}x \quad (\forall v \in H_0^1(\Omega)).$$

从而 u_0 是一个弱解.

唯一性. 假若 u_0, u_0' 都是弱解, 那么

$$(u_0 - u_0', v) = 0 \quad (\forall v \in H_0^1(\Omega)).$$

即得 $u_0 = u_0'$. ■

对于非 0-Dirichlet 问题, 总是化到 0-Dirichlet 问题去做. 给定 $\partial\Omega$ 上的函数 g, 如果 $\exists u_0 \in C^2(\overline{\Omega})$, 使得 $u_0|_{\partial\Omega} = g$, 则非齐次边值问题可以化归齐次边值问题. 事实上, 设 $f_0 \triangleq -\Delta u_0, v \triangleq u - u_0$. 又若 v 是

$$\begin{cases} -\Delta v = f - f_0, & (2.2.8) \\ v|_{\partial\Omega} = 0 & (2.2.9) \end{cases}$$

的弱解, 则 u 就是

$$\begin{cases} -\Delta u = f, \\ u|_{\partial\Omega} = g \end{cases}$$

的弱解. 而问题 (2.2.8) 与 (2.2.9) 是 0-Dirichlet 问题.

至于哪些函数 g 可以扩张成 $C^2(\overline{\Omega})$ 函数的边值? 又若 u 是齐次边值问题的弱解, 何时它是古典解? 这些问题在偏微分方程理论中给予答复.

2. 变分不等式

定理 2.2.4 设 C 是 $H_0^1(\Omega)$ 中的闭凸子集, 若 $f \in L^2(\Omega)$, 则下列不等式存在唯一解 $u_0^* \in C$:

$$\int_\Omega \nabla u_0^* \cdot \nabla(v - u_0^*)\mathrm{d}x \geqslant \int_\Omega f \cdot (v - u_0^*)\mathrm{d}x \quad (\forall v \in C). \tag{2.2.10}$$

证 利用 Riesz 表示定理 (定理 2.2.1), $\exists | u_0 \in H_0^1(\Omega)$, 使得

$$\int_\Omega \nabla u_0 \cdot \nabla w \mathrm{d}x = \int_\Omega f \cdot w \mathrm{d}x \quad (\forall w \in H_0^1(\Omega)). \tag{2.2.11}$$

因此, 不等式 (2.2.10) 可以化为

$$\int_\Omega \nabla u_0^* \cdot \nabla(v - u_0^*)\mathrm{d}x \geqslant \int_\Omega \nabla u_0 \cdot \nabla(v - u_0^*)\mathrm{d}x \quad (\forall v \in C). \tag{2.2.12}$$

进一步将它改写为

$$(u_0^* - u_0, v - u_0^*)_1 \geqslant 0 \quad (\forall v \in C). \tag{2.2.13}$$

根据定理 1.6.34, 不等式 (2.2.13) 等价于 u_0^* 是 u_0 在 C 上的最佳逼近元, 而这是存在唯一的. ■

注 1 本定理可以换成更一般的结果. 设 $A=(a_{ij}(x))$ 是一个 $n\times n$ 正定矩阵, 适合

$$\sum_{i,j=1}^{n} a_{ij}(x)\xi_i\xi_j \geqslant \delta\sum_{i=1}^{n}|\xi_i|^2 \quad (\delta>0),$$

其中 $a_{ij}(x)\in C(\overline{\Omega})$, 则 $\forall f\in L^2(\Omega),\exists|u^*\in C$, 使得

$$\begin{aligned}&\int_\Omega \sum_{i,j=1}^{n} a_{ij}(x)\partial_j u^*(x)\partial_i(v(x)-u^*(x))\mathrm{d}x\\ &\quad\geqslant \int_\Omega f(x)(v(x)-u^*(x))\mathrm{d}x \quad (\forall v\in C).\end{aligned}$$

注 2 若 C 是由一个连续函数 $\psi(x)\in C(\overline{\Omega})$ 给定的:

$$C\triangleq\left\{v(x)\in H_0^1(\Omega)\middle|v(x)\leqslant\psi(x)\right\},$$

则上述变分不等式问题称为障碍问题, 这时 u 表示薄膜的位移, f 表示外力, $\psi(x)$ 是一个障碍.

3. Radon-Nikodym 定理

Radon-Nikodym 定理是测度论中一个重要定理.

定理 2.2.5 设 $(\Omega,\mathcal{B},\mu),(\Omega,\mathcal{B},\nu)$ 是两个 σ–有限测度, 且 ν 关于 μ 绝对连续, 即

$$E\in\mathcal{B},\quad \mu(E)=0\Rightarrow\nu(E)=0,$$

则存在关于 μ 的可测函数 g, 且 $g(x)\geqslant 0$ a.e. μ, 使得

$$\nu(E)=\int_E g(x)\mathrm{d}\mu,\quad \forall E\in\mathcal{B}.$$

以下证明是由 Von Neumann 给出的.

证 先假设 $\mu(\Omega)<\infty$. 考虑实 Hilbert 空间 $L^2(\Omega,(\mu+\nu))$, 其范数为

$$\|u\|^2=\int_\Omega u^2(x)\mathrm{d}(\mu+\nu).$$

令 $l(u)=\int_{\Omega}u\mathrm{d}\mu$, 显然 $l(u)$关于 u 线性，由 Cauchy-Schwarz 不等式 (命题 1.6.8),

$$\begin{aligned}\|l(u)\| &\leqslant \mu(\Omega)^{\frac{1}{2}}\left(\int_{\Omega}u^2\mathrm{d}\mu\right)^{\frac{1}{2}}\\ &\leqslant \mu(\Omega)^{\frac{1}{2}}\|u\|, \quad \forall u\in L^2(\Omega,(\mu+\nu)).\end{aligned}$$

它还是有界的. 根据 Riesz 表示定理 (定理 2.2.1), 存在函数 $v\in L^2(\Omega,(\mu+\nu))$, 使得

$$\int_{\Omega}u\mathrm{d}\mu=\int_{\Omega}uv\mathrm{d}(\mu+\nu),$$

即

$$\int_{\Omega}u(1-v)\mathrm{d}\mu=\int_{\Omega}uv\mathrm{d}\nu, \quad \forall u\in L^2(\Omega,(\mu+\nu)). \tag{2.2.14}$$

我们断言,

$$0<v(x)\leqslant 1 \quad \text{a.e. } \mu.$$

为此, 令 $F=\{x\in\Omega \big| v(x)\leqslant 0\}$, 取 $u(x)=\chi_F(x)$ 代入 (2.2.14) 式, 有

$$\int_F(1-v)\mathrm{d}\mu=\int_F v\mathrm{d}\nu,$$

即

$$\mu(F)=\int_F\mathrm{d}\mu=\int_F v\mathrm{d}(\mu+\nu)\leqslant 0,$$

从而 $\mu(F)=0$.

同样, 令 $G=\{x\in\Omega|v(x)>1\}$, 取 $u(x)=\chi_G(x)$ 代入 (2.2.14) 式, 有

$$0\geqslant\int_G(1-v)\mathrm{d}\mu=\int_G v\mathrm{d}\nu\geqslant\nu(G)\geqslant 0,$$

即

$$\int_G(1-v)\mathrm{d}\mu=0.$$

因为 $1-v(x)<0, x\in G$, 所以 $\mu(G)=0$.

这就证明了 $0<v(x)\leqslant 1, x\in\Omega$ a.e. μ. 令 $g(x)=\dfrac{1-v(x)}{v(x)}$, 则 $g(x)\geqslant 0$, 且关于 μ 可测. 对 $E\in\mathcal{B}$, 取 $u(x)=\dfrac{\chi_E(x)}{v(x)+\dfrac{1}{n}}$ 代入 (2.2.14) 式, 得

$$\int_\Omega \chi_E(x)\frac{1-v(x)}{v(x)+\dfrac{1}{n}}\mathrm{d}\mu=\int_\Omega \chi_E(x)\frac{v(x)}{v(x)+\dfrac{1}{n}}\mathrm{d}\nu.$$

因为 ν 关于 μ 绝对连续, 且 $\nu>0$, a. e. μ, 故 $\nu>0$, a. e. ν. 令 $n\to\infty$, 由单调收敛性定理得

$$\int_E g(x)\mathrm{d}\mu=\nu(E),\quad E\in\mathcal{B}.$$

剩下考虑情形 $\mu(\Omega)=\infty$. 由 σ 有限性, 取 $\Omega_n\subset\Omega_{n+1}, \Omega=\bigcup\limits_{n\geqslant 1}\Omega_n, \mu(\Omega_n)<\infty, n\geqslant 1$. 由先前结论, $E\subset\Omega$,

$$\nu(E\cap\Omega_n)=\int_{E\cap\Omega_n}g_n\mathrm{d}\mu,$$

易证: $g_n(x)=g_{n+1}(x), x\in\Omega_n$. 令 $g(x)=\lim\limits_{n\to\infty}g_n(x)$, 由单调收敛性得

$$\nu(E)=\lim_{n\to\infty}\int_{\Omega_n\cap E}\mathrm{d}\nu=\lim_{n\to\infty}\int_{E\cap\Omega_n}g_n\mathrm{d}\mu=\int_E g\mathrm{d}\mu,\quad E\in\mathcal{B}.$$

这样我们就证明了定理. ■

习　　题

(本节各题中的 H 均指 Hilbert 空间)

2.2.1　设 $f_1,f_2,\cdots,f_n$ 是 H 上的一组有界线性泛函,

$$M\triangleq\bigcap_{k=1}^n N(f_k),\quad N(f_k)\triangleq\{x\in H\,|\,f_k(x)=0\}$$

$$(k=1,2,\cdots,n).$$

$\forall x_0 \in H$, 记 y_0 为 x_0 在 M 上的正交投影, 求证: $\exists y_1, y_2, \cdots, y_n \in N(f_k)^{\perp}$ 及 $\alpha_1, \alpha_2, \cdots, \alpha_n \in \mathbb{K}$, 使得

$$y_0 = x_0 - \sum_{k=1}^{n} \alpha_k y_k.$$

2.2.2　设 l 是 H 上的实值有界线性泛函, C 是 H 中的一个闭凸子集. 又设

$$f(v) = \frac{1}{2}\|v\|^2 - l(v) \quad (\forall v \in C).$$

(1) 求证: $\exists u^* \in H$, 使得

$$f(v) = \frac{1}{2}\|u^* - v\|^2 - \frac{1}{2}\|u^*\|^2 \quad (\forall v \in C).$$

(2) 求证: $\exists | u_0 \in C$, 使得 $f(u_0) = \inf\limits_{v \in C} f(v)$.

2.2.3　设 H 的元素是定义在集合 S 上的复值函数. 又若 $\forall x \in S$, 由

$$J_x(f) = f(x) \quad (\forall f \in H)$$

定义的映射 $J_x : H \to \mathbb{C}$ 是 H 上的连续线性泛函. 求证: 存在 $S \times S$ 上的复值函数 $K(x, y)$, 适合条件:

(1) 对任意固定的 $y \in S$, 作为 x 的函数有 $K(x, y) \in H$;

(2) $f(y) = (f, K(\cdot, y)), \forall f \in H, \forall y \in S$.

注　满足条件 (1) 与 (2) 的函数 $K(x, y)$ 称为 H 的**再生核**.

2.2.4　求证: $H^2(D)$ (定义见例 1.6.28) 的再生核为

$$K(z, w) = \frac{1}{\pi(1 - z\overline{w})^2} \quad (z, w \in D).$$

2.2.5　设 L, M 是 H 上的闭线性子空间, 求证:

(1) $L \perp M \iff P_L P_M = 0$;

(2) $L = M^{\perp} \iff P_L + P_M = I$ (恒同算子);

(3) $P_L P_M = P_{L \cap M} \iff P_L P_M = P_M P_L$.

§ 3 纲与开映射定理

有一大类解方程的问题从泛函分析上看就是对给定的算子 $T: \mathscr{X} \to \mathscr{Y}$ 和 $y \in \mathscr{Y}$, 求 $x \in \mathscr{X}$, 使得

$$Tx = y. \tag{2.3.1}$$

解的存在性表达成算子 T 有右逆 T_r^{-1}:

$$TT_r^{-1} = I \quad (I \text{ 表示恒同算子}).$$

因为若令 $x = T_r^{-1}y$, 则有 $Tx = TT_r^{-1}y = y$; 而解的唯一性表达成算子 T 有左逆 T_l^{-1}:

$$T_l^{-1}T = I.$$

因为由 $Tx = y$ 及 T_l^{-1} 存在便推得 $x = T_l^{-1}Tx = T_l^{-1}y$, 所以解 x 唯一地被 y 决定. 因此为了解存在而且唯一, 必须且仅须线性算子 T 既有左逆又有右逆. 又因为, 如果算子 T 左右逆同时存在, 那么它们一定是相等的. 事实上,

$$T_l^{-1} = T_l^{-1}I = T_l^{-1}(TT_r^{-1}) = (T_l^{-1}T)T_r^{-1} = IT_r^{-1} = T_r^{-1}.$$

所以这时称算子 T **有逆**, 并记此逆为 T^{-1}.

若 $\mathscr{X}, \mathscr{Y}$ 都具有拓扑结构, 又若方程 (2.3.1) 的解是存在唯一的, 我们还要问什么时候方程的解是稳定的? 所谓稳定是指当 y 做微小变化时, 对应的解 x 也做微小变化, 即映射 T^{-1} 是连续的, 我们知道: 一个映射 T 称为是连续的, 是指开集 U 在 T 作用下的原像 $T^{-1}(U)$ 是开的, 那么为了 T^{-1} 是连续的, 就是指: T 映开集 U 为开集 $T(U)$. 为了不涉及 T^{-1} 的存在性, 称映射 $T: \mathscr{X} \to \mathscr{Y}$ 是开映射, 如果它映开集为开集.

3.1 纲与纲推理

与定义 1.2.2 的稠密概念相联系, 引入疏集的概念.

定义 2.3.1 设 $(\mathscr{X},\rho)$ 是一个度量空间, 集合 $E\subset\mathscr{X}$, 称 E 是**疏的**, 如果 $\overline{E}$ 的内点是空的.

例 2.3.2 在 $\mathbb{R}^n$ 上, 有穷点集是疏集. Cantor 集是疏集.

命题 2.3.3 设 $(\mathscr{X},\rho)$ 是一度量空间. 为了 $E\subset\mathscr{X}$ 是疏集必须且仅须: $\forall$ 球 $B(x_0,r_0),\exists B(x_1,r_1)\subset B(x_0,r_0)$, 使得

$$\overline{E}\cap\overline{B}(x_1,r_1)=\varnothing.$$

证 *必要性*. 因为 $\overline{E}$ 无内点, 所以 $\overline{E}$ 不能包含任一球 $B(x_0,r_0)$. 从而 $\exists x_1\in B(x_0,r_0)$, 使得 $x_1\overline{\in}\overline{E}$. 又由 $\overline{E}$ 闭, 所以 $\exists\varepsilon_1>0$, 使得 $\overline{B}(x_1,\varepsilon_1)\cap\overline{E}=\varnothing$. 取

$$0<r_1<\min(\varepsilon_1,r_0-\rho(x_0,x_1)),$$

便有 $B(x_1,r_1)\subset B(x_0,r_0),\overline{B}(x_1,r_1)\cap\overline{E}=\varnothing$.

充分性. 若 E 不疏, 即 $\overline{E}$ 有内点, 则 $\exists B(x_0,r_0)\subset\overline{E}$. 但由假设

$$\exists B(x_1,r_1)\subset B(x_0,r_0),\ \text{使得}\ \overline{B}(x_1,r_1)\cap\overline{E}=\varnothing.$$

一方面有 $B(x_1,r_1)\cap\overline{E}=B(x_1,r_1)$; 另一方面有 $B(x_1,r_1)\cap\overline{E}=\varnothing$. 即得矛盾. ■

定义 2.3.4 在度量空间 $(\mathscr{X},\rho)$ 上, 集合 E 称为**第一纲的**, 如果 $E=\bigcup\limits_{n=1}^{\infty}E_n$, 其中 E_n 是疏集. 不是第一纲的集合称为**第二纲集**.

例 2.3.5 在 $\mathbb{R}$ 上, 有理点集是第一纲集. 更一般地, 可数点集总是第一纲集.

定理 2.3.6 (Baire) 完备度量空间 $(\mathscr{X},\rho)$ 是第二纲集.

证 用反证法. 倘若 $\mathscr{X}$ 是第一纲集, 即存在疏集 $\{E_n\}$, 使得

$$\mathscr{X}=\bigcup_{n=1}^{\infty}E_n. \tag{2.3.2}$$

对任意的球 $B(x_0, r_0), \exists B(x_1, r_1) \subset B(x_0, r_0)(r_1 < 1)$, 使得

$$\overline{B}(x_1, r_1) \cap \overline{E}_1 = \varnothing;$$

对球 $B(x_1, r_1), \exists B(x_2, r_2) \subset B(x_1, r_1)(r_2 < 1/2)$, 使得

$$\overline{B}(x_2, r_2) \cap (\overline{E}_1 \cup \overline{E}_2) = \varnothing;$$

如此继续下去, 对球 $B(x_{n-1}, r_{n-1}), \exists B(x_n, r_n) \subset B(x_{n-1}, r_{n-1})$ $(r_n < 1/n)$, 使得 $\overline{B}(x_n, r_n) \cap \overline{E}_n = \varnothing$, 从而

$$\overline{B}(x_n, r_n) \bigcap \left(\bigcup_{i=1}^{n} \overline{E}_i \right) = \varnothing \quad (\forall n \in \mathbb{N}). \tag{2.3.3}$$

于是我们得到

$$\overline{B}(x_0, r_0) \supset \overline{B}(x_1, r_1) \supset \cdots \supset \overline{B}(x_n, r_n) \supset \cdots,$$

而

$$\rho(x_{n+p}, x_n) \leqslant r_n < \frac{1}{n} \quad (\forall n, p \in \mathbb{N}). \tag{2.3.4}$$

由此可见 $\{x_n\}$ 是基本列, 从而 $\exists x \in \mathscr{X}$, 使得 $\lim\limits_{n \to \infty} x_n = x$. 另一方面在 (2.3.4) 式中令 $p \to \infty$ 得 $\rho(x, x_n) \leqslant r_n$, 从而

$$x \in \overline{B}(x_n, r_n) \quad (\forall n \in \mathbb{N}). \tag{2.3.5}$$

联合 (2.3.3) 式与 (2.3.5) 式便有 $x \overline{\in} \bigcup\limits_{n=1}^{\infty} E_n$, 这与 (2.3.2) 式矛盾.■

应用 在数学分析课程中, 许多人曾为 Weierstrass 构造出一个处处连续而处处不可微的函数而感到惊异, 然而我们却有下列更为令人吃惊的事实.

定理 2.3.7 在 $C[0,1]$ 中处处不可微的函数集合 E 是非空的, 更确切地, E 的余集是第一纲集.

证 取 $\mathscr{X}=C[0,1]$, 设 A_n 表示 $\mathscr{X}$ 中这样一些元素 f 之集: 对 $f, \exists s\in[0,1]$, 使对适合 $0\leqslant s+h\leqslant 1$ 与 $|h|\leqslant 1/n$ 的任何 h, 成立下式:

$$\left|\frac{f(s+h)-f(s)}{h}\right|\leqslant n.$$

若 f 在某个点 s 处可微, 则必有正整数 n, 使得 $f\in A_n$, 于是

$$\mathscr{X}\backslash E\subset\bigcup_{n=1}^{\infty}A_n. \tag{2.3.6}$$

下面我们证明每个 A_n 是疏集, 为此先证 A_n 是闭的. 事实上, 若 $f\in\mathscr{X}\backslash A_n$, 则 $\forall s\in[0,1], \exists h_s$, 使得

$$|h_s|\leqslant\frac{1}{n},\quad 且\quad |f(s+h_s)-f(s)|>n|h_s|.$$

又由 f 的连续性, $\exists\varepsilon_s>0$, 以及 s 的某个适当的邻域 J_s, 使得对 $\forall\sigma\in J_s$, 有

$$|f(\sigma+h_s)-f(\sigma)|>n|h_s|+2\varepsilon_s. \tag{2.3.7}$$

根据有限覆盖定理, 可设 $J_{s_1},J_{s_2},\cdots,J_{s_m}$ 覆盖 $[0,1]$, 并设

$$\varepsilon=\min\{\varepsilon_{s_1},\varepsilon_{s_2},\cdots,\varepsilon_{s_m}\}.$$

今若 $g\in\mathscr{X}$ 适合 $\|g-f\|<\varepsilon$, 则由 (2.3.7) 式, 对 $\forall\sigma\in J_{s_k}(k=1,2,\cdots,m)$ 有

$$|g(\sigma+h_{s_k})-g(\sigma)|\geqslant|f(\sigma+h_{s_k})-f(\sigma)|-2\varepsilon>n|h_{s_k}|.$$

这证明了 $\mathscr{X}\backslash A_n$ 是开集, 从而 A_n 是闭集.

再证 A_n 没有内点. $\forall f\in A_n, \forall\varepsilon>0$, 由 Weierstrass 逼近定理, 存在多项式 p, 使得

$$\|f-p\|<\frac{\varepsilon}{2},$$

p 的导数在 $[0,1]$ 上是有界的, 因此根据中值定理, $\exists M>0$, 使得对 $\forall s\in[0,1]$ 及 $|h|<1/n$, 成立

$$|p(s+h)-p(s)|\leqslant M|h|.$$

设 $g(s)\in C[0,1]$ 是一个分段线性函数, 满足 $\|g\|<\varepsilon/2$. 并且各条线段斜率的绝对值都大于 $M+n$, 那么

$$p+g\in B(f,\varepsilon),\quad \text{而 } p+g\overline{\in}A_n.$$

这样, 我们证明了每个 A_n 是疏集, 从而 $\bigcup\limits_{n=1}^{\infty}A_n$ 是第一纲集. 而 $\mathscr{X}$ 是完备的, 由 Baire 定理 (定理 2.3.6) $\mathscr{X}$ 是第二纲集, 由此根据 (2.3.6) 式, E 也是第二纲集. ■

本定理表明, 处处连续而又处处不可微的函数是非常多的.

3.2 开映射定理

设 $\mathscr{X},\mathscr{Y}$ 都是 B 空间, $T\in\mathscr{L}(\mathscr{X},\mathscr{Y})$, 算子 T 称为是**单射**, 是指 T 是 1-1 的, 算子 T 称为是**满射**, 是指 $T(\mathscr{X})=\mathscr{Y}$.

如果 T 是一个单射, 那么可以定义 T^{-1}, 它是线性的, 但其定义域却未必是全空间 $\mathscr{Y}$. 仅当它还是一个满射时, T^{-1} 才是 $\mathscr{Y}$ 到 $\mathscr{X}$ 的一个线性算子. 这时, 我们自然要问, T^{-1} 是不是连续的? 下面的 Banach 逆算子定理回答了这一问题.

定理 2.3.8 (Banach) 设 $\mathscr{X},\mathscr{Y}$ 是 B 空间. 若 $T\in\mathscr{L}(\mathscr{X},\mathscr{Y})$, 它既是单射又是满射, 那么 $T^{-1}\in\mathscr{L}(\mathscr{Y},\mathscr{X})$.

这定理有一个更一般的形式.

定理 2.3.9 (开映射定理) 设 $\mathscr{X},\mathscr{Y}$ 都是 B 空间, 若 $T\in\mathscr{L}(\mathscr{X},\mathscr{Y})$ 是一个满射, 则 T 是开映射.

证 用 $B(x_0,a),U(y_0,b)$ 分别表示 $\mathscr{X},\mathscr{Y}$ 中的开球.

(1) 为了证明 T 是开映射, 即 $\forall$ 开集 $W,T(W)$ 是开集, 必须

且仅须证明: $\exists\delta>0$, 使得

$$TB(\theta,1)\supset U(\theta,\delta). \tag{2.3.8}$$

事实上, 必要性是显然的. 下证其充分性. 由于 T 的线性, 条件 (2.3.8) 等价于

$$TB(x_0,r)\supset U(Tx_0,r\delta)\quad(\forall x_0\in\mathscr{X},\forall r>0).$$

$\forall y_0\in T(W)$, 按定义 $\exists x_0\in W$, 使得 $y_0=Tx_0$. 因为 W 是开集, 所以 $\exists B(x_0,r)\subset W$. 于是取 $\varepsilon=r\delta$, 便有

$$U(Tx_0,\varepsilon)\subset TB(x_0,r)\subset T(W),$$

即 $y_0=Tx_0$ 是 $T(W)$ 的内点 (参看图 2.3.1).

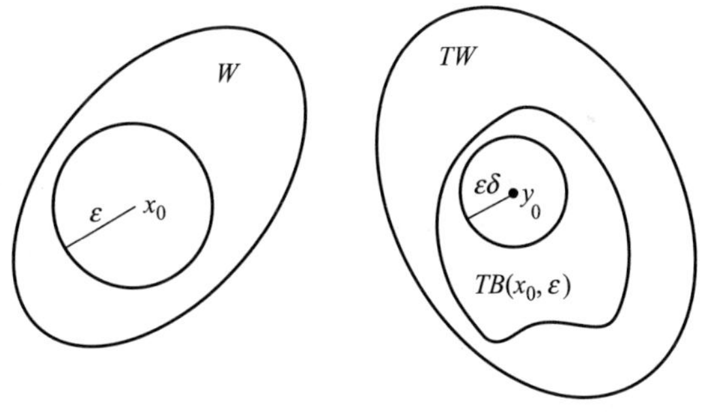

图 2.3.1

(2) 证明: $\exists\delta>0$, 使得 $\overline{TB(\theta,1)}\supset U(\theta,3\delta)$. 这是因为

$$\mathscr{Y}=T\mathscr{X}=\bigcup_{n=1}^{\infty}TB(\theta,n),$$

而 $\mathscr{Y}$ 是完备的, 所以至少有一个 $n\in\mathbb{N}$, 使得 $TB(\theta,n)$ 非疏, 即 $\overline{TB(\theta,n)}$ 至少含有一个内点. 因此 $\exists U(y_0,r)\subset\overline{TB(\theta,n)}$, 注意到

$TB(\theta,n)$ 是一个对称凸集, 便有 $U(-y_0,r)\subset\overline{TB(\theta,n)}$, 从而 (参看图 2.3.2)

$$U(\theta,r)\subset\frac{1}{2}U(y_0,r)+\frac{1}{2}U(-y_0,r)\subset\overline{TB(\theta,n)}.$$

由 T 的齐次性, 取 $\delta=r/3n$, 便有 $\overline{TB(\theta,1)}\supset U(\theta,3\delta)$.

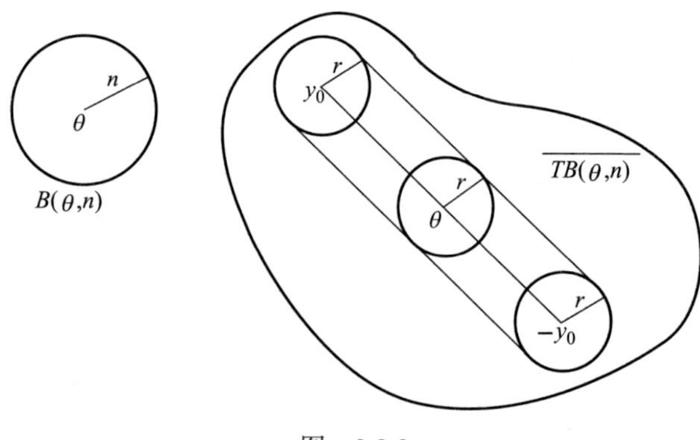

图 2.3.2

(3) 证明: $TB(\theta,1)\supset U(\theta,\delta)$. $\forall y_0\in U(\theta,\delta)$, 要证 $\exists x_0\in B(\theta,1)$, 使得 $Tx_0=y_0$, 即求方程 $Tx=y_0$ 在 $B(\theta,1)$ 内的一个解 x_0, 我们用逐次逼近法.

对 $y_0\in U(\theta,\delta)$, 按 (2), $\exists x_1\in B\left(\theta,\frac{1}{3}\right)$, 使得

$$\|y_0-Tx_1\|<\frac{\delta}{3};$$

对 $y=y_0-Tx_1\in U\left(\theta,\frac{\delta}{3}\right)$, 按 (2), $\exists x_2\in B\left(\theta,\frac{1}{3^2}\right)$, 使得

$$\|y_1-Tx_2\|<\frac{\delta}{3^2};$$

……

对 $y_n = y_{n-1} - Tx_n \in U\left(\theta, \frac{\delta}{3^n}\right)$, 按 (2), $\exists x_{n+1} \in B\left(\theta, \frac{1}{3^{n+1}}\right)$, 使得

$$\|y_n - Tx_{n+1}\| < \frac{\delta}{3^{n+1}};$$

……

于是 $\sum_{n=1}^{\infty} \|x_n\| \leqslant 1/2$, 令 $x_0 \triangleq \sum_{n=1}^{\infty} x_n$, 便有 $x_0 \in B(\theta, 1)$. 而

$$\begin{aligned} \|y_n\| &= \|y_{n-1} - Tx_n\| = \cdots \\ &= \|y_0 - T(x_1 + x_2 + \cdots + x_n)\| < \frac{\delta}{3^n} \quad (\forall n \in \mathbb{N}), \end{aligned}$$

即得

$$S_n \triangleq \sum_{i=1}^{n} x_i \to x_0, \quad TS_n \to y_0 \quad (n \to \infty). \tag{2.3.9}$$

又因为 T 是连续的, 所以

$$Tx_0 = y_0, \tag{2.3.10}$$

即得 $U(\theta, \delta) \subset TB(\theta, 1)$. ■

定理 2.3.8 的证明 依定理 2.3.9 证明中的第 (3) 部分, 已知

$$U(\theta, 1) \subset TB\left(\theta, \frac{1}{\delta}\right),$$

即

$$T^{-1}U(\theta, 1) \subset B\left(\theta, \frac{1}{\delta}\right) \quad 或 \quad \|T^{-1}y\| < \frac{1}{\delta} \quad (\forall y \in \mathscr{Y}, \|y\| < 1).$$

特别地, 由范数的齐次性, $\forall y \in \mathscr{Y}, \forall \varepsilon > 0$, 有

$$\|T^{-1}y\| < \frac{(1+\varepsilon)}{\delta}\|y\|.$$

令 $\varepsilon \to 0$ 得

$$\|T^{-1}y\| \leqslant \frac{1}{\delta}\|y\| \quad (\forall y \in \mathscr{Y}).$$

从而 $T^{-1} \in \mathscr{L}(\mathscr{Y}, \mathscr{X})$. ■

注 1　定理 2.3.8 与定理 2.3.9 中的 Banach 空间 $\mathscr{X}, \mathscr{Y}$ 可以换成更一般的 F 空间, 但证明需稍做修改. 参看关肇直、张恭庆、冯德兴所著《线性泛函分析入门》(上海科学技术出版社, 1979) 的第二章 §2.

注 2　在定理 2.3.8 中, $T\mathscr{X}$ 是第二纲集的假设是不可少的 (满射及 $\mathscr{Y}$ 的完备性保证了这一点). 因为有例子, 取 $\mathscr{X} = \mathscr{Y} = C[0,1]$, 规定

$$(Tx)(t) = \int_0^t x(\tau)\mathrm{d}\tau \quad (\forall x \in \mathscr{X}).$$

它显然是连续线性的, 但 $T\mathscr{X} = \mathscr{Y}_0 = \left\{y \in C^1[0,1] \middle| y(0) = 0\right\}$ 不是 $C[0,1]$ 的第二纲集. 这时 $T^{-1} = \dfrac{\mathrm{d}}{\mathrm{d}t}$ 在 $C[0,1]$ 中不是连续的 (即使以 $C[0,1]$ 中的一个子集 $\mathscr{Y}_0$ 作为 T^{-1} 的定义域, 也不连续). 事实上, $x_n(t) \triangleq \sin n\pi t$, 显然 $\|x_n\| = 1$, 但是

$$\left\|\frac{\mathrm{d}}{\mathrm{d}t}x_n(t)\right\| = n\pi\|\cos n\pi t\| = n\pi \to \infty \quad (\text{当 } n \to \infty),$$

其中 $\|\cdot\|$ 表示 $C[0,1]$ 空间中的范数. 然而, 若 $\mathscr{Y}_0$ 按 $C^1[0,1]$ 的范数 $\|\cdot\|_1$ 则构成 B 空间, 这时 $T^{-1} = \dfrac{\mathrm{d}}{\mathrm{d}t}$ 是有界的. 事实上,

$$\|T^{-1}y\| = \left\|\frac{\mathrm{d}}{\mathrm{d}t}y(t)\right\| \leqslant \|y\|_1 \quad (\forall y \in \mathscr{Y}_0).$$

分析定理 2.3.8 与定理 2.3.9 的证明过程, 可以看出, 线性算子 T 的连续性的假设可以减弱. 事实上, 用到连续性之处在于由 (2.3.9) 式推出 (2.3.10) 式, 而这只需要 T 是如下定义的闭算子就够了.

定义 2.3.10 设 T 是 $\mathscr{X} \to \mathscr{Y}$ 的线性算子, $D(T)$ 是其定义域. 称 T 是**闭的**, 是指由 $x_n \in D(T), x_n \to x$, 以及 $Tx_n \to y$ 就能推出 $x \in D(T)$, 而且 $y = Tx$.

例 2.3.11 在 $C[0,1]$ 上, $D(T) = C^1[0,1], T = \dfrac{\mathrm{d}}{\mathrm{d}t}$ 是一个闭线性算子.

证 如果 $x_n(t) \in C^1[0,1]$, 并且有

$$x_n \to x(C[0,1]), \quad \frac{\mathrm{d}x_n}{\mathrm{d}t} \to y(C[0,1]),$$

则有

$$\begin{aligned} x_n(t) - x_n(0) &\to \int_0^t y(\tau)\mathrm{d}\tau \quad (\forall t \in [0,1]), \\ x_n(t) - x_n(0) &\to x(t) - x(0) \quad (\forall t \in [0,1]), \end{aligned}$$

即得

$$x(t) = x(0) + \int_0^t y(\tau)\mathrm{d}\tau \quad (\forall t \in [0,1]).$$

因此, $x \in C^1[0,1]$, 且 $\dfrac{\mathrm{d}x}{\mathrm{d}t} = y(t)$. ■

如果 T 是闭线性算子, 在定理 2.3.8 与定理 2.3.9 的证明过程中, 一开始取空间 $\mathscr{X}$ 就是 $D(T)$, 它未必完备 (但是它是 B^* 空间). 到证明的第 (3) 部分, 我们找到基本列 S_n, 满足 $TS_n \to y_0$. 这时利用 $\mathscr{X}$ 的完备性推出 $\exists x_0 \in \mathscr{X}$, 使得 $S_n \to x_0$, 再由 T 的闭性推出 $x_0 \in D(T), y_0 = Tx_0$. 于是得到更一般的结论.

定理 2.3.12 若 $\mathscr{X}, \mathscr{Y}$ 是 B 空间, T 是 $\mathscr{X} \to \mathscr{Y}$ 的一个闭线性算子, 满足 $R(T)$ 是 $\mathscr{Y}$ 中的第二纲集, 则 $R(T) = \mathscr{Y}$ 并且 $\forall \varepsilon > 0, \exists \delta = \delta(\varepsilon) > 0$, 使得 $\forall y \in \mathscr{Y}, \|y\| < \delta$ 必有 $x \in D(T)$, 适合 $\|x\| < \varepsilon$ 且 $y = Tx$.

证 只有 $R(T) = \mathscr{Y}$ 是需要证的. 我们已知对 $\varepsilon = 1, \exists \delta > 0$, 使得

$$U(\theta, \delta) \subset T(B(\theta, 1) \cap D(T)). \tag{2.3.11}$$

$\forall y \in \mathscr{Y}$, 不妨设 $y \neq \theta$ (显然 $\theta \in R(T)$). $\forall 0 < \delta_1 < \delta$, 按 (2.3.11) 式,

$$\frac{\delta_1 y}{\|y\|} \in U(\theta, \delta) \Longrightarrow \frac{\delta_1 y}{\|y\|} \in T(B(\theta, 1) \cap D(T)).$$

于是 $\exists x \in B(\theta, 1) \cap D(T)$, 使得

$$\frac{\delta_1 y}{\|y\|} = Tx \Longrightarrow y = T\left(\frac{\|y\|}{\delta_1} x\right) \Longrightarrow y \in R(T).$$ ■

3.3 闭图像定理

对于线性算子而言, 我们来看连续性与闭性间的关系. 我们说一个连续线性算子 $T : D(T) \to \mathscr{Y}$ 总可以延拓到 $\overline{D(T)}$ 上, 这由下列定理给出.

定理 2.3.13 设 T 是 B^* 空间 $\mathscr{X}$ 到 B 空间 $\mathscr{Y}$ 的连续线性算子, 那么 T 能唯一地延拓到 $\overline{D(T)}$ 上成为连续线性算子 T_1, 使得 $T_1|_{D(T)} = T$, 且 $\|T_1\| = \|T\|$.

证 任取 $x \in \overline{D(T)}, \exists x_n \in D(T), \lim\limits_{n\to\infty} x_n = x$, 依假设 T 在 $D(T)$ 上连续, 从而有界, 即 $\exists M > 0$, 使得

$$\|Tx\| \leqslant M\|x\| \quad (\forall x \in D(T)).$$

于是

$$\|Tx_{n+p} - Tx_n\| \leqslant M\|x_{n+p} - x_n\|.$$

由此可见 $\{Tx_n\}$ 是 $\mathscr{Y}$ 中的基本列, 已设 $\mathscr{Y}$ 完备, 所以 $\exists y \in \mathscr{Y}$, 使得 $Tx_n \to y$. 不难看出 y 仅依赖于 x, 而与 $D(T)$ 中 x_n 的选择无关. 因此, 可以定义 $T_1 : x \mapsto y$. 容易验证 T_1 是线性的, 还有 $T_1|_{D(T)} = T$, 并且 $\|T_1 x\| \leqslant M\|x\| (\forall x \in \overline{D(T)})$. ■

在这个意义上, 我们把每个连续线性算子 T 都看成是有闭定义域的. 于是每个连续线性算子必是闭的. 可是一般闭线性算子未必能延拓到 $\overline{D(T)}$ 上, 使其仍闭.

推论 2.3.14 (等价范数定理) 设线性空间 $\mathscr{X}$ 上有两个范数 $\|\cdot\|_1$ 与 $\|\cdot\|_2$. 如果 $\mathscr{X}$ 关于这两个范数都构成 B 空间, 而且 $\|\cdot\|_2$ 比 $\|\cdot\|_1$ 强, 则 $\|\cdot\|_2$ 与 $\|\cdot\|_1$ 必等价.

证 考察恒同映射 $I:\mathscr{X}\to\mathscr{X}$, 把它看成是由 $(\mathscr{X},\|\cdot\|_2)\to(\mathscr{X},\|\cdot\|_1)$ 的线性算子, 由假设 $\|\cdot\|_2$ 比 $\|\cdot\|_1$ 强, 即 $\exists C>0$, 使得

$$\|Ix\|_1\leqslant C\|x\|_2\quad(\forall x\in\mathscr{X}).$$

因此 I 是连续的, 它既是单射又是满射. 依定理 2.3.8, I 可逆且 I^{-1} 连续, 即有 $M>0$, 使

$$\|I^{-1}x\|_2\leqslant M\|x\|_1\quad(\forall x\in\mathscr{X}).$$

又因 $I^{-1}x$ 与 x 是同一个元素, 所以 $\|\cdot\|_1$ 与 $\|\cdot\|_2$ 等价. ■

定理 2.3.15 (闭图像定理) 设 $\mathscr{X},\mathscr{Y}$ 是 B 空间. 若 T 是 $\mathscr{X}\to\mathscr{Y}$ 的闭线性算子, 并且 $D(T)$ 是闭的, 则 T 是连续的.

证 因为 $D(T)$ 是闭的, 所以 $D(T)$ 作为 $\mathscr{X}$ 的线性子空间可看成是 B 空间. 在 $D(T)$ 上, 引进另外一个范数 $\|\cdot\|_G$ 如下:

$$\|x\|_G=\|x\|+\|Tx\|\quad(\forall x\in D(T)).$$

现在证明 $(D(T),\|\cdot\|_G)$ 也是 B 空间, 事实上, 从

$$\|x_n-x_m\|_G=\|x_n-x_m\|+\|Tx_n-Tx_m\|\to 0$$
$$(n,m\to\infty),$$

可知 $\exists x^*\in\mathscr{X}$ 与 $y^*\in\mathscr{Y}$, 使得 $x_n\to x^*$, 且 $Tx_n\to y^*$. 根据 T 的闭性即得 $y^*=Tx^*$, 从而 $Tx_n\to Tx^*$. 因此 $\|x_n-x^*\|_G\to 0$. 又显然有 $\|\cdot\|_G$ 比 $\|\cdot\|$ 强, 根据等价范数定理 (推论 2.3.14), $\|\cdot\|_G$ 与 $\|\cdot\|$ 等价, 故 $\exists M>0$, 使得

$$\|Tx\|\leqslant\|x\|_G\leqslant M\|x\|\quad(\forall x\in D(T)).$$ ■

注 集合 $G(T) \triangleq \{(x, Tx) \big| x \in D(T)\}$ 称为算子 T 的**图像**, 而 $\|x\|_G$ 实际上是 (x, Tx) 在乘积空间 $\mathscr{X} \times \mathscr{Y}$ 上的范数, 因此 $\|\cdot\|_G$ 称为**图模**. 算子 T 是闭的, 实际上就是 $G(T)$ 按图模是闭的.

3.4 共鸣定理

定理 2.3.16 (共鸣定理或一致有界定理) 设 $\mathscr{X}$ 是 B 空间, $\mathscr{Y}$ 是 B^* 空间, 如果 $W \subset \mathscr{L}(\mathscr{X}, \mathscr{Y})$, 使得

$$\sup_{A \in W} \|Ax\| < \infty \quad (\forall x \in \mathscr{X}),$$

那么存在常数 M, 使得 $\|A\| \leqslant M (\forall A \in W)$.

证 $\forall x \in \mathscr{X}$, 定义

$$\|x\|_W = \|x\| + \sup_{A \in W} \|Ax\|.$$

显然, $\|\cdot\|_W$ 是 $\mathscr{X}$ 上的范数, 且强于 $\|\cdot\|$. 下面证明 $(\mathscr{X}, \|\cdot\|_W)$ 完备. 事实上, 如果

$$\|x_m - x_n\| + \sup_{A \in W} \|A(x_m - x_n)\| \to 0 \quad (\text{当 } m, n \to \infty).$$

由 $\mathscr{X}$ 的完备性, $\exists x \in \mathscr{X}$, 使得 $\|x_n - x\| \to 0$ (当 $n \to \infty$), 又因为 $\forall \varepsilon > 0, \exists N = N(\varepsilon)$, 使得

$$\sup_{A \in W} \|Ax_m - Ax_n\| < \varepsilon \quad (\forall m, n \geqslant N).$$

从而对 $\forall A \in W$ 有 $\|Ax_n - Ax\| \leqslant \varepsilon$ $(\forall n \geqslant N)$. 于是

$$\|x_n - x\| + \sup_{A \in W} \|A(x_n - x)\| \to 0 \quad (\text{当 } n \to \infty),$$

即 $\|x_n - x\|_W \to 0$. 再根据等价范数定理 (推论 2.3.14), $\|\cdot\|_W$ 与 $\|\cdot\|$ 等价, 从而存在常数 M, 使得

$$\sup_{A \in W} \|Ax\| \leqslant M\|x\| \quad (\forall x \in \mathscr{X}).$$

由此立即推出 $\|A\| \leqslant M (\forall A \in W)$. ■

注 条件: $\forall x \in \mathscr{X}, \sup\limits_{A\in W}\|Ax\|<\infty$, 意味着 $\forall x \in \mathscr{X}, \exists M_x>0$, 使得

$$\|Ax\| \leqslant M_x\|x\| \quad (\forall A \in W). \tag{2.3.12}$$

而结论: $\|A\| \leqslant M(\forall A \in W)$, 则可看作是, 存在与 x 无关的常数 M, 使得

$$\|Ax\| \leqslant M\|x\| \quad (\forall A \in W). \tag{2.3.13}$$

(2.3.12) 式意味着算子族 W 点点有界; (2.3.13) 式则意味着算子族 W 一致有界. 因此本定理给出条件保证点点有界蕴含一致有界, 故称 "一致有界" 定理. 另一方面, 如果我们从反面来叙述本定理将有: $\sup\limits_{A\in W}\|A\|=\infty \Longrightarrow \exists x_0 \in \mathscr{X}$, 使得

$$\sup_{A\in W}\|Ax_0\|=\infty.$$

因此本定理又有 "共鸣定理" 之称.

定理 2.3.17 (Banach-Steinhaus 定理) 设 $\mathscr{X}$ 是 B 空间, $\mathscr{Y}$ 是 B^* 空间, M 是 $\mathscr{X}$ 的某个稠密子集. 若 $A_n(n=1,2,\cdots), A \in \mathscr{L}(\mathscr{X},\mathscr{Y})$, 则 $\forall x \in \mathscr{X}$ 都有

$$\lim_{n\to\infty} A_n x = Ax \tag{2.3.14}$$

的充要条件是:

(1) $\|A_n\|$ 有界;

(2) (2.3.14) 式对 $\forall x \in M$ 成立.

证 必要性. 根据共鸣定理 (定理 2.3.16), 结论是显然的.

充分性. 假定 $\|A_n\| \leqslant C(\forall n \in \mathbb{N})$, 对 $\forall x \in \mathscr{X}$ 及 $\forall \varepsilon>0$, 取 $y \in M$, 使得

$$\|x-y\| \leqslant \frac{\varepsilon}{4(\|A\|+C)},$$

便有

$$\begin{aligned}\|A_nx - Ax\| &\leqslant \|A_nx - A_ny\| + \|A_ny - Ay\| + \|Ax - Ay\| \\ &< \frac{\varepsilon}{2} + \|A_ny - Ay\| \quad (\forall n \in \mathbb{N}).\end{aligned}$$

再取 N 足够大, 使得 $\|A_ny - Ay\| < \varepsilon/2(\forall n \geqslant N)$, 便有

$$\|A_nx - Ax\| < \varepsilon \quad (\forall n \geqslant N).$$

■

3.5 应用

1. Lax-Milgram 定理

定理 2.3.18 (Lax-Milgram 定理) 设 $a(x,y)$ 是 Hilbert 空间 $\mathscr{X}$ 上的一个共轭双线性函数, 满足:

(1) $\exists M > 0$, 使 $|a(x,y)| \leqslant M\|x\| \cdot \|y\| \quad (\forall x, y \in \mathscr{X})$, (2.3.15)

(2) $\exists \delta > 0$, 使 $|a(x,x)| \geqslant \delta\|x\|^2 \quad (\forall x \in \mathscr{X})$, (2.3.16)

那么必存在唯一的有连续逆的连续线性算子 $A \in \mathscr{L}(\mathscr{X})$, 满足

$$a(x,y) = (x, Ay) \quad (\forall x, y \in \mathscr{X}), \tag{2.3.17}$$

$$\|A^{-1}\| \leqslant \frac{1}{\delta}. \tag{2.3.18}$$

证 依定理 2.2.2, 适合 (2.3.17) 式的算子 $A \in \mathscr{L}(\mathscr{X})$ 存在唯一. 今证:

(1) A 是单射. 若有 $y_1, y_2 \in \mathscr{X}$, 满足 $Ay_1 = Ay_2$, 则

$$a(x, y_1) = a(x, y_2) \quad (\forall x \in \mathscr{X}),$$

从而

$$a(x, y_1 - y_2) = 0 \quad (\forall x \in \mathscr{X}).$$

特别取 $x = y_1 - y_2$, 由 (2.3.16) 式即得 $y_1 = y_2$.

(2) A 是满射. 先证 $R(A)$ 是闭的. 事实上, $\forall w \in \overline{R}(A), \exists v_n \in \mathscr{X}$ $(n = 1, 2, \cdots)$, 使得

$$w = \lim_{n\to\infty} Av_n. \tag{2.3.19}$$

由 (2.3.16) 式,

$$\begin{aligned}\delta\|v_{n+p}-v_n\|^2 &\leqslant |a(v_{n+p}-v_n, v_{n+p}-v_n)| \\ &= |(v_{n+p}-v_n, A(v_{n+p}-v_n))| \\ &\leqslant \|v_{n+p}-v_n\|\cdot\|Av_{n+p}-Av_n\| \quad (\forall n,p\in\mathbb{N}),\end{aligned}$$

即得

$$\|v_{n+p}-v_n\| \leqslant \frac{1}{\delta}\|Av_{n+p}-Av_n\| \to 0$$
$$(\text{当 } n\to\infty, \forall p\in\mathbb{N}).$$

从而 $\{v_n\}$ 是基本列, 因此 $\exists v^*\in\mathscr{X}$, 使得 $v_n\to v^*$, 并由 A 的连续性和 (2.3.19) 式得 $w=Av^*$, 即 $w\in R(A)$. 于是 $R(A)$ 闭.

再证 $R(A)^\perp=\{\theta\}$. 倘若 $w\in R(A)^\perp$, 则

$$(w, Av)=0 \quad (\forall v\in\mathscr{X}),$$

即 $a(w,v)=0(\forall v\in\mathscr{X})$. 特别取 $v=w$, 再利用假设 (2.3.16) 式有

$$\delta\|w\|^2\leqslant|a(w,w)|=0,$$

即得 $w=\theta$. 由此可见 A 是满射.

(3) 再利用 Banach 逆算子定理 (定理 2.3.8), $A^{-1}\in\mathscr{L}(\mathscr{X})$. 因为

$$\delta\|x\|^2\leqslant|a(x,x)|=|(x,Ax)|\leqslant\|x\|\cdot\|Ax\|,$$

所以 $\delta\|x\|\leqslant\|Ax\|(\forall x\in\mathscr{X})$, 即得 (2.3.18) 式. ■

2. Lax 等价定理

在数值分析中, 为了求一个方程的解, 往往用求一个近似方程的解去代替. 例如, 用差分方程或有限元方程近似代替微分方程. 其首要问题便是: 近似方程的解是否收敛到原方程的解? 若是, 则称这近似格式具有收敛性.

用泛函分析的语言描述, 设 $T \in \mathscr{L}(\mathscr{X}, \mathscr{Y})$, 其中 $\mathscr{X}, \mathscr{Y}$ 是 B 空间. 给定 $y \in \mathscr{Y}$, 求解 $x \in \mathscr{X}$, 使得

$$Tx = y. \tag{2.3.20}$$

首先我们应当假定, $\forall y \in \mathscr{Y}, \exists | x \in \mathscr{X}$ 满足 (2.3.20) 式. 这时, 应用定理 2.3.8, 便有 $T^{-1} \in \mathscr{L}(\mathscr{Y}, \mathscr{X})$. 现在来考虑 (2.3.20) 式的近似方程. $\forall n \in \mathbb{N}$, 设 $T_n \in \mathscr{L}(\mathscr{X}, \mathscr{Y})$, 求解 $x_n \in \mathscr{X}$, 使得

$$T_n x_n = y. \tag{2.3.21}$$

当然, 还是要假定 $\forall y \in \mathscr{Y}, \exists | x_n \in \mathscr{X}$ 满足 (2.3.21) 式, 于是有 $T_n^{-1} \in \mathscr{L}(\mathscr{Y}, \mathscr{X})$.

何谓 T_n 是 T 的近似? 它是指: $\forall x \in \mathscr{X}$,

$$\|Tx - T_n x\| \to 0 \quad (n \to \infty). \tag{2.3.22}$$

这在数值分析中称为近似格式具有**相容性**.

在数值分析中还有一个重要的概念: 称近似格式具有**稳定性**, 是指 $\exists C > 0$, 使得

$$\|T_n^{-1}\| \leqslant C \quad (\forall n \in \mathbb{N}). \tag{2.3.23}$$

在相容性的前提下, Lax 指出了近似格式的收敛性与稳定性是等价的.

定理 2.3.19 (Lax 等价定理) 如果 (2.3.22) 式对 $\forall x \in \mathscr{X}$ 成立, 那么为了 $x_n \to x (n \to \infty)$, 其中 x_n 与 x 分别是 (2.3.21) 式与 (2.3.20) 式的解, 必须且仅须 $\exists C > 0$, 使得 (2.3.23) 式成立.

证 充分性. 由 (2.3.22) 式和 (2.3.23) 式, 我们得

$$\begin{aligned} \|x_n - x\| &= \|T_n^{-1} y - T_n^{-1} T_n x\| \\ &\leqslant \|T_n^{-1}\| \cdot \|Tx - T_n x\| \\ &\leqslant C\|Tx - T_n x\| \to 0 \quad (n \to \infty). \end{aligned}$$

必要性. $\forall y\in\mathscr{Y}$, 令 $x_n=T_n^{-1}y, x=T^{-1}y$, 便有 $x_n\to x\ (n\to\infty)$. 因此,

$$T_n^{-1}y \to T^{-1}y \quad (n\to\infty, \forall y\in\mathscr{Y}).$$

由共鸣定理 (定理 2.3.16), 立得 $\|T_n^{-1}\|$ 有界. ■

习 题

2.3.1 设 $\mathscr{X}$ 是 B 空间, $\mathscr{X}_0$ 是 $\mathscr{X}$ 的闭子空间. 映射 $\varphi:\mathscr{X}\to\mathscr{X}/\mathscr{X}_0$ 定义为

$$\varphi: x\mapsto [x] \quad (\forall x\in\mathscr{X}),$$

其中 $[x]$ 表示含 x 的商类 (见习题 1.4.17). 求证 φ 是开映射.

2.3.2 设 $\mathscr{X},\mathscr{Y}$ 是 B 空间, 又设方程 $Ux=y$ 对 $\forall y\in\mathscr{Y}$ 有解 $x\in\mathscr{X}$, 其中 $U\in\mathscr{L}(\mathscr{X},\mathscr{Y})$, 并且 $\exists m>0$, 使得

$$\|Ux\|\geqslant m\|x\| \quad (\forall x\in\mathscr{X}).$$

求证: U 有连续逆 U^{-1}, 并且 $\|U^{-1}\|\leqslant 1/m$.

2.3.3 设 H 是 Hilbert 空间, $A\in\mathscr{L}(H)$, 并且 $\exists m>0$, 使得

$$|(Ax,x)|\geqslant m\|x\|^2 \quad (\forall x\in H).$$

求证: $\exists A^{-1}\in\mathscr{L}(H)$.

2.3.4 设 $\mathscr{X},\mathscr{Y}$ 是 B^* 空间, D 是 $\mathscr{X}$ 的线性子空间, 并且 $A:D\to\mathscr{Y}$ 是线性映射. 求证:

(1) 如果 A 连续且 D 是闭的, 那么 A 是闭算子;

(2) 如果 A 连续且是闭算子, 那么 $\mathscr{Y}$ 完备蕴含 D 闭;

(3) 如果 A 是单射的闭算子, 那么 A^{-1} 也是闭算子;

(4) 如果 $\mathscr{X}$ 完备, A 是单射的闭算子, $R(A)$ 在 $\mathscr{Y}$ 中稠密, 并且 A^{-1} 连续, 那么 $R(A)=\mathscr{Y}$.

2.3.5 用等价范数定理 (推论 2.3.14) 证明: $(C[0,1],\|\cdot\|_1)$ 不

是 B 空间, 其中 $\|f\|_1 = \int_0^1 |f(t)| \mathrm{d}t, \forall f \in C[0,1]$.

2.3.6 (Gelfand 引理) 设 $\mathscr{X}$ 是 B 空间, $p: \mathscr{X} \to \mathbb{R}$ 满足

(1) $p(x) \geqslant 0 \quad (\forall x \in \mathscr{X})$;

(2) $p(\lambda x) = \lambda p(x) \quad (\forall \lambda > 0, \forall x \in \mathscr{X})$;

(3) $p(x_1 + x_2) \leqslant p(x_1) + p(x_2) \quad (\forall x_1, x_2 \in \mathscr{X})$;

(4) 当 $x_n \to x$ 时, $\varliminf_{n \to \infty} p(x_n) \geqslant p(x)$.

求证: $\exists M > 0$, 使得 $p(x) \leqslant M\|x\|, \forall x \in \mathscr{X}$.

2.3.7 设 $\mathscr{X}$ 和 $\mathscr{Y}$ 是 B 空间, $A_n \in \mathscr{L}(\mathscr{X}, \mathscr{Y})(n = 1, 2, \cdots)$, 又对 $\forall x \in \mathscr{X}, \{A_n x\}$ 在 $\mathscr{Y}$ 中收敛. 求证: $\exists A \in \mathscr{L}(\mathscr{X}, \mathscr{Y})$, 使得

$$A_n x \to Ax \quad (\forall x \in \mathscr{X}), \quad \text{并且} \quad \|A\| \leqslant \varliminf_{n \to \infty} \|A_n\|.$$

2.3.8 设 $1 < p < \infty$, 并且 $1/p + 1/q = 1$. 如果序列 $\{\alpha_k\}$ 使得对 $\forall x = \{\xi_k\} \in l^p$ 保证 $\sum_{k=1}^{\infty} \alpha_k \xi_k$ 收敛, 求证: $\{\alpha_k\} \in l^q$. 又若 $f: x \mapsto \sum_{k=1}^{\infty} \alpha_k \xi_k$, 求证: f 作为 l^p 上的线性泛函, 有

$$\|f\| = \left(\sum_{k=1}^{\infty} |\alpha_k|^q \right)^{\frac{1}{q}}.$$

2.3.9 如果序列 $\{\alpha_k\}$ 使得对 $\forall x = \{\xi_k\} \in l^1$, 保证 $\sum_{k=1}^{\infty} \alpha_k \xi_k$ 收敛, 求证: $\{\alpha_k\} \in l^\infty$. 又若 $f: x \mapsto \sum_{k=1}^{\infty} \alpha_k \xi_k$ 作为 l^1 上的线性泛函, 求证:

$$\|f\| = \sup_{k \geqslant 1} |\alpha_k|.$$

2.3.10 用 Gelfand 引理 (习题 2.3.6) 证明共鸣定理 (定理 2.3.16).

2.3.11 设 $\mathscr{X},\mathscr{Y}$ 是 B 空间, $A\in\mathscr{L}(\mathscr{X},\mathscr{Y})$ 是满射的. 求证: 如果在 $\mathscr{Y}$ 中 $y_n\to y_0$, 则 $\exists C>0$ 与 $x_n\to x_0$, 使得 $Ax_n=y_n$, 且 $\|x_n\|\leqslant C\|y_n\|$.

2.3.12 设 $\mathscr{X},\mathscr{Y}$ 是 B 空间, T 是闭线性算子, $D(T)\subset\mathscr{X}$, $R(T)\subset\mathscr{Y},N(T)\triangleq\{x\in\mathscr{X}|Tx=\theta\}$.

(1) 求证: $N(T)$ 是 $\mathscr{X}$ 的闭线性子空间.

(2) 求证: $N(T)=\{\theta\},R(T)$ 在 $\mathscr{Y}$ 中闭的充要条件是, $\exists\alpha>0$, 使得

$$\|x\|\leqslant\alpha\|Tx\|\quad(\forall x\in D(T)).$$

(3) 如果用 $d(x,N(T))$ 表示点 $x\in\mathscr{X}$ 到集合 $N(T)$ 的距离 $\left(\inf\limits_{z\in N(T)}\|z-x\|\right)$. 求证: $R(T)$ 在 $\mathscr{Y}$ 中闭的充要条件是, $\exists\alpha>0$, 使得

$$d(x,N(T))\leqslant\alpha\|Tx\|\quad(\forall x\in D(T)).$$

2.3.13 设 $a(x,y)$ 是 Hilbert 空间 H 上的一个共轭双线性泛函, 满足:

(1) $\exists M>0$, 使得 $|a(x,y)|\leqslant M\|x\|\cdot\|y\|\quad(\forall x,y\in H)$;

(2) $\exists\delta>0$, 使得 $|a(x,x)|\geqslant\delta\|x\|^2\quad(\forall x\in H)$.

求证: $\forall f\in H^*,\exists|y_f\in H$, 使得

$$a(x,y_f)=f(x)\quad(\forall x\in H),$$

而且 y_f 连续地依赖于 f.

2.3.14 设 Ω 是 $\mathbb{R}^2$ 中边界光滑的有界开区域, $\alpha:\Omega\to\mathbb{R}$ 有界可测并满足 $0<\alpha_0\leqslant\alpha,f\in L^2(\Omega)$. 规定:

$$a(u,v)\triangleq\int_\Omega(\nabla u\cdot\nabla v+\alpha uv)\mathrm{d}x\mathrm{d}y\quad(\forall u,v\in H^1(\Omega)),$$

$$F(v)\triangleq\int_\Omega f\cdot v\mathrm{d}x\mathrm{d}y\quad(\forall v\in L^2(\Omega)).$$

求证: $\exists | u \in H^1(\Omega)$ 满足

$$a(u,v) = F(v) \quad (\forall v \in H^1(\Omega)).$$

§ 4 Hahn-Banach 定理

给定无穷维赋范线性空间 $\mathscr{X}$, 是否存在不恒等于 0 的连续线性泛函? 更进一步问: 是否有“足够多”的连续线性泛函? 所谓足够多, 是指多到足以用来分辨不同元的程度, 即当 $x_1 \neq x_2$ $(x_1, x_2 \in \mathscr{X})$ 时, 必有 $\mathscr{X}$ 上的一个连续线性泛函 $f(\cdot)$, 使得 $f(x_1) \neq f(x_2)$. 本节从线性泛函的延拓入手解决这个问题. 有趣的是, 从几何上看, 这个线性泛函的延拓性质表现为凸集的分离性质. 而这个分离性质又是研究与凸集有关的 Banach 空间几何学的基本出发点.

本节介绍的 Hahn-Banach 定理是泛函分析的最基本的定理之一. 无论在纯粹数学中, 还是在应用数学中, 它都有广泛的应用.

4.1 线性泛函的延拓定理

回顾命题 1.5.10, 复线性空间 $\mathscr{X}$ 上, 只要含有一个均衡吸收凸集, 由它便可决定这空间上的一个半范数 $p(x)$, 我们试看从它能否产生 $\mathscr{X}$ 上的一个非零的连续线性泛函, 设 $x_0 \in \mathscr{X}$, 使 $p(x_0) \neq 0$. 如果我们规定:

$$\mathscr{X}_0 \triangleq \{\lambda x_0 | \lambda \in \mathbb{K}\}, \quad f_0(\lambda x_0) \triangleq \lambda p(x_0) \quad (\forall \lambda \in \mathbb{K}).$$

那么 f_0 就是 $\mathscr{X}_0$ 上的一个非零线性泛函, 满足有界性条件:

$$|f_0(\lambda x_0)| \leqslant |\lambda p(x_0)| = p(\lambda x_0) \quad (\forall \lambda \in \mathbb{K}).$$

如果能把这个定义在 $\mathscr{X}_0$ 上的连续线性泛函延拓成整个空间 $\mathscr{X}$ 上的连续线性泛函, 问题就解决了. 下面要证明的 Hahn-Banach

定理正是保证这种延拓的可能性, 不过为了多方面的应用, 提法上稍为一般些.

定理 2.4.1 (实 Hahn-Banach 定理) 设 $\mathscr{X}$ 是实线性空间, p 是定义在 $\mathscr{X}$ 上的次线性泛函, $\mathscr{X}_0$ 是 $\mathscr{X}$ 的实线性子空间, f_0 是 $\mathscr{X}_0$ 上的实线性泛函并满足 $f_0(x) \leqslant p(x) (\forall x \in \mathscr{X}_0)$. 那么 $\mathscr{X}$ 上必有一个实线性泛函 f, 满足:

(1) $f(x) \leqslant p(x) \quad (\forall x \in \mathscr{X})$ (受 p 控制条件);

(2) $f(x) = f_0(x) \quad (\forall x \in \mathscr{X}_0)$ (延拓条件).

证 $\forall y_0 \in \mathscr{X} \backslash \mathscr{X}_0$, 记 $\mathscr{X}_1 \triangleq \left\{x + \alpha y_0 \middle| x \in \mathscr{X}_0, \alpha \in \mathbb{R}\right\}$. 首先, 将 f_0 延拓到 $\mathscr{X}_1$, 设延拓后的线性泛函记为 f_1, 那么

$$f_1(x + \alpha y_0) = f_0(x) + \alpha f_1(y_0) \quad (\forall x \in \mathscr{X}_0, \forall \alpha \in \mathbb{R}). \tag{2.4.1}$$

可见问题只在于决定 $f_1(y_0)$ 的值. 既然要求 f_1 满足受 p 控制条件, 所以

$$f_1(x + \alpha y_0) \leqslant p(x + \alpha y_0) \quad (\forall x \in \mathscr{X}_0, \forall \alpha \in \mathbb{R}). \tag{2.4.2}$$

对 (2.4.2) 式两边同除以 $|\alpha|$, 推出它等价于

$$\begin{cases} f_1(y_0 - z) \leqslant p(y_0 - z), & \forall z \in \mathscr{X}_0, \\ f_1(-y_0 + y) \leqslant p(-y_0 + y), & \forall y \in \mathscr{X}_0, \end{cases}$$

或

$$f_0(y) - p(-y_0 + y) \leqslant f_1(y_0) \leqslant f_0(z) + p(y_0 - z) \quad (\forall y, z \in \mathscr{X}_0).$$

于是为了能取到适合 (2.4.2) 式的 $f_1(y_0)$ 必须且仅须:

$$\sup_{y \in \mathscr{X}_0} \{f_0(y) - p(-y_0 + y)\} \leqslant \inf_{z \in \mathscr{X}_0} \{f_0(z) + p(y_0 - z)\}. \tag{2.4.3}$$

然而 (2.4.3) 式是可以保证成立的. 这是因为, 对 $\forall y, z \in \mathscr{X}_0$,

$$\begin{aligned} f_0(y) - f_0(z) &= f_0(y-z) \\ &\leqslant p(y-z) \\ &\leqslant p(y-y_0) + p(y_0 - z). \end{aligned}$$

所以

$$f_0(y) - p(-y_0 + y) \leqslant f_0(z) + p(y_0 - z) \quad (\forall y, z \in \mathscr{X}_0). \tag{2.4.4}$$

显然 (2.4.4) 式蕴含 (2.4.3) 式, 今任意取定 $f_1(y_0)$ 为 (2.4.3) 式两端的中间值, 就能根据 (2.4.1) 式得出 f_0 在 $\mathscr{X}_1$ 上的延拓 f_1. 由于 (2.4.3) 式两端未必相等, 其中间值 $f_1(y_0)$ 的取法一般不唯一, 因此这种延拓也不一定唯一.

剩下的问题是怎样把 f_0 逐步延拓到整个 $\mathscr{X}$ 上去, 这需要用 Zorn 引理 (引理 1.6.20). 令

$$\mathscr{F} \triangleq \left\{ (\mathscr{X}_\Delta, f_\Delta) \;\middle|\; \begin{array}{l} \mathscr{X}_0 \subset \mathscr{X}_\Delta \subset \mathscr{X}; \\ \forall x \in \mathscr{X}_0 \Rightarrow f_\Delta(x) = f_0(x); \\ \forall x \in \mathscr{X}_\Delta \Rightarrow f_\Delta(x) \leqslant p(x) \end{array} \right\}.$$

在 $\mathscr{F}$ 中引入序关系如下: $(\mathscr{X}_{\Delta_1}, f_{\Delta_1}) \prec (\mathscr{X}_{\Delta_2}, f_{\Delta_2})$ 是指

$$\mathscr{X}_{\Delta_1} \subset \mathscr{X}_{\Delta_2}, \quad \text{且} \quad f_{\Delta_1}(x) = f_{\Delta_2}(x) \quad (\forall x \in \mathscr{X}_{\Delta_1}).$$

于是 $\mathscr{F}$ 成为半序集, 又设 M 是 $\mathscr{F}$ 中的任一个全序子集, 令

$$\mathscr{X}_M \triangleq \bigcup_{(\mathscr{X}_\Delta, f_\Delta) \in M} \{\mathscr{X}_\Delta\},$$

及

$$f_M(x) = f_\Delta(x) \quad (\forall x \in \mathscr{X}_\Delta, (\mathscr{X}_\Delta, f_\Delta) \in M).$$

由于 M 是全序子集, 容易验证 $\mathscr{X}_M$ 是 $\mathscr{X}$ 的包含 $\mathscr{X}_0$ 的子空间, 且 f_M 在 $\mathscr{X}_M$ 上是唯一确定的, 满足 $f_M(x) \leqslant p(x)$. 于是

$(\mathscr{X}_M, f_M) \in \mathscr{F}$ 并且是 M 的一个上界. 依 Zorn 引理 (引理 1.6.20), $\mathscr{F}$ 本身存在极大元, 不妨记之为 $(\mathscr{X}_\Lambda, f_\Lambda)$.

最后, 我们来证明 $\mathscr{X}_\Lambda = \mathscr{X}$. 用反证法, 倘若不然, 那么根据第一段的证明, 可以构造出

$$(\widetilde{\mathscr{X}_\Lambda}, \widetilde{f_\Lambda}) \in \mathscr{F}, \quad \text{使得 } \mathscr{X}_\Lambda \subset \widetilde{\mathscr{X}_\Lambda}, \text{ 但是 } \mathscr{X}_\Lambda \neq \widetilde{\mathscr{X}_\Lambda}.$$

从而 $(\widetilde{\mathscr{X}_\Lambda}, \widetilde{f_\Lambda}) \succ (\mathscr{X}_\Lambda, f_\Lambda)$, 但是 $(\widetilde{\mathscr{X}_\Lambda}, \widetilde{f_\Lambda}) \neq (\mathscr{X}_\Lambda, f_\Lambda)$. 这与 $(\mathscr{X}_\Lambda, f_\Lambda)$ 的极大性矛盾. 因此, $\mathscr{X}_\Lambda = \mathscr{X}$. 于是所求的 f 取为 f_Λ 即可. ■

对于复的线性空间, 由于复数不能比较大小, 相应的延拓定理必须做某些修改.

定理 2.4.2 (复 Hahn-Banach 定理) 设 $\mathscr{X}$ 是复线性空间, p 是 $\mathscr{X}$ 上的半范数. $\mathscr{X}_0$ 是 $\mathscr{X}$ 的线性子空间, f_0 是 $\mathscr{X}_0$ 上的线性泛函, 并满足 $|f_0(x)| \leqslant p(x), \forall x \in \mathscr{X}_0$, 那么 $\mathscr{X}$ 上必有一个线性泛函 f 满足:

(1) $|f(x)| \leqslant p(x) \quad (\forall x \in \mathscr{X})$;

(2) $f(x) = f_0(x) \quad (\forall x \in \mathscr{X}_0)$.

证 把 $\mathscr{X}$ 看成实线性空间, 相应把 $\mathscr{X}_0$ 也看成是实线性子空间, 令

$$g_0(x) \triangleq \mathrm{Re} f_0(x) \quad (\forall x \in \mathscr{X}_0),$$

便有 $g_0(x) \leqslant p(x) (\forall x \in \mathscr{X}_0)$. 从而根据定理 2.4.1, 必有 $\mathscr{X}$ 上的实线性泛函 g, 使得

$$g(x) = g_0(x) \quad (\forall x \in \mathscr{X}_0), \tag{2.4.5}$$

且

$$g(x) \leqslant p(x) \quad (\forall x \in \mathscr{X}). \tag{2.4.6}$$

现在, 令

$$f(x) \triangleq g(x) - \mathrm{i} g(\mathrm{i} x) \quad (\forall x \in \mathscr{X}). \tag{2.4.7}$$

那么依 (2.4.5) 式, 我们有

$$\begin{aligned} f(x) &= g_0(x) - \mathrm{i}g_0(\mathrm{i}x) \\ &= \mathrm{Re}f_0(x) + \mathrm{i}\mathrm{Im}f_0(x) = f_0(x) \quad (\forall x \in \mathscr{X}_0), \end{aligned}$$

又

$$\begin{aligned} f(\mathrm{i}x) &= g(\mathrm{i}x) - \mathrm{i}g(-x) \\ &= \mathrm{i}[g(x) - \mathrm{i}g(\mathrm{i}x)] = \mathrm{i}f(x) \quad (\forall x \in \mathscr{X}). \end{aligned}$$

从而 f 也是复齐性的. 剩下还要说明在 $\mathscr{X}$ 上, $|f(x)|$ 受 $p(x)$ 控制. 若 $f(x) = 0$, 这是显然的. 若 $f(x) \neq 0$, 令

$$\theta \triangleq \arg f(x),$$

那么依 (2.4.6) 式, 有

$$\begin{aligned} |f(x)| &= \mathrm{e}^{-\mathrm{i}\theta} f(x) = f(\mathrm{e}^{-\mathrm{i}\theta}x) \\ &= g(\mathrm{e}^{-\mathrm{i}\theta}x) \leqslant p(\mathrm{e}^{-\mathrm{i}\theta}x) = p(x) \quad (\forall x \in \mathscr{X}), \end{aligned}$$

其中第三个等号是因为正数 $f(\mathrm{e}^{-\mathrm{i}\theta}x) = |f(x)|$ 的虚部为 0. ■

综上所得, 结合命题 1.5.10 便可推出下面的定理.

定理 2.4.3 为了复线性空间 $\mathscr{X}$ 上至少有一个非零线性泛函, 只要 $\mathscr{X}$ 中含有某一个均衡吸收真凸子集.

在 B^* 空间上, Hahn-Banach 延拓定理具有下列更特殊的形式和应用.

定理 2.4.4 (Hahn-Banach) 设 $\mathscr{X}$ 是 B^* 空间, $\mathscr{X}_0$ 是 $\mathscr{X}$ 的线性子空间, f_0 是定义在 $\mathscr{X}_0$ 上的有界线性泛函, 则在 $\mathscr{X}$ 上必有有界线性泛函 f 满足:

(1) $f(x) = f_0(x) \quad (\forall x \in \mathscr{X}_0)$ (延拓条件),

(2) $\|f\| = \|f_0\|_0$ (保范条件),

其中 $\|f_0\|_0$ 表示 f_0 在 $\mathscr{X}_0$ 上的范数.

注 由于 f 满足 (1), (2) 两个条件, 通常称 f 为 f_0 的**保范延拓**.

证 在 $\mathscr{X}$ 上定义 $p(x) \triangleq \|f_0\|_0 \cdot \|x\|$, 那么 $p(x)$ 是 $\mathscr{X}$ 上的半范数, 从而根据定理 2.4.3, 必存在 $\mathscr{X}$ 上的线性泛函 $f(x)$, 满足

$$f(x) = f_0(x) \quad (\forall x \in \mathscr{X}_0), \tag{2.4.8}$$

及

$$|f(x)| \leqslant p(x) = \|f_0\|_0 \cdot \|x\| \quad (\forall x \in \mathscr{X}). \tag{2.4.9}$$

按泛函范数的定义, (2.4.9) 式蕴含 $\|f\| \leqslant \|f_0\|_0$, 又由 (2.4.8) 式, 显然有 $\|f_0\|_0 \leqslant \|f\|$. 因此 $\|f\| = \|f_0\|_0$. ■

推论 2.4.5 每个 B^* 空间必有足够多的连续线性泛函.

证 任给 $x_1, x_2 \in \mathscr{X}$, 若 $x_1 \neq x_2$, 则 $x_0 \triangleq x_1 - x_2 \neq \theta$. 令 $\mathscr{X}_0 \triangleq \{\lambda x_0 | \lambda \in \mathbb{C}\}$, 并在 $\mathscr{X}_0$ 上定义

$$f_0(\lambda x_0) = \lambda \|x_0\| \quad (\forall \lambda \in \mathbb{C}).$$

那么 $f_0(x_0) = \|x_0\|$ 且 $\|f_0\|_0 = 1$. 依定理 2.4.4, 存在 $\mathscr{X}$ 上的连续线性泛函 f, 使得

$$f(x_0) = f_0(x_0) = \|x_0\|, \quad \|f\| = \|f_0\|_0 = 1.$$

$\mathscr{X}$ 上的这个非零连续线性泛函 f, 可以分辨 x_1, x_2. 事实上,

$$f(x_1) - f(x_2) = f(x_1 - x_2) = f(x_0) \neq 0. \qquad ■$$

这里我们实际上证明了如下推论.

推论 2.4.6 设 $\mathscr{X}$ 是 B^* 空间, $\forall x_0 \in \mathscr{X} \backslash \{\theta\}$, 必 $\exists f \in \mathscr{H}^*$, 使得

$$f(x_0) = \|x_0\|, \quad 且 \quad \|f\| = 1.$$

注 本推论给出判别 B^* 空间零元的一种方法: 为了 $x_0 = \theta$, 必须且仅须 $\forall f \in \mathscr{X}^*$ 蕴含 $f(x_0) = 0$.

回顾在 Hilbert 空间 H 中, 对任意的连续线性泛函 $f, \exists y \in H$, 使得

$$f(x) = (x, y) \quad (\forall x \in H).$$

若记 $M \triangleq \{x | f(x) = 0\}$, 那么对 $\forall x_0 \in H$, 有

$$f(x_0) = (x_0, y) = (x_0 - P_M x_0, y),$$

其中 $P_M x_0$ 表示 x_0 在 M 上的投影, 从而

$$|f(x_0)| \leqslant \|x_0 - P_M x_0\| \cdot \|y\| = \|f\| \rho(x_0, M). \tag{2.4.10}$$

在一般的 B^* 空间 $\mathscr{X}$ 中, $\rho(x_0, M) \triangleq \inf\limits_{y \in M} \|x_0 - y\|$, (2.4.10) 式仍然成立. 事实上, $\forall n \in \mathbb{N}$ 及 $\forall x_0 \in \mathscr{X}$, 按下确界定义, $\exists x_n \in M$, 使得

$$\rho(x_0, M) \leqslant \rho(x_0, x_n) < \rho(x_0, M) + \frac{1}{n}.$$

因此

$$\begin{aligned} |f(x_0)| = |f(x_n - x_0)| &\leqslant \|f\| \cdot \|x_n - x_0\| \\ &\leqslant \|f\| \left(\rho(x_0, M) + \frac{1}{n} \right), \end{aligned}$$

上式令 $n \to \infty$, 即得 (2.4.10) 式.

现在提一个问题: 在 B^* 空间 $\mathscr{X}$ 上, 给定子空间 M 及 $x_0 \in \mathscr{X} \backslash M$, 是否 $\exists f \in \mathscr{X}^*$, 使得 f 在 M 上为 0, 并使 (2.4.10) 式中的等号成立? 这导致如下定理.

定理 2.4.7 设 $\mathscr{X}$ 是 B^* 空间, M 是 $\mathscr{X}$ 的线性子空间. 若 $x_0 \in \mathscr{X}$, 且

$$d \triangleq \rho(x_0, M) > 0,$$

则必 $\exists f \in \mathscr{X}^*$ 适合条件:

(1) $f(x) = 0 \quad (\forall x \in M)$;

(2) $f(x_0) = d$;

(3) $\|f\| = 1$.

证 考虑 $\mathscr{X}_0 \triangleq \{x = x' + \alpha x_0 | x' \in M, \alpha \in \mathbb{K}\}, \forall x \in \mathscr{X}_0$, 定义

$$f_0(x) = \alpha d.$$

显然, f_0 适合条件 (1), (2). 又若 $x = x' + \alpha x_0 (x' \in M, \alpha \neq 0)$, 则

$$\begin{aligned}|f_0(x)| &= |\alpha| d = |\alpha| \rho(x_0, M) \\ &\leqslant |\alpha| \left\| \frac{x'}{\alpha} + x_0 \right\| \\ &= \|x' + \alpha x_0\| = \|x\|.\end{aligned}$$

因此 $\|f_0\| \leqslant 1$. 依 Hahn-Banach 定理 (定理 2.4.4), 将 f_0 保范延拓为 $f \in \mathscr{X}$, 便有 f 满足条件 (1), (2) 及 $\|f\| \leqslant 1$. 又因为 $f \in \mathscr{X}^*$, 并满足条件 (2), 所以由 (2.4.10) 式便得 $\|f\| \geqslant 1$, 于是 (3) 成立.■

推论 2.4.8 设 M 是 B^* 空间 $\mathscr{X}$ 的一个子集, 又设 x_0 是 $\mathscr{X}$ 中的任一个非零元素. 那么

$$x_0 \in \overline{\operatorname{span} M},$$

其充要条件是: 对 $\forall f \in \mathscr{X}^*$,

$$f(x) = 0 \quad (\forall x \in M) \Longrightarrow f(x_0) = 0.$$

证 必要性是显然的, 下面我们用反证法证明充分性. 倘若 $x_0 \overline{\in} \overline{\operatorname{span} M}$, 那么

$$d \triangleq \rho(x_0, \overline{\operatorname{span} M}) > 0.$$

因此, 依定理 2.4.7, $\exists f \in \mathscr{X}^*$, 使得 $f(x) = 0 (\forall x \in M)$, 并且 $f(x_0) = d > 0$. 但按充分性假定, 对此 f 应有 $f(x_0) = 0$, 便引出矛盾. ■

特例 2.4.9 若 $M = \{x_1, x_2, \cdots, x_n, \cdots\}$, 是否能用形如 $\sum\limits_{i=1}^{n} c_i x_i$

的线性组合的序列极限去逼近给定的元素 x_0? 本推论给出了这种逼近存在的一个充要条件: 对所有的在 $x_1, x_2, \cdots, x_n, \cdots$ 上为 0 的连续线性泛函 f 都有 $f(x_0) = 0$.

4.2 几何形式 —— 凸集分离定理

平面上两个互不相交的凸集 A 与 $B, A \cap B = \varnothing$, 有一条重要的几何性质: 存在一条直线 l 分离 A 与 B, 即存在直线 l 使 A 与 B 各在 l 的一侧 (请参看图 2.4.1).

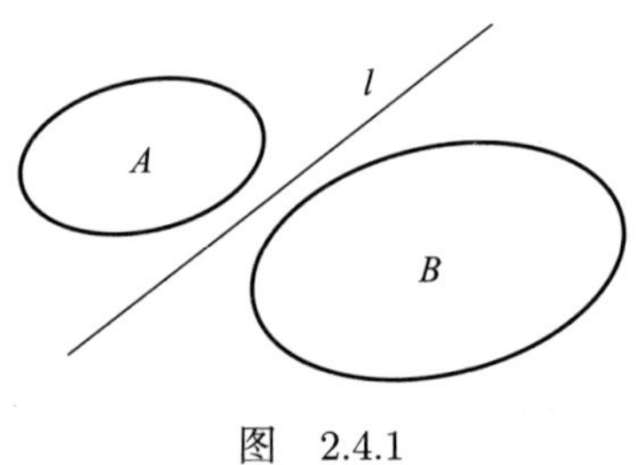

图 2.4.1

在一般的线性空间 $\mathscr{X}$ 中, 这条几何性质有没有相应的推广呢? 下面就来讨论这个问题, 为简单起见, 今后我们总假定 $\mathscr{X}$ 是实的, $\mathscr{X}$ 上的线性泛函也取实值.

在 $\mathscr{X}$ 上相应于平面上过原点的直线的概念是极大线性子空间的概念.

定义 2.4.10 在线性空间 $\mathscr{X}$ 中, $\mathscr{X}$ 的线性子空间 M 称为是**极大的**, 如果对于任何一个以 M 为真子集的线性子空间 M_1 必有 $M_1 = \mathscr{X}$.

命题 2.4.11 M 是极大线性子空间的充要条件是, M 是线性真子空间, 并且 $\forall x_0 \in \mathscr{X} \backslash M$ 有

$$\mathscr{X} = \left\{\lambda x_0 \middle| \lambda \in \mathbb{R}\right\} \oplus M.$$

证 必要性是显然的. 为了证充分性, 设 M_1 是以 M 为真子集的线性子空间, 那么 $\exists x_0 \in M_1 \backslash M$. 于是有 $\lambda x_0 \in M_1 (\forall \lambda \in \mathbb{R})$

及 $M \subset M_1$, 从而

$$\mathscr{X} = \{\lambda x_0 | \lambda \in \mathbb{R}\} \oplus M \subset M_1,$$

即得 $\mathscr{X} = M_1$. 于是 M 是极大线性子空间. ■

定义 2.4.12 $\mathscr{X}$ 的极大线性子空间 M 对向量 $x_0 \in \mathscr{X}$ 的平移

$$L \triangleq x_0 + M$$

称为**极大线性流形**, 或简称**超平面**.

注 超平面是平面上一般直线概念的推广. 平面上的直线 l 可以通过线性函数表示:

$$l = \big\{x = (\xi, \eta) \big| a\xi + b\eta = c\big\}.$$

超平面 L 也可以通过线性泛函来刻画. 事实上, 如果 f 是线性 (B^*) 空间 $\mathscr{X}$ 上的非零 (连续) 线性泛函, 那么集合

$$H_f^r \triangleq \big\{x \in \mathscr{X} \big| f(x) = r\big\} \quad (r \in \mathbb{R})$$

必是一个 (闭) 超平面, 这是因为 H_f^0 显然是线性子空间, 又 $\forall x_1 \in \mathscr{X} \backslash H_f^0, \forall x \in \mathscr{X}$ 有

$$x = \frac{f(x)}{f(x_1)} x_1 + H_f^0.$$

从而 H_f^0 还是极大的. 由于 f 是非 0 的, $\exists x_0 \in \mathscr{X}$, 使 $f(x_0) \neq 0$. 由 f 的线性, 不妨设 $f(x_0) = r$, 今对任意 $x \in H_f^r$, 因为

$$f(x - x_0) = f(x) - f(x_0) = 0,$$

所以 $x - x_0 \in H_f^0$, 这证明了 $H_f^r = x_0 + H_f^0$ 是一个超平面. 又若 f 是连续的, 则 H_f^r 显然是闭的.

反过来, 若 L 是 (闭) 超平面, 可设 $L = x_0 + M$, 其中 M 是 (闭) 极大线性子空间, $x_0 \in \mathscr{X} \backslash M$. 这时 $\forall x \in \mathscr{X}$ 可表示成

$$x = \lambda x_0 + y \quad (\lambda \in \mathbb{R}, y \in M)$$

的形式. 再定义线性泛函 $f : \mathscr{X} \to \mathbb{R}$,

$$f(x) = f(\lambda x_0 + y) = \lambda \quad (\lambda \in \mathbb{R}, y \in M).$$

显然 f 为 $\mathscr{X}$ 上的线性泛函, 满足 $M = H_f^0$ 以及 $f(x_0) = 1$. 因此 $L = H_f^1$. 若 L 是闭的, 从而 H_f^0 是闭的, 那么 f 还是连续的 (见习题 2.1.7(3)).

总结起来有下面的定理.

定理 2.4.13 为了 L 是线性 (B^*) 空间 $\mathscr{X}$ 上的一个 (闭) 超平面, 必须且仅须存在非零 (连续) 线性泛函 f 及 $r \in \mathbb{R}$, 使得 $L = H_f^r$.

所谓超平面 $L = H_f^r$ 使一个集合 E 在它的一侧, 用线性泛函来描写就是

$$\forall x \in E \Longrightarrow f(x) \leqslant r \text{ (或 } \geqslant r).$$

定义 2.4.14 所谓超平面 $L = H_f^r$ **分离**集合 E 与 F, 是指:

$$\forall x \in E \Longrightarrow f(x) \leqslant r \text{ (或 } \geqslant r),$$
$$\forall x \in F \Longrightarrow f(x) \geqslant r \text{ (或 } \leqslant r).$$

如果在上面两个式子中, 用 “$<$”与 “$>$” 分别代替 “$\leqslant$” 与 “$\geqslant$”, 那么就说 H_f^r **严格分离** E 与 F.

现在来讨论如何用超平面分离两个互不相交的凸集, 以此作为 Hahn-Banach 定理 (定理 2.4.4) 的应用. 设 $\mathscr{X}$ 是 B^* 空间, 依命题 1.5.11, 如果 E 是 $\mathscr{X}$ 的以 θ 为内点的真凸子集, 那么它的 Minkowski 泛函 $p(x)$ 便是一个非零的连续次线性泛函, 满足

$$\forall x \in E \Longrightarrow p(x) \leqslant 1. \tag{2.4.11}$$

如果还存在一点 $x_0 \in \mathscr{X}\backslash E$, 则由 $p(x)$ 的定义和 E 是以 θ 为内点的凸集可以推出 $p(x_0) \geqslant 1$. 下面我们证明存在超平面 H_f^r 分离 E 与 x_0. 为此寻求线性泛函 f. 先在一维线性空间

$$\mathscr{X}_0 \triangleq \left\{\lambda x_0 \middle| \lambda \in \mathbb{R}\right\}$$

上定义

$$f_0(\lambda x_0) \triangleq \lambda p(x_0) \quad (\forall \lambda \in \mathbb{R}).$$

显然 f_0 是 $\mathscr{X}_0$ 上的线性泛函, 满足

$$\begin{aligned} f_0(x) &= f_0(\lambda x_0) = \lambda p(x_0) \\ &\leqslant p(\lambda x_0) = p(x) \quad (\forall x \in \mathscr{X}_0). \end{aligned}$$

根据实形式 Hahn-Banach 定理 (定理 2.4.1), 必存在 $\mathscr{X}$ 上的线性泛函 $f(x)$, 满足

$$f(x_0) = f_0(x_0) = p(x_0) \geqslant 1, \tag{2.4.12}$$

$$f(x) \leqslant p(x) \quad (\forall x \in \mathscr{X}). \tag{2.4.13}$$

联合 (2.4.11) 式与 (2.4.13) 式得到 $f(x) \leqslant 1 (\forall x \in E)$. 于是 H_f^1 便是分离 E 与 x_0 的超平面. 这样我们就得到如下定理.

定理 2.4.15 (Hahn-Banach 定理的几何形式) 设 E 是实 B^* 空间 $\mathscr{X}$ 上以 θ 为内点的真凸子集, 又设 $x_0 \overline{\in} E$, 则必存在一个超平面 H_f^r 分离 x_0 与 E.

注 1 因为只要通过适当平移, 总可以把任一点变为 θ 点, 所以本定理对含有任意内点的真凸子集仍成立, 但对于无穷维空间 $\mathscr{X}$, E 有内点这一条是不能省略的.

注 2 可以证明定理中存在的超平面 $L \triangleq H_f^r$ 还是闭的. 这只要证明相应的 f 还是连续的. 事实上, 由 (2.4.13) 式推出

$$|f(x)| \leqslant \max(p(x), p(-x)) \quad (\forall x \in \mathscr{X}).$$

因此, $p(x)$ 的连续性蕴含 f 在 θ 点连续. 又因为 f 是线性的, 所以 f 在整个 $\mathscr{X}$ 上连续.

下面我们转向考虑两个凸集的分离问题. 为此, 想办法把它转化为一个凸集与其外一点的分离问题. 在 B^* 空间 $\mathscr{X}$ 中, 若 E_1, E_2 是两个互不相交的凸集, E_1 是有内点的, 那么容易推知集合

$$E \triangleq E_1 + (-1)E_2$$

是一个非空凸集, 并且是有内点的. 此外, $\theta \overline{\in} E$. 事实上, 倘若不然, 则 $\exists x_1 \in E_1, x_2 \in E_2$, 使得 $x_1 - x_2 = \theta$. 从而

$$x_1 = x_2 \in E_1 \cap E_2.$$

这与 $E_1 \cap E_2 = \varnothing$ 矛盾.

根据几何形式的 Hahn-Banach 定理 (定理 2.4.15), 存在闭超平面 H_f^r 分离 E 和 θ. 不妨假定

$$f(x) \leqslant r \quad (\forall x \in E), \quad f(\theta) \geqslant r.$$

从而 $f(x) \leqslant 0 (\forall x \in E)$, 即有 $f(y - z) \leqslant 0 (\forall y \in E_1, \forall z \in E_2)$. 再由 f 的线性便得

$$f(y) \leqslant f(z) \quad (\forall y \in E_1, \forall z \in E_2).$$

因此, $\exists s \in \mathbb{R}$, 使得

$$\sup_{y \in E_1} f(y) \leqslant s \leqslant \inf_{z \in E_2} f(z).$$

于是 H_f^s 分离 E_1 和 E_2, 并由 H_f^r 闭可知 H_f^s 也是闭的. 总结起来有下面的定理.

定理 2.4.16 (凸集分离定理) 设 E_1 和 E_2 是 B^* 空间中两个互不相交的非空凸集, E_1 有内点, 那么 $\exists s \in \mathbb{R}$ 及非零连续线性

泛函 f, 使得超平面 H_f^s 分离 E_1 和 E_2. 换句话说, 存在一个非零连续线性泛函 f, 使得

$$f(x) \leqslant s \quad (\forall x \in E_1), \quad f(x) \geqslant s \quad (\forall x \in E_2).$$

注 条件 $E_1 \cap E_2 = \varnothing$ 可以减弱到 $\mathring{E}_1 \cap E_2 = \varnothing$. 这是因为 E_1 有内点, 所以 $\mathring{E}_1$ 有内点, 从而 $\mathring{E}_1$ 是有内点的凸集. 对 $\mathring{E}_1$ 与 E_2 应用本定理结论得到分离它们的闭超平面 H_f^s, 不妨设就是

$$f(x) \leqslant s \quad (\forall x \in \mathring{E}_1), \tag{2.4.14}$$

$$f(x) \geqslant s \quad (\forall x \in E_2). \tag{2.4.15}$$

由 f 的连续性, (2.4.14) 式可以加强为

$$f(x) \leqslant s \quad (\forall x \in \overline{\mathring{E}_1}).$$

又 $\overline{\mathring{E}_1} = \overline{E}_1$ (见习题 1.5.1(2)), 即得

$$f(x) \leqslant s \quad (\forall x \in E_1). \tag{2.4.16}$$

联合 (2.4.15) 式与 (2.4.16) 式, 就是 H_f^s 分离 E_1 和 E_2.

推论 2.4.17 (Ascoli 定理) 设 E 是实 B^* 空间 $\mathscr{X}$ 中的闭凸集, 则 $\forall x_0 \in \mathscr{X} \backslash E, \exists f \in \mathscr{X}^*$ 及 $\alpha \in \mathbb{R}$, 适合

$$f(x) < \alpha < f(x_0) \quad (\forall x \in E). \tag{2.4.17}$$

证 因为 $x_0 \in \mathscr{X} \backslash E$ 及 E 是闭集, 所以 $\exists \delta > 0$, 使得

$$B(x_0, \delta) \subset \mathscr{X} \backslash E,$$

而 $B(x_0, \delta)$ 是有内点的凸集. 对 E 和 $B(x_0, \delta)$ 应用定理 2.4.16, 存在非零连续线性泛函 f, 适合

$$\sup_{x \in E} f(x) \leqslant \inf_{y \in B(x_0, \delta)} f(y). \tag{2.4.18}$$

进一步可以证明

$$\inf_{y \in B(x_0,\delta)} f(y) < f(x_0). \tag{2.4.19}$$

事实上, 倘若 (2.4.19) 式不成立, 那么

$$f(y) \geqslant f(x_0) \quad (\forall y \in B(x_0,\delta)). \tag{2.4.20}$$

这表明 $f(x_0)$ 是 $f(y)$ 在 $B(x_0,\delta)$ 中的极小值, 这与 f 的非零线性矛盾 (参看习题 2.1.9). 于是 (2.4.19) 式成立. 任取 (2.4.19) 式两端的中间值 $\alpha \in \mathbb{R}$, 并由 (2.4.18) 式即得 (2.4.17) 式. ■

推论 2.4.18 (Mazur 定理) 设 E 是 B^* 空间 $\mathscr{X}$ 上的一个有内点的闭凸集, F 是 $\mathscr{X}$ 上的一个线性流形, 又设 $\overset{\circ}{E} \cap F = \varnothing$, 那么存在一个包含 F 的闭超平面 L, 使 E 在 L 的一侧.

证 设 $F = x_0 + \mathscr{X}_0$, 其中 $x_0 \in \mathscr{X}, \mathscr{X}_0$ 是 $\mathscr{X}$ 的线性子空间. 由定理 2.4.16, 存在 H_f^r 分离 E 与 F, 即

$$f(E) \leqslant r, \quad f(x_0 + \mathscr{X}_0) \geqslant r. \tag{2.4.21}$$

记 $r_0 \triangleq r - f(x_0)$, 便有 $f(x) \geqslant r_0 (\forall x \in \mathscr{X}_0)$. 又由 f 是线性的, 及 $\mathscr{X}_0$ 是线性子空间, 容易推出

$$f(x) \equiv 0 \quad (\forall x \in \mathscr{X}_0),$$

即有 $\mathscr{X}_0 \subset H_f^0$, 从而 $F \subset x_0 + H_f^0 = H_f^s$, 其中 $s \triangleq f(x_0)$. 再由(2.4.21)式推出 $f(E) \leqslant s$, 于是 $L \triangleq H_f^s$ 便为所求. ■

注 上述结论换句话说就是: 存在 $\mathscr{X}$ 上的非零连续线性泛函 f 及 $s \in \mathbb{R}$, 使得

$$f(x) \leqslant s \quad (\forall x \in E), \quad f(x) = s \quad (\forall x \in F).$$

下面我们来推广平面上直线和圆的相切概念.

定义 2.4.19 超平面 $L = H_f^r$ 称为凸集 E 在点 x_0 的**承托超平面**, 是指 E 在 L 的一侧, 且 $\overline{E}$ 与 L 有公共点 x_0. 换句话说,

$$f(x) \leqslant r = f(x_0) \quad (\forall x \in E),$$

或

$$f(x) \geqslant r = f(x_0) \quad (\forall x \in E).$$

例 2.4.20 设 $\mathscr{X}$ 是 B^* 空间, $E=\{x\in\mathscr{X} \mid \|x\|\leqslant r\}$, $\|x_0\| = r$, 那么 E 在 x_0 有一个承托超平面.

证 根据推论 2.4.6, $\exists f \in \mathscr{X}^*$, 使得 $f(x_0) = \|x_0\|, \|f\| = 1$. 于是 H_f^r 便是 E 在 x_0 的承托超平面, 这是因为

$$f(x) \leqslant \|f\| \cdot \|x\| \leqslant r = f(x_0) \quad (\forall x \in E).$$ ■

更一般地, 有下面的定理.

定理 2.4.21 设 E 是实 B^* 空间中含有内点的闭凸集, 那么通过 E 的每个边界点都可以作出 E 的一个承托超平面.

证 $\forall x_0 \in E\backslash\mathring{E}$, 令 $F \triangleq \{x_0\}$. 依推论 2.4.18 的注, $\exists f \in \mathscr{X}^*\backslash\{\theta\}$ 及 $s \in \mathbb{R}$, 使得

$$f(x) \leqslant s = f(x_0) \quad (\forall x \in E).$$

于是 H_f^s 便是 E 在 x_0 的承托超平面. ■

4.3 应用

1. 抽象可微函数的中值定理

设 $\mathscr{Y}$ 是 B^* 空间, $f:(a,b) \to \mathscr{Y}$ 叫作数值变数 t 的抽象函数. 如果 $t \in (a,b)$, 在 $\mathscr{Y}$ 中存在极限

$$\lim_{\Delta t\to 0} \frac{f(t+\Delta t)-f(t)}{\Delta t},$$

那么就定义此极限为 f 在 t 点的微商, 记为 $f'(t)$. 又若 f 在 (a,b) 内点点有微商, 便称 f 在 (a,b) 内可微. 如下中值定理是抽象可微函数的重要性质之一.

定理 2.4.22 设抽象函数 $f:(a,b) \to \mathscr{Y}$ 在 (a,b) 内可微, 那么对 $\forall t_1, t_2 \in (a,b), \exists \theta \in (0,1)$, 使得

$$\|f(t_2)-f(t_1)\| \leqslant \|f'(\theta t_2+(1-\theta)t_1)\| \cdot |t_2-t_1|. \tag{2.4.22}$$

证 由推论 2.4.6, $\exists y^* \in \mathscr{Y}^*$, 使得 $\|y^*\| = 1$, 且

$$\langle y^*, f(t_2) - f(t_1) \rangle = \|f(t_2) - f(t_1)\|. \tag{2.4.23}$$

令 $\varphi(\eta) = \langle y^*, f(t_1 + \eta(t_2 - t_1)) \rangle$, 那么 $\varphi(\eta)$ 是在 $[0,1]$ 上连续, 在 $(0,1)$ 内可微的实函数, 且

$$\varphi'(\eta) = \langle y^*, f'(t_1 + \eta(t_2 - t_1))(t_2 - t_1) \rangle.$$

对 $\varphi(\eta)$ 应用微分中值公式, 即得

$$\begin{aligned} \varphi(1) - \varphi(0) &= \varphi'(\theta) \\ &= \langle y^*, f'(t_1 + \theta(t_2 - t_1))(t_2 - t_1) \rangle, \end{aligned} \tag{2.4.24}$$

其中 $0 < \theta < 1$. 联合 (2.4.23) 式与 (2.4.24) 式便得

$$\begin{aligned} \|f(t_2) - f(t_1)\| &= \varphi(1) - \varphi(0) \\ &\leqslant \|y^*\| \cdot \|f'(t_1 + \theta(t_2 - t_1))\| \cdot |t_2 - t_1|, \end{aligned}$$

即得 (2.4.22) 式. ■

2. 凸规划问题的 Lagrange 乘子

数学规划的理论建立在凸集分离定理 (定理 2.4.16) 的基础之上. 现在我们通过下述 Kuhn-Tucker 定理, 介绍凸集分离定理是怎样使用的.

定义 2.4.23 设 $\mathscr{X}$ 是一个线性空间, $C \subset \mathscr{X}$ 是一个凸集. 称 $f: C \to \mathbb{R}$ 是一个**凸泛函**, 是指 f 满足

$$f(\lambda x + (1-\lambda)y) \leqslant \lambda f(x) + (1-\lambda) f(y)$$
$$(\forall x, y \in C, \forall \lambda \in (0,1)).$$

注 这个定义可以等价地表达为: 上方图

$$\mathrm{epi}(f) \triangleq \big\{(x,t) \in C \times \mathbb{R} \big| f(x) \leqslant t\big\}$$

是 $C \times \mathbb{R}$ 中的凸集.

凸规划问题 (P) 是指: 给定凸集 C 上的凸函数 $f, g_1, g_2, \cdots, g_n$, 求 $x_0 \in C$, 满足

$$g_i(x_0) \leqslant 0 \quad (i = 1, 2, \cdots, n),$$

且

$$f(x_0) = \min\big\{f(x)\big|x \in C, g_i(x) \leqslant 0(i = 1, 2, \cdots, n)\big\}, \tag{2.4.25}$$

其中条件 $g_i(x) \leqslant 0(i = 1, 2, \cdots, n)$ 称为约束.

在多元微分学中, 我们知道往往可以借助于 Lagrange 乘子法, 把带约束的极值问题化归为无约束的极值问题. 现在我们也希望这样做, 寻求条件来确定 $(\widehat{\lambda}_1, \widehat{\lambda}_2, \cdots, \widehat{\lambda}_n) \in \mathbb{R}^n$, 使得: 若 x_0 是问题 (P) 的解, 则

$$f(x_0) + \sum_{i=1}^{n} \widehat{\lambda}_i g_i(x_0) = \min\left\{f(x) + \sum_{i=1}^{n} \widehat{\lambda}_i g_i(x)\middle| x \in C\right\}. \tag{2.4.26}$$

这就通过 Lagrange 乘子 $(\widehat{\lambda}_1, \widehat{\lambda}_2, \cdots, \widehat{\lambda}_n)$ 把约束条件吸收到极值函数中去. 考察等式 (2.4.26), 它等价于不等式组

$$f(x_0) + \sum_{i=1}^{n} \widehat{\lambda}_i g_i(x_0) \leqslant f(x) + \sum_{i=1}^{n} \widehat{\lambda}_i g_i(x) \quad (\forall x \in C). \tag{2.4.27}$$

为了寻求 $(\widehat{\lambda}_1, \widehat{\lambda}_2, \cdots, \widehat{\lambda}_n)$, 我们宁可多引进一个参数 $\widehat{\lambda}_0$, 而考察较弱的一组不等式:

$$\widehat{\lambda}_0 f(x_0) + \sum_{i=1}^{n} \widehat{\lambda}_i g_i(x_0) \leqslant \widehat{\lambda}_0 f(x) + \sum_{i=1}^{n} \widehat{\lambda}_i g_i(x) \quad (\forall x \in C). \tag{2.4.28}$$

如果能证明 $\widehat{\lambda}_0 > 0$, (2.4.28) 式就等价于 (2.4.27) 式.

寻求非零的 $(\widehat{\lambda}_0, \widehat{\lambda}_1, \cdots, \widehat{\lambda}_n) \in \mathbb{R}^{n+1}$, 在几何上相当于在 $\mathbb{R}^{n+1}$ 上找一个超平面, 而不等式组 (2.4.28) 就是这个超平面分离集合

$$E \triangleq \left\{(t_0, t_1, \cdots, t_n) \in \mathbb{R}^{n+1} \,\middle|\, \begin{array}{l} t_0 \leqslant f(x_0); \\ t_i \leqslant 0(i = 1, 2, \cdots, n) \end{array}\right\}$$

与

$$F \triangleq \left\{ (t_0, t_1, \cdots, t_n) \in \mathbb{R}^{n+1} \middle| \begin{array}{l} \exists x \in C, \text{ 使得} \\ t_0 \geqslant f(x), \text{ 并且} \\ t_i \geqslant g_i(x)(i = 1, 2, \cdots, n) \end{array} \right\}$$

的结果. 因为 $f, g_1, \cdots, g_n$ 都是凸函数, 易证 F 是 $\mathbb{R}^{n+1}$ 中的一个凸集, 而 E 显然是一个有内点的凸集, 其内点全体是

$$\overset{\circ}{E} = \left\{ (t_0, t_1, \cdots, t_n) \in \mathbb{R}^{n+1} \middle| \begin{array}{l} t_0 < f(x_0); \\ t_i < 0(i = 1, 2, \cdots, n) \end{array} \right\}.$$

由于 x_0 是问题 (P) 的解, 所以 $\overset{\circ}{E} \cap F = \varnothing$. 现在应用定理 2.4.16 的注, 便得到

$$\widehat{\lambda}_0 f(x_0) + \sum_{i=1}^{n} \widehat{\lambda}_i g_i(x_0) \leqslant \widehat{\lambda}_0 (f(x) + \xi_0) + \sum_{i=1}^{n} \widehat{\lambda}_i (g_i(x) + \xi_i)$$
$$(\forall x \in C, \forall \xi_i \geqslant 0(i = 0, 1, \cdots, n)). \tag{2.4.29}$$

由此可见 $\widehat{\lambda}_i \geqslant 0(i = 0, 1, \cdots, n)$, 并且 (2.4.28) 式成立. 此外还有

$$\widehat{\lambda}_i g_i(x_0) = 0 \quad (i = 1, 2, \cdots, n). \tag{2.4.30}$$

这表明: 使 $g_i(x_0) < 0$ 的指标 i 对应的约束实际上在此不起作用. 为了证明 (2.4.30) 式, 一方面, 由凸集分离定理 (定理 2.4.16),

$$\widehat{\lambda}_0 f(x_0) \leqslant \widehat{\lambda}_0 f(x_0) + \sum_{i=1}^{n} \widehat{\lambda}_i g_i(x_0),$$

因此,
$$\sum_{i=1}^{n} \widehat{\lambda}_i g_i(x_0) \geqslant 0.$$

另一方面, 由假设 $g_i(x_0) \leqslant 0$, 以及 $\widehat{\lambda}_i \geqslant 0$ 可见 (2.4.30) 式成立.

以下我们确定使 $\widehat{\lambda}_0 > 0$ 的条件.

引理 2.4.24 若 $\exists\widehat{x}\in C$ 满足

$$g_i(\widehat{x})<0 \quad (i=1,2,\cdots,n), \tag{2.4.31}$$

则 $\widehat{\lambda}_0>0$.

证 用反证法. 倘若不然, $\widehat{\lambda}_0=0$. 由 (2.4.29) 式和 (2.4.30) 式便有

$$\sum_{i=1}^{n}\widehat{\lambda}_i g_i(\widehat{x})\geqslant 0. \tag{2.4.32}$$

因为 $(\widehat{\lambda}_0,\widehat{\lambda}_1,\cdots,\widehat{\lambda}_n)\neq\theta$, 所以 $(\widehat{\lambda}_1,\widehat{\lambda}_2,\cdots,\widehat{\lambda}_n)\neq(0,0,\cdots,0)$. 又 $\widehat{\lambda}_i\geqslant 0(i=1,2,\cdots,n)$, 联合 (2.4.31) 式便有

$$\sum_{i=1}^{n}\widehat{\lambda}_i g_i(\widehat{x})<0.$$

这与 (2.4.32) 式矛盾. ■

总结以上所述, 我们得到下面的定理.

定理 2.4.25 (Kuhn-Tucker) 设 $\mathscr{X}$ 是一个线性空间, C 是 $\mathscr{X}$ 的一个凸子集. 又设 $f,g_1,\cdots,g_n$ 是 C 上的凸泛函, 那么在引理 2.4.24 的假设下, 若 x_0 是问题 (P) 的解, 则必存在实数 $\lambda_1,\lambda_2,\cdots,\lambda_n\geqslant 0$, 适合

$$f(x_0)=\min\left\{f(x)+\sum_{i=1}^{n}\lambda_i g_i(x)\middle|\forall x\in C\right\},$$

以及

$$\lambda_i g_i(x_0)=0 \quad (i=1,2,\cdots,n).$$

3. 凸泛函的次微分

Banach 空间 $\mathscr{X}$ 上的一个凸泛函 $f:\mathscr{X}\to\mathbb{R}$, 一般来说未必是可微的. 然而参照函数的导数与这函数图形的切线斜率之间的关系, 我们将利用凸泛函 f 的上方图 $\mathrm{epi}(f)$ 的承托超平面来推广导数的概念.

定义 2.4.26 设 $f:\mathscr{X}\to\mathbb{R}$ 是凸的, $\forall x_0\in\mathscr{X}$, 称集合

$$\partial f(x_0)\triangleq\left\{x^*\in\mathscr{X}^*\middle|\langle x^*,x-x_0\rangle+f(x_0)\leqslant f(x)(\forall x\in\mathscr{X})\right\}$$

为函数 f 在 x_0 点的**次微分**, $\partial f(x_0)$ 中的任意泛函 x^* 称为 f 在 x_0 点的**次梯度**.

定理 2.4.27 若 $f:\mathscr{X}\to\mathbb{R}$ 是凸的, 并在 $x_0\in\mathscr{X}$ 连续, 则 $\partial f(x_0)\neq\varnothing$.

证 在空间 $\mathscr{X}\times\mathbb{R}$ 上, 考察凸集 $\mathrm{epi}(f)$ 与单点集 $\{(x_0,f(x_0))\}$. 因为 f 在 x_0 点连续, 所以 $\mathrm{epi}(f)$ 有内点 $(x_0,f(x_0)+1)$, 并且

$$\{(x_0,f(x_0))\}\cap\{\mathrm{epi}(f)\}^\circ=\varnothing.$$

应用凸集分离定理 (定理 2.4.16), 有非零元 $(x^*,\xi)\in\mathscr{X}^*\times\mathbb{R}$ 分离 $\mathrm{epi}(f)$ 与 $\{(x_0,f(x_0))\}$, 即有

$$\langle x^*,x_0\rangle+\xi f(x_0)\leqslant\langle x^*,x\rangle+\xi t\quad(\forall(x,t)\in\mathrm{epi}(f)).\tag{2.4.33}$$

从而有 (令 $x=x_0$ 及 $t=f(x_0)+s(\forall s>0)$)$\xi\geqslant 0$. 下证 $\xi\neq 0$. 倘若不然, $\xi=0$, 那么由 (2.4.33) 式便有

$$\langle x^*,x_0-x\rangle\leqslant 0\quad(\forall x\in\mathscr{X}),$$

即得 $x^*=\theta$. 这便与 (x^*,ξ) 的非零性矛盾. 于是 $\xi>0$. 这时可令 $x_0^*=-x^*/\xi$, 即得 $x_0^*\in\partial f(x_0)$. ■

习　　题

2.4.1 设 p 是实线性空间 $\mathscr{X}$ 上的次线性泛函, 求证:

(1) $p(\theta)=0$;

(2) $p(-x)\geqslant -p(x)$;

(3) 任意给定 $x_0\in\mathscr{X}$, 在 $\mathscr{X}$ 上必有实线性泛函 f, 满足 $f(x_0)=p(x_0)$, 以及 $f(x)\leqslant p(x)(\forall x\in\mathscr{X})$.

2.4.2 设 $\mathscr{X}$ 是由实数列 $x = \{a_n\}$ 全体组成的实线性空间, 其元素间相等和线性运算都按坐标定义, 并定义

$$p(x) = \overline{\lim_{n\to\infty}}\, \alpha_n \quad (\forall x = \{\alpha_n\} \in \mathscr{X}).$$

求证: $p(x)$ 是 $\mathscr{X}$ 上的次线性泛函.

2.4.3 设 $\mathscr{X}$ 是复线性空间, p 是 $\mathscr{X}$ 上的半范数. $\forall x_0 \in \mathscr{X}$, $p(x_0) \neq 0$. 求证: 存在 $\mathscr{X}$ 上的线性泛函 f 满足

(1) $f(x_0) = 1$;

(2) $|f(x)| \leqslant p(x)/p(x_0)(\forall x \in \mathscr{X})$.

2.4.4 设 $\mathscr{X}$ 是 B^* 空间, $\{x_n\}(n = 1, 2, 3, \cdots)$ 是 $\mathscr{X}$ 中的点列. 如果 $\forall f \in \mathscr{X}^*$, 数列 $\{f(x_n)\}$ 有界, 求证: $\{x_n\}$ 在 $\mathscr{X}$ 内有界.

2.4.5 设 $\mathscr{X}_0$ 是 B^* 空间 $\mathscr{X}$ 的闭子空间, 求证:

$$\rho(x, \mathscr{X}_0) = \sup\left\{|f(x)|\,\middle|\, f \in \mathscr{X}^*, \|f\| = 1, f(\mathscr{X}_0) = 0\right\} \quad (\forall x \in \mathscr{X}),$$

其中 $\rho(x, \mathscr{X}_0) = \inf\limits_{y\in\mathscr{X}_0} \|x - y\|$.

2.4.6 设 $\mathscr{X}$ 是 B^* 空间. 给定 $\mathscr{X}$ 中 n 个线性无关的元素 $x_1, x_2, \cdots, x_n$ 与数域 $\mathbb{K}$ 中的 n 个数 $C_1, C_2, \cdots, C_n$, 及 $M > 0$. 求证: 为了 $\exists f \in \mathscr{X}^*$ 适合 $f(x_k) = C_k(k = 1, 2, \cdots, n)$, 以及 $\|f\| \leqslant M$, 必须且仅须对任意的 $\alpha_1, \alpha_2, \cdots, \alpha_n \in \mathbb{K}$, 有

$$\left|\sum_{k=1}^n \alpha_k C_k\right| \leqslant M \left\|\sum_{k=1}^n \alpha_k x_k\right\|.$$

2.4.7 给定 B^* 空间 $\mathscr{X}$ 中 n 个线性无关的元素 $x_1, x_2, \cdots, x_n$, 求证: $\exists f_1, f_2, \cdots, f_n \in \mathscr{X}^*$, 使得

$$\langle f_i, x_j\rangle = \delta_{ij} \quad (i, j = 1, 2, \cdots, n).$$

2.4.8 设 $\mathscr{X}$ 是线性空间, 求证: 为了 M 是 $\mathscr{X}$ 的极大线性子空间, 必须且仅须 $\dim(\mathscr{X}/M) = 1$.

2.4.9 设 $\mathscr{X}$ 是复线性空间, E 是 $\mathscr{X}$ 中的非空均衡集, f 是 $\mathscr{X}$ 上的线性泛函. 求证:

$$|f(x)| \leqslant \sup_{y\in E} \mathrm{Re} f(y) \quad (\forall x \in E).$$

2.4.10 设 $\mathscr{X}$ 是 B^* 空间, $E \subset \mathscr{X}$ 是非空的均衡闭凸集, $\forall x_0 \in \mathscr{X} \backslash E$. 求证: $\exists f \in \mathscr{X}^*$ 及 $\alpha > 0$, 使得

$$|f(x)| < \alpha < |f(x_0)| \quad (\forall x \in E).$$

2.4.11 设 E, F 是实的 B^* 空间 $\mathscr{X}$ 中的两个互不相交的非空凸集, 并且 E 是开的和均衡的. 求证: $\exists f \in \mathscr{X}^*$, 使得

$$|f(x)| < \inf_{y\in F} |f(y)| \quad (\forall x \in E).$$

2.4.12 设 C 是实 B^* 空间 $\mathscr{X}$ 中的一个凸集, 并设 $x_0 \in \mathring{C}$, $x_1 \in \partial C, x_2 = m(x_1 - x_0) + x_0 (m > 1)$. 求证: $x_2 \,\overline{\in}\, C$.

2.4.13 设 M 是 B^* 空间 $\mathscr{X}$ 中的闭凸集, 求证: $\forall x \in \mathscr{X} \backslash M$, 必 $\exists f_1 \in \mathscr{X}^*$, 满足 $\|f_1\| = 1$, 并且

$$\sup_{y\in M} f_1(y) \leqslant f_1(x) - d(x),$$

其中 $d(x) = \inf\limits_{z\in M} \|x - z\|$.

2.4.14 设 M 是实 B^* 空间 $\mathscr{X}$ 内的闭凸集, 求证:

$$\inf_{z\in M} \|x - z\| = \sup_{\substack{f\in \mathscr{X}^* \\ \|f\|=1}} \Big\{ f(x) - \sup_{z\in M} f(z) \Big\} \quad (\forall x \in \mathscr{X}).$$

2.4.15 设 $\mathscr{X}$ 是一个 B 空间, $f : \mathscr{X} \to \overline{\mathbb{R}} (\triangleq \mathbb{R} \cup \{\infty\})$ 是连续的凸泛函, 并且 $f(x) \not\equiv \infty$. 若定义 $f^* : \mathscr{X}^* \to \overline{\mathbb{R}}$ 为

$$f^*(x^*) = \sup_{x\in \mathscr{X}} \big\{ \langle x^*, x \rangle - f(x) \big\} \quad (\forall x^* \in \mathscr{X}^*),$$

求证: $f^*(x^*) \not\equiv \infty$.

2.4.16 设 $\mathscr{X}$ 是 B 空间, $x(t):[a,b]\to\mathscr{X}$ 是连续的抽象函数. 又设 Δ 表示 $[a,b]$ 的分割:

$$a=t_0<t_1<t_2<\cdots<t_n=b,$$
$$\|\Delta\| \triangleq \max_{0\leqslant i\leqslant n-1}\{|t_{i+1}-t_i|\}.$$

求证: 在 $\mathscr{X}$ 中存在极限

$$\lim_{\|\Delta\|\to 0}\sum_{i=0}^{n-1}x(t_i)(t_{i+1}-t_i)$$

(此极限称为抽象函数 $x(t)$ 在 $[a,b]$ 上的 **Riemann 积分**).

2.4.17 设 $\mathscr{X}$ 是 Banach 空间, G 是由 $\mathbb{C}$ 中的简单闭曲线 L 围成的开区域. 如果 $x(z):\overline{G}\to\mathscr{X}$ 在 G 内解析①, 且在 $\overline{G}$ 上连续. 求证: (推广的 Cauchy 定理)

$$\int_L x(z)\mathrm{d}z=0.$$

2.4.18 求证: (1) $|x|$ 在 $\mathbb{R}$ 中是凸的;

(2) $|x|$ 在 $x=0$ 点的次微分 $\partial|x|(0)=[-1,1]$.

§ 5 共轭空间、弱收敛、自反空间

5.1 共轭空间的表示及应用

定义 2.5.1 设 $\mathscr{X}$ 是一个 B^* 空间, $\mathscr{X}$ 上的所有连续线性

①即 $x(z)$ 在 G 内每点可微 (参看本章 4.3 小节第一段). 换句话说, $\forall z_0\in G$, 在 $\mathscr{X}$ 中存在极限

$$\lim_{z\to z_0}\frac{x(z)-x(z_0)}{z-z_0}.$$

泛函全体 $\mathscr{X}^*$ (见定义 2.1.12), 按范数

$$\|f\| = \sup_{\|x\|=1} |f(x)|$$

构成一个 B 空间, 称为 $\mathscr{X}$ 的**共轭空间**.

注 $\mathscr{X}^*$ 的完备性直接根据定理 2.1.13: $\mathscr{X}^* = \mathscr{L}(\mathscr{X}, \mathbb{K})$ 导出.

例 2.5.2 $L^p[0,1]$ 的共轭空间 $(1 \leqslant p < \infty)$. 设 q 是 p 的共轭数, 即

$$\begin{cases} \dfrac{1}{p} + \dfrac{1}{q} = 1, & 若\ p > 1, \\ q = \infty, & 若\ p = 1. \end{cases}$$

我们将证:

$$L^p[0,1]^* = L^q[0,1]. \tag{2.5.1}$$

对于 $\forall g \in L^q[0,1]$, 根据 Hölder 不等式

$$\left|\int_0^1 f(x)g(x)\mathrm{d}\mu\right| \leqslant \left(\int_0^1 |f(x)|^p \mathrm{d}\mu\right)^{\frac{1}{p}} \left(\int_0^1 |g(x)|^q \mathrm{d}\mu\right)^{\frac{1}{q}}$$

(μ 是 $[0,1]$ 上的 Lebesgue 测度), 我们知道:

$$F_g(f) \triangleq \int_0^1 f(x)g(x)\mathrm{d}\mu \quad (\forall f \in L^p[0,1]) \tag{2.5.2}$$

定义了 $L^p[0,1]$ 上的一个连续线性泛函, 并有

$$\|F_g\|_{L^p[0,1]^*} \leqslant \|g\|_{L^q[0,1]}, \tag{2.5.3}$$

即映射 $g \mapsto F_g$ 将 $L^q[0,1]$ 连续地嵌入 $L^p[0,1]^*$.

以下证明映射 $g \mapsto F_g$ 是等距在上的. 这也就是, 对给定的 $F \in L^p[0,1]^*$, 要找一个 $g \in L^q[0,1]$, 使得

$$F(f) = \int_0^1 f(x)g(x)\mathrm{d}\mu \quad (\forall f \in L^p[0,1]), \tag{2.5.4}$$

并且

$$\|g\|_{L^q[0,1]} = \|F\|. \tag{2.5.5}$$

对任意的可测集 $E \subset [0,1]$, 令

$$\nu(E) \triangleq F(\chi_E),$$

其中 χ_E 是 E 的特征函数:

$$\chi_E(x) = \begin{cases} 1, & 当\ x \in E, \\ 0, & 当\ x \overline{\in} E. \end{cases}$$

我们验证 ν 是一个完全可加测度. 事实上, 易见 ν 是有限可加的 (由于 F 的可加性). 今设 $\{E_n\} \subset [0,1]$, 满足

$$E_1 \supset E_2 \supset \cdots \supset E_n \supset \cdots$$

以及

$$\bigcap_{n=1}^{\infty} E_n = \varnothing,$$

那么

$$\begin{aligned} \nu(E_n) &= F(\chi_{E_n}) \leqslant \|F\| \cdot \|\chi_{E_n}\|_{L^p[0,1]} \\ &= \|F\| \left(\int_0^1 |\chi_{E_n}|^p \mathrm{d}\mu \right)^{\frac{1}{p}} \\ &= \|F\| \mu(E_n)^{\frac{1}{p}} \to 0 \quad (当\ n \to \infty). \end{aligned}$$

此外, 同理可知 ν 关于 μ 还是绝对连续的, 即由 $\mu(E) = 0$, 可以推出 $\nu(E) = 0$.

现在应用 Radon-Nikodym 定理 (定理 2.2.5), 存在可测函数 g, 使得对任意的可测集 E 有

$$\nu(E) = \int_E g \mathrm{d}\mu.$$

从而

$$F(\chi_E)=\int_0^1\chi_E(x)g(x)\mathrm{d}\mu.$$

于是对于一切简单函数 f, 都有

$$F(f)=\int_0^1 f(x)g(x)\mathrm{d}\mu.$$

进一步我们将要证明:

$$\|g\|_{L^q[0,1]}\leqslant\|F\|. \tag{2.5.6}$$

因为一旦 (2.5.6) 式得证, 我们立即推得 (2.5.4) 式. 事实上, 因为简单函数集在 $L^p[0,1]$ 中是稠密的, 所以对 $\forall f\in L^p[0,1]$, 存在简单函数列 $f_n\to f(L^p[0,1])$. 从而有

$$F(f)=\lim_{n\to\infty}F(f_n),$$

以及

$$\begin{aligned}&\left|\int_0^1[f(x)-f_n(x)]g(x)\mathrm{d}\mu\right|\\&\leqslant\left(\int_0^1|f(x)-f_n(x)|^p\mathrm{d}\mu\right)^{\frac{1}{p}}\left(\int_0^1|g(x)|^q\mathrm{d}\mu\right)^{\frac{1}{q}}\\&\leqslant\|F\|\cdot\|f-f_n\|_{L^p[0,1]}\to 0\quad(n\to\infty),\end{aligned}$$

亦即

$$F(f)=\lim_{n\to\infty}\int_0^1 f_n(x)g(x)\mathrm{d}\mu=\int_0^1 f(x)g(x)\mathrm{d}\mu.$$

于是 (2.5.4) 式得证.

以下分两种情形证明 (2.5.6) 式.

(1) $1<p<\infty$. 对 $\forall t>0$, 记

$$E_t\triangleq\big\{x\in[0,1]\big||g(x)|\leqslant t\big\}. \tag{2.5.7}$$

令 $f = \chi_{E_t}|g|^{q-2}g$, 便有

$$\int_{E_t}|g|^q\mathrm{d}\mu = \int_0^1 f\cdot g\mathrm{d}\mu = F(f)$$
$$\leqslant \|F\|\cdot\|f\|_{L^p[0,1]} = \|F\|\left(\int_{E_t}|g|^q\mathrm{d}\mu\right)^{\frac{1}{p}},$$

亦即

$$\left(\int_{E_t}|g|^q\mathrm{d}\mu\right)^{\frac{1}{q}} \leqslant \|F\|.$$

令 $t\to\infty$, 即得 (2.5.6) 式.

(2) $p=1$. 这时 $q=\infty$. 对 $\forall\varepsilon>0$, 令

$$A \triangleq \left\{x\in[0,1]\,\middle|\,|g(x)|>\|F\|+\varepsilon\right\}.$$

再对 $\forall t>0$, 还按 (2.5.7) 式定义 E_t, 并令 $f=\chi_{E_t\cap A}\mathrm{sign}g$, 便有

$$\|f\|_{L^1[0,1]} = \mu(E_t\cap A),$$

并且有

$$\mu(E_t\cap A)(\|F\|+\varepsilon) \leqslant \int_{A\cap E_t}|g|\mathrm{d}\mu$$
$$= \int_0^1 f\cdot g\mathrm{d}\mu \leqslant \|F\|\mu(E_t\cap A).$$

令 $t\to\infty$, 便得

$$\mu(A)(\|F\|+\varepsilon) \leqslant \|F\|\mu(A).$$

由此推出 $\mu(A)=0$, 从而

$$\|g\|_{L^\infty[0,1]} \leqslant \|F\|.$$

这就是当 $q=\infty$ 时的 (2.5.6) 式. ■

注 结论 (2.5.1) 式可以扩充到一般的完全可加的、σ-有限的测度空间, 设 $(\varOmega,\mathscr{B},\mu)$ 是一个这样的测度空间, 则有

$$L^p(\varOmega,\mathscr{B},\mu)^* = L^q(\varOmega,\mathscr{B},\mu) \quad (1\leqslant p<\infty). \tag{2.5.8}$$

例 2.5.3 $C[0,1]$ 的共轭空间. 设

$$BV[0,1] \triangleq \left\{ g \left| \begin{array}{l} g:[0,1]\to\mathbb{C}, g(0)=0, \\ g(t)=g(t+0)(\forall t\in(0,1)), \\ \mathrm{var}(g)<\infty \end{array} \right. \right\},$$

其中 $\mathrm{var}(g)=\sup\sum_{j=0}^{n-1}|g(t_{j+1})-g(t_j)|$, 这里的上确界是对所有的 $[0,1]$ 分割

$$\Delta: 0=t_0<t_1<t_2<\cdots<t_n=1 \tag{2.5.9}$$

来取的. 在 $BV[0,1]$ 上赋以范数

$$\|g\|_v=\mathrm{var}(g)\quad (\forall g\in BV[0,1]),$$

那么 $BV[0,1]$ 是 B 空间 (证明留作习题).

回顾对 $\forall\varphi\in C[0,1], \forall g\in BV[0,1]$, Stieltjes 积分

$$\int_0^1 \varphi(t)\mathrm{d}g(t)$$

定义为 $\lim\limits_{\|\Delta\|\to 0}\sum_{j=0}^{n-1}\varphi(t_j^*)[g(t_{j+1})-g(t_j)]$, 其中 Δ 是 $[0,1]$ 的分割 (见 (2.5.9) 式), 而

$$\|\Delta\|\triangleq\max_{1\leqslant j\leqslant n}|t_j-t_{j-1}|,$$

及

$$t_j^*\in[t_j,t_{j+1}]\quad(0\leqslant j\leqslant n-1).$$

从定义易见 $\forall g\in BV[0,1]$, 它对应着 $C[0,1]$ 上的一个连续线性泛函

$$\varphi\mapsto\langle f,\varphi\rangle=\int_0^1\varphi(t)\mathrm{d}g(t),$$

满足

$$\|f\|\leqslant\int_0^1|\mathrm{d}g(t)|=\mathrm{var}(g)=\|g\|_v. \tag{2.5.10}$$

现在我们要证明反过来的结论. 这也就是说, 对任意的 $f \in C[0,1]^*$, 必 $\exists | g \in BV[0,1]$, 使得

$$\langle f, \varphi \rangle = \int_0^1 \varphi(t) \mathrm{d} g(t) \quad (\forall \varphi \in C[0,1]), \tag{2.5.11}$$

并且

$$\|g\|_v \leqslant \|f\|. \tag{2.5.12}$$

其中关键的步骤在于如何由 f 确定出 g. 事实上, 如果允许 φ 可以取成间断的特征函数 $\chi_E(t)(E \subset [0,1])$, 那么就有

$$g(s) = \int_0^1 \chi_{(0,s]}(t) \mathrm{d} g(t).$$

因此, 先把 $C[0,1]$ 看成是 $L^\infty[0,1]$ 的一个闭子空间, 应用 Hahn-Banach 定理 (定理 2.4.4), 对给定的 $f \in C[0,1]^*, \exists \widetilde{f} \in L^\infty[0,1]^*$, 使得

$$\langle \widetilde{f}, \chi_{\{0\}} \rangle = 0,$$

$$\langle \widetilde{f}, \varphi \rangle = \langle f, \varphi \rangle \quad (\forall \varphi \in C[0,1]),$$

并且 $\|\widetilde{f}\| = \|f\|$. 因为 $\chi_{(0,s]} \in L^\infty[0,1]$, 所以可以令

$$\begin{aligned} & g(s) = \langle \widetilde{f}, \chi_{(0,s]} \rangle \quad (0 < s \leqslant 1), \\ & g(0) = 0. \end{aligned} \tag{2.5.13}$$

以下证明由 (2.5.13) 式定义的 $g \in BV[0,1]$, 并适合 (2.5.11) 式与 (2.5.12) 式.

对 $[0,1]$ 的任一分割 $\Delta : 0 = t_0 < t_1 < t_2 < \cdots < t_n = 1$. 记

$$\omega_k \triangleq g(t_{k+1}) - g(t_k) \quad (k = 0, 1, 2, \cdots, n-1),$$

$$\lambda_k \triangleq \begin{cases} \overline{\omega}_k / |\omega_k|, & \omega_k \neq 0, \\ 0, & \text{其他} \end{cases} \quad (k = 0, 1, 2, \cdots, n-1),$$

$$h_\Delta(t) \triangleq \sum_{k=0}^{n-1} \lambda_k \chi_{(t_k, t_{k+1}]}(t).$$

我们有

$$\sum_{k=0}^{n-1}|\omega_k| = \sum_{k=0}^{n-1}\lambda_k\omega_k = \langle\widetilde{f}, h_\Delta\rangle$$
$$\leqslant \|\widetilde{f}\|\cdot\|h_\Delta\|_{L^\infty[0,1]} \leqslant \|\widetilde{f}\| = \|f\|,$$

即得 $g \in BV[0,1]$, 并适合 (2.5.12) 式.

为了证明 (2.5.11) 式成立, 对 $\forall\varphi \in C[0,1]$ 及 $\forall\varepsilon > 0$, 取分割 Δ 使得

$$|\varphi(t) - \varphi(t')| < \frac{\varepsilon}{2\|\widetilde{f}\|}$$
$$(\forall t, t' \in [t_j, t_{j+1}], j = 0, 1, \cdots, n-1),$$

以及

$$\left|\int_0^1 \varphi(t)\mathrm{d}g(t) - \sum_{j=0}^{n-1}\varphi(t_j)(g(t_{j+1}) - g(t_j))\right| < \frac{\varepsilon}{2}.$$

令

$$\varphi_\Delta \triangleq \sum_{j=0}^{n-1}\varphi(t_j)\chi_{(t_j,t_{j+1}]} + \varphi(0)\chi_{\{0\}},$$

便得

$$\left|\langle f,\varphi\rangle - \int_0^1\varphi(t)\mathrm{d}g(t)\right|$$
$$\leqslant \left|\langle f,\varphi\rangle - \langle\widetilde{f},\varphi_\Delta\rangle\right| + \left|\langle\widetilde{f},\varphi_\Delta\rangle - \int_0^1\varphi(t)\mathrm{d}g(t)\right|$$
$$\leqslant \|\widetilde{f}\|\cdot\|\varphi - \varphi_\Delta\|_{L^\infty[0,1]} +$$
$$\left|\sum_{j=0}^{n-1}\varphi(t_j)(g(t_{j+1}) - g(t_j)) - \int_0^1\varphi(t)\mathrm{d}g(t)\right|$$
$$< \frac{\varepsilon}{2} + \frac{\varepsilon}{2} = \varepsilon.$$

由 ε 的任意性, 即得 (2.5.11) 式.

有界变差函数是单调增加函数的差，即 $g = g_1 - g_2$, 因为 g_1, g_2 的右极限总是存在的，可以适当改变函数的值使得其右连续，但是不会改变积分 $\int_0^1 \varphi(t)\mathrm{d}g_i(t)$, $i = 1, 2$, 因此我们可以假设上述得到的函数 g 是右连续的. 总结起来有, $g \mapsto \int_0^1 \varphi(t)\mathrm{d}g(t)$ 是 $BV[0,1] \to C[0,1]^*$ 的一个等距同构. 换句话说

$$C[0,1]^* = BV[0,1]. \tag{2.5.14}$$

■

注 我们可用测度或更一般的完全可加集函数代替有界变差函数得到下面更为一般的定理.

定理 2.5.4 (Riesz 表示定理 (连续函数空间)) 若 M 是一个 Hausdorff 紧空间, 则 $\forall f \in C(M)^*$, 有唯一的复值 Baire 测度, 即完全可加的集函数 μ, 适合 $|\mu|(M) < \infty$, 满足

$$\langle f, \varphi \rangle = \int_M \varphi(m)\mathrm{d}\mu \quad (\forall \varphi \in C(M)).$$

应用 作为 Hahn-Banach 定理 (定理 2.4.4) 和 Riesz 表示定理 (定理 2.5.4) 对复变逼近论的应用, 我们来证明下列颇为深刻的 Runge 定理.

定理 2.5.5 (Runge) 设 K 是复平面 $\mathbb{C}$ 上的一个紧子集, 记 $\mathbb{C}_\infty = \mathbb{C} \cup \{\infty\}$. 又设 E 是 $\mathbb{C}_\infty \backslash K$ 中的一个子集, 它与 $\mathbb{C}_\infty \backslash K$ 的每一个连通分量 (component) 都相交. 若 f 是 K 的一个邻域内的任意解析函数, 则必有有理函数列 f_n, 其极点都在 E 内, 使得 f_n 在 K 上一致收敛到 f.

证 证明的办法是引用 K 上的连续函数空间 $C(K)$, 并记 $R(K, E)$ 为极点在 E 内的有理函数集在 $C(K)$ 中的闭包. 显然, $R(K, E)$ 是 $C(K)$ 的一个闭线性子空间. 因此, 为证 $f \in R(K, E)$, 只须证: 对 $\forall F \in C(K)^*$,

$$F(g) = 0 \quad (\forall g \in R(K, E)) \Longrightarrow F(f) = 0$$

(见推论 2.4.8). 然而 $C(K)^*$ 是由 K 上的完全可加的复值测度 $M(K)$ 组成 (见 Riesz 表示定理 (定理 2.5.4)), 于是我们只需证: 对 $\forall \mu \in M(K)$,

$$\int_K g\mathrm{d}\mu = 0 (\forall g \in R(K, E)) \Longrightarrow \int_K f\mathrm{d}\mu = 0. \tag{2.5.15}$$

为此, 我们需要如下引理.

引理 2.5.6 对 $\forall \mu \in M(K)$, 若设

$$\widehat{\mu}(w) = \int_K \frac{\mathrm{d}\mu(z)}{w-z},$$

那么对 $\forall R > 0, \widehat{\mu} \in L^1(B_R)$ (其中 B_R 是中心在原点的半径为 R 的圆), 且 $\widehat{\mu}$ 在 $\mathbb{C}_\infty \backslash K$ 上解析, 还满足 $\widehat{\mu}(\infty) = 0$.

我们暂时承认这个引理. 从而得到

$$\left(\frac{\mathrm{d}}{\mathrm{d}w}\right)^n \widehat{\mu}(w_0) = n! \int_K (z-w_0)^{-n+1} \mathrm{d}\mu(z) \quad (\forall w_0 \in \mathbb{C} \backslash K), \tag{2.5.16}$$

而在 ∞ 点附近它有展开

$$\widehat{\mu}(w) = -\frac{1}{w} \sum_{n=0}^{\infty} \int_K \left(\frac{z}{w}\right)^n \mathrm{d}\mu(z) = -\sum_{n=0}^{\infty} \frac{a_n}{w^{n+1}}, \tag{2.5.17}$$

其中 $a_n = \int_K z^n \mathrm{d}\mu(z)$. 进一步, 如果 $\mu \in M(K)$ 使得

$$\int_K g(z) \mathrm{d}\mu(z) = 0, \tag{2.5.18}$$

其中 g 是极点在 E 内的有理函数, 那么我们有

$$\widehat{\mu}(w) = 0 \quad (\forall w \in \mathbb{C}_\infty \backslash K). \tag{2.5.19}$$

事实上, $\forall w_0 \in E$, 设 $\Omega(w_0)$ 是 $\mathbb{C}_\infty \backslash K$ 中含 w_0 的分量, 由关于 E 的假设, 我们有

$$C_\infty \backslash K = \bigcup_{w_0 \in E} \Omega(w_0). \tag{2.5.20}$$

如果 $w_0 \neq \infty$, 由 (2.5.16) 式与假设 (2.5.18) 式, $\widehat{\mu}$ 在 w_0 的各阶导数均为 0, 从而 $\widehat{\mu}$ 在 $\Omega(w_0)$ 内恒为 0; 如果 $w_0 = \infty$, 则由 (2.5.17) 式与假设 (2.5.18) 式, $\widehat{\mu}$ 在 $\Omega(w_0)$ 内也恒为 0. 于是由 (2.5.20) 式即得 (2.5.19) 式.

现在我们考察在 K 的某邻域 G 内解析的任意函数 f, 对它存在含于 $G \backslash K$ 内的折线 $\gamma_1, \gamma_2, \cdots, \gamma_n$ 使得

$$f(z) = \sum_{k=1}^{n} \frac{1}{2\pi \mathrm{i}} \int_{\gamma_k} \frac{f(w)}{w-z} \mathrm{d}w.$$

从而由 Fubini 定理,

$$\begin{aligned}\int_K f(z)\mathrm{d}\mu(z) &= \sum_{k=1}^{n}\frac{1}{2\pi\mathrm{i}}\int_K\int_{\gamma_k}\frac{f(w)}{w-z}\mathrm{d}w\mathrm{d}\mu(z)\\ &= \sum_{k=1}^{n}\frac{1}{2\pi\mathrm{i}}\int_{\gamma_k}f(w)\widehat{\mu}(w)\mathrm{d}w = 0, \end{aligned}\tag{2.5.21}$$

这是因为 $\widehat{\mu}(w) = 0$ 于 $\gamma_k \subset \mathbb{C}\backslash K$ 上. 这样, 我们已从 (2.5.18) 式推出 (2.5.21) 式, 也就是证明了 (2.5.15) 式. ■

引理 2.5.6 的证明 (1) 证 $\widehat{\mu} \in L^1(B_R)$. 由定义我们有

$$|\widehat{\mu}(w)| \leqslant \int_K \frac{\mathrm{d}|\mu|(z)}{|w-z|}.$$

从而

$$\begin{aligned}\int_{B_R}|\widehat{\mu}(w)|\mathrm{d}x\mathrm{d}y &\leqslant \int_{B_R}\int_K\frac{\mathrm{d}|\mu|(z)}{|w-z|}\mathrm{d}x\mathrm{d}y\\ &= \int_K\int_{B_R}\frac{\mathrm{d}x\mathrm{d}y}{|w-z|}\mathrm{d}|\mu|(z) \quad (\text{用 Fubini 定理})\\ &\leqslant \int_K\int_{B(z,\rho)}\frac{\mathrm{d}x\mathrm{d}y}{|w-z|}\mathrm{d}|\mu|(z)\\ &\leqslant 2\pi\rho|\mu|(K) < \infty,\end{aligned}$$

其中 $\rho > R + \max\limits_{z\in K}|z|$.

(2) $\widehat{\mu}$ 在 $\mathbb{C}\backslash K$ 解析. 这是由于 K 紧, 所以可以在积分号下求微商.

(3) $\widehat{\mu}$ 在 $\{\infty\}$ 解析, 且 $\widehat{\mu}(\infty) = 0$. 这是因为 K 紧, 当 $|w| \to \infty$ 时, 在积分号下取极限, 便得 $\widehat{\mu}(w) \to 0$, 于是 ∞ 是可去奇点. ■

第二共轭空间与自反性 因为 B^* 空间 $\mathscr{X}$ 的共轭空间 $\mathscr{X}^*$ 是一个 B 空间, 所以我们还可以考虑 $\mathscr{X}^*$ 的共轭空间, 记作 $\mathscr{X}^{**}$, 称为 $\mathscr{X}$ 的**第二共轭空间**. 注意到 $\forall x \in \mathscr{X}$, 可以定义

$$X(f) = \langle f, x\rangle \quad (\forall f \in \mathscr{X}^*).\tag{2.5.22}$$

不难验证: X 还是 $\mathscr{X}^*$ 上的一个线性泛函, 满足

$$|X(f)| \leqslant \|f\| \cdot \|x\|.$$

从而 X 还是连续的, 满足

$$\|X\| \leqslant \|x\|. \tag{2.5.23}$$

称映射 $T: x \mapsto X$ 为**自然映射**, (2.5.23) 式表明 T 是 $\mathscr{X}$ 到 $\mathscr{X}^{**}$ 的连续嵌入. 注意到, 若 $\alpha, \beta \in \mathbb{C}, x, y \in \mathscr{X}$, 记 $X = Tx, Y = Ty$, 则有

$$\begin{aligned} T(\alpha x + \beta y)(f) &= f(\alpha x + \beta y) \\ &= \alpha f(x) + \beta f(y) = \alpha X(f) + \beta Y(f) \\ &= (\alpha X + \beta Y)(f) = (\alpha Tx + \beta Ty)(f) \quad (\forall f \in \mathscr{X}^*). \end{aligned}$$

因此, T 还是一个线性同构. 又应用 Hahn-Banach 定理 (定理 2.4.4), $\exists f \in \mathscr{X}^*$, 使得

$$\|f\| = 1, \quad 且 \quad \langle f, x \rangle = \|x\|,$$

便得到

$$\|x\| = X(f) \leqslant \|X\| \cdot \|f\| = \|X\|. \tag{2.5.24}$$

联合 (2.5.23) 式与 (2.5.24) 式便知 T 是等距的. 于是得到下面的定理.

定理 2.5.7 B^* 空间 $\mathscr{X}$ 与它的第二共轭空间 $\mathscr{X}^{**}$ 的一个子空间等距同构.

注 有时, 我们对 x 与 X 不加区别, 简单写成 $\mathscr{X} \subset \mathscr{X}^{**}$.

定义 2.5.8 如果 $\mathscr{X}$ 到 $\mathscr{X}^{**}$ 的自然映射 T 是满射的, 则称 $\mathscr{X}$ 是**自反的**, 记作 $\mathscr{X} = \mathscr{X}^{**}$.

由前面的具体函数空间的共轭空间的例子可见: 当 $1 < p < \infty$ 时, 空间 $L^p(\Omega, \mathscr{B}, \mu)$ 是自反的; 但是当 $p = 1, \infty$ 时, 空间 $L^p(\Omega, \mathscr{B}, \mu)$ 不是自反的.

5.2 共轭算子

共轭算子概念是有穷维空间中转置矩阵概念的推广. 一个

$n \times m$ 矩阵 $A = (a_{ij})$ 可以看成由 $\mathbb{K}^m \to \mathbb{K}^n$ 的线性算子:

$$(Ax)_i = \sum_{j=1}^{m} a_{ij} x_j \quad (\forall x = (x_1, x_2, \cdots, x_m) \in \mathbb{K}^m, i = 1, 2, \cdots, n).$$

其转置矩阵定义为 $m \times n$ 矩阵 $A^* = (a_{ji})$, 作为 $\mathbb{K}^n \to \mathbb{K}^m$ 的线性算子:

$$(A^* y)_j = \sum_{i=1}^{n} a_{ij} y_i \quad (\forall y = (y_1, y_2, \cdots, y_n) \in \mathbb{K}^n, j = 1, 2, \cdots, m).$$

怎样把这关系推广到一般的 B 空间? 这要利用对偶关系. 事实上, 我们有关系式

$$\begin{aligned} \langle y, Ax \rangle_n &= \sum_{i=1}^{n} \left(\sum_{j=1}^{m} a_{ij} x_j \right) y_i = \sum_{i=1}^{n} \sum_{j=1}^{m} a_{ij} x_j y_i \\ &= \sum_{j=1}^{m} \left(\sum_{i=1}^{n} a_{ij} y_i \right) x_j = \langle A^* y, x \rangle_m, \end{aligned}$$

这里

$$\langle y, z \rangle_n = \sum_{i=1}^{n} y_i z_i$$
$$(\forall y = (y_1, y_2, \cdots, y_n), z = (z_1, z_2, \cdots, z_n) \in \mathbb{K}^n),$$
$$\langle w, x \rangle_m = \sum_{j=1}^{m} w_j x_j$$
$$(\forall w = (w_1, w_2, \cdots, w_m), x = (x_1, x_2, \cdots, x_m) \in \mathbb{K}^m).$$

这启发我们通过共轭空间来定义共轭算子.

定义 2.5.9 (共轭算子) 设 $\mathscr{X}, \mathscr{Y}$ 是 B^* 空间, 算子 $T \in \mathscr{L}(\mathscr{X}, \mathscr{Y})$. 算子 $T^* : \mathscr{Y}^* \to \mathscr{X}^*$ 称为是 T 的**共轭算子**是指:

$$f(Tx) = (T^* f)(x) \quad (\forall f \in \mathscr{Y}^*, \forall x \in \mathscr{X}).$$

注 $\forall T \in \mathscr{L}(\mathscr{X},\mathscr{Y}), T^*$ 是唯一存在的, 并且属于 $\mathscr{L}(\mathscr{Y}^*, \mathscr{X}^*)$. 事实上, 对 $\forall f \in \mathscr{Y}^*$, 令

$$g(x) = f(Tx) \quad (\forall x \in \mathscr{X}),$$

它是线性的, 并且有界:

$$|g(x)| \leqslant \|f\| \cdot \|T\| \cdot \|x\| \quad (\forall x \in \mathscr{X}).$$

因此, $g \in \mathscr{X}^*$, 对应 $f \mapsto g$ 又是线性的, 正是 T^*. 按定义,

$$\|T^* f\| = \|g\| \leqslant \|T\| \cdot \|f\| \quad (\forall f \in \mathscr{Y}^*). \tag{2.5.25}$$

因此, $T^* \in \mathscr{L}(\mathscr{Y}^*, \mathscr{X}^*)$. (2.5.25) 式还蕴含

$$\|T^*\| \leqslant \|T\|. \tag{2.5.26}$$

因此, T^* 的唯一性显然. 事实上还有如下定理.

定理 2.5.10 映射 $*$: $T \mapsto T^*$ 是 $\mathscr{L}(\mathscr{X},\mathscr{Y})$ 到 $\mathscr{L}(\mathscr{Y}^*, \mathscr{X}^*)$ 内的等距同构.

证 (1) 证对应 $*$: $T \mapsto T^*$ 是线性的:

$$\begin{aligned}[(\alpha_1 T_1 + \alpha_2 T_2)^* f](x) &= f[(\alpha_1 T_1 + \alpha_2 T_2)x] \\ &= \alpha_1 f(T_1 x) + \alpha_2 f(T_2 x) = [(\alpha_1 T_1^* + \alpha_2 T_2^*) f](x)\end{aligned}$$

$(\forall x \in \mathscr{X}, \forall f \in \mathscr{Y}^*, \forall \alpha_1, \alpha_2 \in \mathbb{K})$.

(2) 再证等距. 已有 (2.5.26) 式, 只要再证 $\|T\| \leqslant \|T^*\|$. 对 $\forall x \in \mathscr{X}$, 若 $Tx \neq \theta$, 由推论 2.4.6, 必有 $f \in \mathscr{Y}^*$, 使得

$$f(Tx) = \|Tx\|, \quad 且 \quad \|f\| = 1.$$

从而

$$\begin{aligned}\|Tx\| &= f(Tx) = (T^* f)(x) \\ &\leqslant \|T^* f\| \cdot \|x\| \leqslant \|T^*\| \cdot \|x\|,\end{aligned}$$

即得 $\|T\| \leqslant \|T^*\|$. ■

同样地, 对 T^* 还可以再考察它的共轭算子 $T^{**} = (T^*)^* \in \mathscr{L}(\mathscr{X}^{**}, \mathscr{Y}^{**})$. 注意到 $\mathscr{X} \subset \mathscr{X}^{**}, \mathscr{Y} \subset \mathscr{Y}^{**}$, 并设它们的自然嵌入映射分别为 U 和 V, 那么

$$\begin{aligned}\langle T^{**}Ux, f\rangle &= \langle Ux, T^*f\rangle \\ &= \langle T^*f, x\rangle = \langle f, Tx\rangle \\ &= \langle VTx, f\rangle \quad (\forall f \in \mathscr{Y}^*, \forall x \in \mathscr{X}).\end{aligned}$$

从而有 $T^{**}Ux = VTx$. 即 T^{**} 是 T 在 $\mathscr{X}^{**}$ 上的扩张. 于是有

定理 2.5.11 设 $\mathscr{X}, \mathscr{Y}$ 是 B^* 空间, $T \in \mathscr{L}(\mathscr{X}, \mathscr{Y})$, 那么 $T^{**} \in \mathscr{L}(\mathscr{X}^{**}, \mathscr{Y}^{**})$ 是 T 在 $\mathscr{X}^{**}$ 上的延拓, 并满足 $\|T^{**}\| = \|T\|$.

例 2.5.12 设 $(\Omega, \mathscr{B}, \mu)$ 是一个测度空间, 又设 $K(x,y)$ 是 $\Omega \times \Omega$ 上的二元平方可积函数:

$$\iint\limits_{\Omega\times\Omega} |K(x,y)|^2 \mathrm{d}\mu(x)\mathrm{d}\mu(y) < \infty.$$

定义算子

$$T : u \mapsto (Tu)(x) = \int_\Omega K(x,y)u(y)\mathrm{d}\mu(y) \quad (\forall u \in L^2(\Omega, \mu)),$$

便有 $T \in \mathscr{L}(L^2(\Omega, \mu))$, 并且

$$(T^*v)(x) = \int_\Omega K(y,x)v(y)\mathrm{d}\mu(y) \quad (\forall v \in L^2(\Omega, \mu)).$$

这是因为

$$\begin{aligned}\|Tu\|^2 &= \int_\Omega \left|\int_\Omega K(x,y)u(y)\mathrm{d}\mu(y)\right|^2 \mathrm{d}\mu(x) \\ &\leqslant \int_\Omega \left(\int_\Omega |K(x,y)|^2\mathrm{d}\mu(y)\int_\Omega |u(y)|^2\mathrm{d}\mu(y)\right)\mathrm{d}\mu(x) \\ &\leqslant \left(\iint\limits_{\Omega\times\Omega} |K(x,y)|^2\mathrm{d}\mu(x)\mathrm{d}\mu(y)\right)\|u\|^2 \quad (\forall u \in L^2(\Omega, \mu)),\end{aligned}$$

其中 $\|\cdot\|$ 表示 $L^2(\Omega,\mu)$ 上的范数, 以及

$$\begin{aligned}\langle T^*v,u\rangle &= \langle v,Tu\rangle \\ &= \int_\Omega\left(\int_\Omega K(x,y)u(y)\mathrm{d}\mu(y)\right)v(x)\mathrm{d}\mu(x) \\ &\xlongequal{①} \iint\limits_{\Omega\times\Omega} K(x,y)u(y)v(x)\mathrm{d}\mu(x)\mathrm{d}\mu(y) \\ &= \int_\Omega\left(\int_\Omega K(x,y)v(x)\mathrm{d}\mu(x)\right)u(y)\mathrm{d}\mu(y)\end{aligned}$$

$(\forall u,v\in L^2(\Omega,\mu))$. 所以

$$(T^*v)(y)=\int_\Omega K(x,y)v(x)\mathrm{d}\mu(x)\quad(\forall v\in L^2(\Omega,\mu)).$$ ■

注 理由 ① 是因为

$$\begin{aligned}&\iint\limits_{\Omega\times\Omega}\Big|K(x,y)\|u(y)\|v(x)\Big|\mathrm{d}\mu(x)\mathrm{d}\mu(y) \\ &\qquad\leqslant \|u\|\cdot\|v\|\left(\iint\limits_{\Omega\times\Omega}|K(x,y)|^2\mathrm{d}\mu(x)\mathrm{d}\mu(y)\right)^{\frac{1}{2}}<\infty,\end{aligned}$$

所以可以应用 Fubini 定理.

我们再来考察卷积算子和它的共轭算子.

例 2.5.13 设 $K(x)$ 是 $\mathbb{R}$ 上的 L^1 函数, 考察空间 $L^p(\mathbb{R})$ $(1\leqslant p\leqslant\infty)$ 上的卷积算子

$$(K*f)(x)\triangleq\int_{-\infty}^{\infty}K(x-y)f(y)\mathrm{d}y,$$

并求其共轭. 首先证明 $K*$ 是 $L^p(\mathbb{R})$ 到自身的有界线性算子. 为此我们需要如下引理.

引理 2.5.14 (Young 不等式) 设 $f\in L^p(\mathbb{R})(1\leqslant p\leqslant\infty)$, $K\in L^1(\mathbb{R})$, 则

$$\|K*f\|_p\leqslant\|K\|_1\cdot\|f\|_p, \tag{2.5.27}$$

其中 $\|\cdot\|_p$ 表示 $L^p(\mathbb{R})$ 的范数 $(1\leqslant p\leqslant\infty)$.

证 当 $1 < p < \infty$ 时. 由 Hölder 不等式,

$$\begin{aligned}&\left|\int_{-\infty}^{\infty} K(x-y)f(y)\mathrm{d}y\right| \\ &\qquad \leqslant \int_{-\infty}^{\infty} |K(x-y)|^{\frac{1}{q}} \cdot |K(x-y)|^{\frac{1}{p}} |f(y)|\mathrm{d}y \\ &\qquad \leqslant \left(\int_{-\infty}^{\infty} |K(x-y)|\mathrm{d}y\right)^{\frac{1}{q}} \left(\int_{-\infty}^{\infty} |K(x-y)| \cdot |f(y)|^p \mathrm{d}y\right)^{\frac{1}{p}},\end{aligned}$$

而

$$\begin{aligned}&\int_{-\infty}^{\infty} \left|\int_{-\infty}^{\infty} K(x-y)f(y)\mathrm{d}y\right|^p \mathrm{d}x \\ &\qquad \leqslant \|K\|_1^{\frac{p}{q}} \int_{-\infty}^{\infty}\int_{-\infty}^{\infty} |K(x-y)| \cdot |f(y)|^p \mathrm{d}y\mathrm{d}x \\ &\qquad = \|K\|_1^{\frac{p}{q}} \cdot \|f\|_p^p \cdot \|K\|_1.\end{aligned}$$

由 Fubini 定理, $(K * f)(x)$ a.e. 存在有限, 而且 (2.5.27) 式成立.

当 $p = 1$ 或 ∞ 时, 不等式 (2.5.27) 是显然的. ■

现在我们来求 $K*$ 的共轭算子的表示. 若记 $\breve{K}(x) \triangleq K(-x)$, 则由 Fubini 定理, 有

$$\begin{aligned}&\int_{-\infty}^{\infty} \left(\int_{-\infty}^{\infty} K(x-y)f(y)\mathrm{d}y\right) g(x)\mathrm{d}x \\ &\qquad = \int_{-\infty}^{\infty} f(y) \left(\int_{-\infty}^{\infty} K(x-y)g(x)\mathrm{d}x\right) \mathrm{d}y \\ &\qquad = \int_{-\infty}^{\infty} (\breve{K} * g)(y)f(y)\mathrm{d}y.\end{aligned}$$

由此可见, $T \triangleq K*$ 的共轭算子为 $T^* = \breve{K}*$. ■

注 以上考虑的共轭空间和共轭算子都是在实数域上的共轭. 若用复数域, 则每个 L^q 函数 g 对应着 L^p 空间上的一个反连续线性泛函:

$$F_g(f) = \int_{\Omega} f \cdot \overline{g}\mathrm{d}\mu.$$

这时的复共轭算子为 $T^* = \overline{\breve{K}}*$.

5.3 弱收敛及 $*$ 弱收敛

泛函分析主要研究无穷维空间的算子与泛函. 而有穷维 Banach 空间与无穷维 Banach 空间的根本区别之一是: 在有穷维空间中, 任意有界点列必有收敛子列, 但在无穷维空间中不具备这条性质 (见推论 1.4.30). 为了使有些有穷维空间具备的性质能够过渡到无穷维空间中去, 我们引进弱收敛与 $*$ 弱收敛的概念. 本节定理 2.5.28 与定理 2.5.29 给出在弱收敛及 $*$ 弱收敛意义下, 上述基本性质在无穷维空间中的推广.

定义 2.5.15 设 $\mathscr{X}$ 是一个 B^* 空间, $\{x_n\}\subset\mathscr{X}, x\in\mathscr{X}$. 称 $\{x_n\}$ **弱收敛**到 x, 记作 $x_n \rightharpoonup x$, 是指: 对于 $\forall f\in\mathscr{X}^*$ 都有

$$\lim_{n\to\infty} f(x_n)=f(x).$$

这时 x 称作点列 $\{x_n\}$ 的**弱极限**.

注 1 为区别起见, 今后我们称 $x_n\to x$ (按范数收敛) 为 $\{x_n\}$ **强收敛**到 x, 或 x 是 $\{x_n\}$ 的**强极限**.

注 2 若 $\dim\mathscr{X}<\infty$, 则弱收敛与强收敛是等价的. 事实上, 设 $e_1,e_2,\cdots,e_m$ 是 $\mathscr{X}$ 的一组基, 并设

$$\begin{aligned} x_n&=\xi_1^{(n)}e_1+\xi_2^{(n)}e_2+\cdots+\xi_m^{(n)}e_m \quad (n=1,2,\cdots),\\ x&=\xi_1^{(0)}e_1+\xi_2^{(0)}e_2+\cdots+\xi_m^{(0)}e_m. \end{aligned}$$

取 $f_i\in\mathscr{X}^*(i=1,2,\cdots,m)$, 使得 $f_i(e_j)=\delta_{ij}(i,j=1,2,\cdots,m)$ (见习题 2.4.7), 便有

$$f_i(x_n)=\xi_i^{(n)} \quad 与 \quad f_i(x)=\xi_i^{(0)} \quad (i=1,2,\cdots,m).$$

今若 $x_n\rightharpoonup x$, 则有 $\lim\limits_{n\to\infty} f(x_n)=f(x)(\forall f\in\mathscr{X}^*)$, 从而也有

$$\lim_{n\to\infty} f_i(x_n)=f_i(x) \quad (i=1,2,\cdots,m),$$

即

$$\lim_{n\to\infty}\xi_i^{(n)}=\xi_i^{(0)} \quad (i=1,2,\cdots,m).$$

换句话说就是 $\{x_n\}$ 按其坐标收敛于 x. 反过来, 若 $\{x_n\}$ 按其坐标收敛于 x, 那么 $x_n \to x\ (n \to \infty)$ (见定理 1.4.18), 由如下命题便推出 $x_n \rightharpoonup x\ (n \to \infty)$.

命题 2.5.16 (1) 弱极限若存在必唯一. (2) 强极限若存在必是弱极限.

证 (1) 若有 $x_n \rightharpoonup x, x_n \rightharpoonup y\ (n \to \infty)$, 由定义推得

$$f(x) = \lim_{n\to\infty} f(x_n) = f(y) \quad (\forall f \in \mathscr{X}^*).$$

利用推论 2.4.6, 即得 $x = y$.

(2) 若 $x_n \to x\ (n \to \infty)$, 则 $\forall f \in \mathscr{X}^*$ 有

$$|f(x_n) - f(x)| \leqslant \|f\| \cdot \|x_n - x\| \to 0 \quad (n \to \infty),$$

即得 $\lim\limits_{n\to\infty} f(x_n) = f(x)$. 故 $x_n \rightharpoonup x\ (n \to \infty)$. ■

但反过来, 当 $\dim \mathscr{X} = \infty$ 时, 弱极限存在却未必有强极限.

例 2.5.17 在 $L^2[0,1]$ 中, 设 $x_n = x_n(t) = \sin n\pi t$, 则根据 Riemann-Lebesgue 引理, 显然有

$$\langle f, x_n\rangle = \int_0^1 f(t)\sin n\pi t\mathrm{d}t \to 0 \quad (\forall f \in L^2[0,1]),$$

即 $x_n \rightharpoonup \theta\ (n \to \infty)$. 但 $\|x_n\| = 1/\sqrt{2}$, 不可能有 $x_n \to \theta\ (n \to \infty)$.

这表明弱收敛确实与强收敛不同. 然而反过来, 若 $x_n \rightharpoonup x\ (n \to \infty)$, 我们却可以找到 $\{x_n\}$ 的凸组合序列, 使其强收敛到 x.

定理 2.5.18 (Mazur) 设 $\mathscr{X}$ 是一个 B^* 空间, $x_n \rightharpoonup x_0\ (n \to \infty)$, 则 $\forall \varepsilon > 0, \exists \lambda_i \geqslant 0 (i = 1, 2, \cdots, n), \sum\limits_{i=1}^{n} \lambda_i = 1$, 使得

$$\left\| x_0 - \sum_{i=1}^{n} \lambda_i x_i \right\| \leqslant \varepsilon.$$

证 设 $M \triangleq \overline{\mathrm{co}(\{x_n\})}$, 则 M 是 $\mathscr{X}$ 中的一个闭凸集. 倘若 $x_0 \overline{\in} M$, 应用 Ascoli 定理 (推论 2.4.17), $\exists f \in \mathscr{X}^*$ 及 $\alpha \in \mathbb{R}$, 使得

$$f(x) < \alpha < f(x_0) \quad (\forall x \in M).$$

从而

$$f(x_n) < \alpha < f(x_0) \quad (\forall n \in \mathbb{N}).$$

这与 $x_n \rightharpoonup x_0$ $(n \to \infty)$ 矛盾. ■

又既然 $\mathscr{X}^*$ 也是一个 B 空间, 在 $\mathscr{X}^*$ 上自然也有两种收敛: 强收敛与弱收敛. 所谓弱收敛 $f_n \rightharpoonup f$, 是指对 $\forall x^{**} \in \mathscr{X}^{**}$ 都有 $x^{**}(f_n) \to x^{**}(f)$.

有时候为了不涉及 $\mathscr{X}^{**}$ 而是考察 $\mathscr{X}$.

定义 2.5.19 设 $\mathscr{X}$ 是 B^* 空间, $\{f_n\} \subset \mathscr{X}^*, f \in \mathscr{X}^*$. 称 $\{f_n\}*$ **弱收敛**到 f, 记作 $w^* - \lim\limits_{n\to\infty} f_n = f$, 是指: 对于 $\forall x \in \mathscr{X}$, 都有 $\lim\limits_{n\to\infty} f_n(x) = f(x)$. 这时 f 称作泛函序列 $\{f_n\}$ 的 $*$ **弱极限**.

我们已指出过: $\mathscr{X}$ 可以连续地嵌入 $\mathscr{X}^{**}$, 或者说 $\mathscr{X} \subset \mathscr{X}^{**}$, 因此 $\mathscr{X}^*$ 上的弱收敛蕴含 $\mathscr{X}^*$ 上的 $*$ 弱收敛, 而且当 $\mathscr{X}$ 是一个自反空间时, $*$ 弱收敛与弱收敛等价.

现在把 Banach-Steinhaus 定理 (定理 2.3.17) 应用到下列特殊情形.

定理 2.5.20 设 $\mathscr{X}$ 是一个 B^* 空间, 又设 $\{x_n\} \subset \mathscr{X}, x \in \mathscr{X}$, 则为了 $x_n \rightharpoonup x$ $(n \to \infty)$, 必须且仅须:

(1) $\|x_n\|$ 有界;

(2) 对 $\mathscr{X}^*$ 中的一个稠密子集 M^* 上的一切 f 都有

$$\lim_{n\to\infty} f(x_n) = f(x).$$

证 只需把 x_n 看成是 $\mathscr{X}^*$ 上的有界线性泛函:

$$\langle x_n, f\rangle \triangleq f(x_n) \quad (\forall f \in \mathscr{X}^*).$$

应用 Banach-Steinhaus 定理 (定理 2.3.17) 即得结论. ■

定理 2.5.21 设 $\mathscr{X}$ 是一个 B 空间, 又设 $\{f_n\}\subset\mathscr{X}^*, f\in\mathscr{X}^*$, 则为了 $w^*-\lim\limits_{n\to\infty}f_n=f$, 必须且仅须

(1) $\|f_n\|$ 有界;

(2) 对 $\mathscr{X}$ 中的一个稠密子集 M 上的一切 x 都有

$$\lim_{n\to\infty}f_n(x)=f(x).$$

证 本定理是 Banach-Steinhaus 定理 (定理 2.3.17) 的特殊情形.

类似于连续线性泛函序列, 对于连续线性算子序列, $\{T_n\}\subset\mathscr{L}(\mathscr{X},\mathscr{Y})$, 其中 $\mathscr{X},\mathscr{Y}$ 是 B^* 空间, 我们也考察各种收敛性. ■

定义 2.5.22 设 $\mathscr{X},\mathscr{Y}$ 是 B^* 空间. 又设 $T_n(n=1,2,\cdots)$, $T\in\mathscr{L}(\mathscr{X},\mathscr{Y})$.

(1) 若 $\|T_n-T\|\to0$, 则称 T_n **一致收敛**于 T, 记作 $T_n\rightrightarrows T$. 这时 T 称作 $\{T_n\}$ 的**一致极限**.

(2) 若 $\|(T_n-T)x\|\to0(\forall x\in\mathscr{X})$, 则称 T_n **强收敛**于 T, 记作 $T_n\to T$. 这时 T 称作 $\{T_n\}$ 的**强极限**.

(3) 如果对于 $\forall x\in\mathscr{X}$, 以及 $\forall f\in\mathscr{Y}^*$ 都有

$$\lim_{n\to\infty}f(T_nx)=f(Tx),$$

则称 T_n **弱收敛**于 T, 记作 $T_n\rightharpoonup T$. 这时 T 称作 $\{T_n\}$ 的**弱极限**.

显然, 一致收敛 $\Rightarrow$ 强收敛 $\Rightarrow$ 弱收敛, 而且每种极限若存在必是唯一的. 但反过来一般不对.

例 2.5.23 (强收敛而不一致收敛) 在空间 l^2 上考察左推移算子

$$T:x=(x_1,x_2,\cdots,x_n,\cdots)\mapsto Tx=(x_2,x_3,\cdots,x_n,\cdots).$$

令 $T_n\triangleq T^n$, 便有

$$T_nx=(x_{n+1},x_{n+2},\cdots)\quad(\forall x=(x_1,x_2,\cdots,x_n,\cdots)\in l^2).$$

下面我们证明: $T_n \to 0$, 但 $T_n \not\rightrightarrows 0\ (n\to\infty)$. 事实上, 若取

$$e_n = (\underbrace{0,0,\cdots,0,1}_{n},0,\cdots),$$

那么 $T_n e_{n+1} = e_1$, 并且 $\|e_n\| = 1(\forall n\in\mathbb{N})$. 因此

$$\|T_n\| \geqslant \|T_n(e_{n+1})\| = 1,$$

从而 $T_n \not\rightrightarrows 0$. 但是对 $\forall x = (x_1, x_2, \cdots, x_n, \cdots) \in l^2$ 有

$$\|T_n x\| = \left(\sum_{i=1}^{\infty} |x_{n+i}|^2\right)^{\frac{1}{2}} \to 0 \quad (n\to\infty),$$

即 $T_n \to 0$. ■

例 2.5.24 (弱收敛而不强收敛) 在空间 l^2 上考察右推移算子

$$S : x = (x_1, x_2, \cdots, x_n, \cdots) \mapsto Sx = (0, x_1, x_2, \cdots, x_n, \cdots).$$

令 $S_n \triangleq S^n$, 便有

$$S_n x = (\underbrace{0,0,\cdots,0}_{n}, x_1, x_2, \cdots) \quad (\forall x \in l^2).$$

显然, $\|S_n x\| = \|x\|(\forall x \in l^2)$, 从而 $S_n \nrightarrow 0$. 但是对于 $\forall f = (y_1, y_2, \cdots, y_n, \cdots) \in (l^2)^* = l^2$, 我们有

$$\begin{aligned} |\langle f, S_n x\rangle| &= \left|\sum_{i=1}^{\infty} y_{i+n} x_i\right| \\ &\leqslant \left(\sum_{i=1}^{\infty} |y_{i+n}|^2\right)^{\frac{1}{2}} \|x\| \to 0 \quad (n\to\infty), \end{aligned}$$

即 $S_n \rightharpoonup 0\ (n\to\infty)$. ■

5.4 弱列紧性与 $*$ 弱列紧性

引进弱收敛及 $*$ 弱收敛的目的之一是可以从有界性导出某种紧性. 如称集 A 是**弱列紧的**, 是指 A 中的任意点列有一个弱收敛子列. 又如称 A 是 $*$ **弱列紧的**, 是指 A 中的任意点列有一个 $*$ 弱收敛的子列.

下面一个定理是非常容易看出来的.

定理 2.5.25 设 $\mathscr{X}$ 是可分的 B^* 空间, 那么 $\mathscr{X}^*$ 上的任意有界列 $\{f_n\}$ 必有 $*$ 弱收敛的子列.

证 因为 $\mathscr{X}$ 可分, 所以 $\mathscr{X}$ 有可数的稠密子集 $\{x_m\}$. 因为 $\{f_n\}$ 有界, 所以对每一个固定的 m, 数集

$$\{\langle f_n, x_m\rangle \big| n, m \in \mathbb{N}\}$$

是有界的. 用对角线法则可以抽出子列 $\{f_{n_k}\}_{k=1}^{\infty}$, 使得对 $\forall m \in \mathbb{N}$,

$$\{\langle f_{n_k}, x_m\rangle\}_{k=1}^{\infty}$$

是收敛数列. 再由 $\{x_m\}$ 在 $\mathscr{X}$ 中稠密, 以及 $\{f_n\}$ 有界, 可见对于 $\forall x \in \mathscr{X}$,

$$\{\langle f_{n_k}, x\rangle\}_{k=1}^{\infty}$$

是收敛数列. 记 $F(x) \triangleq \lim\limits_{k\to\infty} \langle f_{n_k}, x\rangle$. 易见 F 是线性的, 并且

$$|F(x)| \leqslant \sup_n \|f_n\| \cdot \|x\| \quad (\forall x \in \mathscr{X}).$$

从而有 $f \in \mathscr{X}^*$, 使得

$$\langle f, x\rangle = F(x) = \lim_{k\to\infty} \langle f_{n_k}, x\rangle \quad (\forall x \in \mathscr{X}).$$

即得 $w^* - \lim\limits_{k\to\infty} f_{n_k} = f$. ■

为了避免可分性, 我们利用空间的自反性假设导出 $*$ 弱列紧性 (此时 $*$ 弱列紧与弱列紧是等价的). 先证下面的定理.

定理 2.5.26 (Banach) 设 $\mathscr{X}$ 是 B^* 空间. 若 $\mathscr{X}$ 的共轭空间 $\mathscr{X}^*$ 是可分的, 则 $\mathscr{X}$ 本身必是可分的.

证 (1) 考察 $\mathscr{X}^*$ 的单位球面 $S_1^* \triangleq \{f \in \mathscr{X}^* \big| \|f\| = 1\}$. 我们指出: S_1^* 是可分的. 事实上, 由 $\mathscr{X}^*$ 可分, $\exists \{f_n\} \subset \mathscr{X}^*$, 使得 $\forall f \in S_1^*, \exists \{n_k\}_{k=1}^{\infty}$, 使得

$$\lim_{k\to\infty} f_{n_k} = f.$$

今令 $g_n \triangleq f_n/\|f_n\|$ (不妨设 $f_n \neq \theta$), 便有

$$\begin{aligned}\|f - g_{n_k}\| &\leqslant \|f - f_{n_k}\| + \|f_{n_k} - g_{n_k}\| \\ &= \|f - f_{n_k}\| + |1 - \|f_{n_k}\|| \to 0 \quad (k \to \infty).\end{aligned}$$

由此可见 S_1^* 有可数的稠密子集 $\{g_n\}$.

(2) 对于每个 g_n, 因为 $\|g_n\| = 1$, 所以可以选取 $x_n \in \mathscr{X}$, 使得

$$\|x_n\| = 1, \quad \text{并且} \quad g_n(x_n) \geqslant \frac{1}{2}.$$

记 $\mathscr{X}_0 \triangleq \overline{\text{span}\{x_n\}}$, 它显然是可分的 ($x_n$ 的有理系数的线性组合在 $\mathscr{X}_0$ 中稠密).

(3) 证明 $\mathscr{X}_0 = \mathscr{X}$. 倘若不然, 存在 $x_0 \in \mathscr{X} \backslash \mathscr{X}_0$, 不妨设 $\|x_0\| = 1$, 利用定理 2.4.7, $\exists f_0 \in \mathscr{X}^*$, 使得 $\|f_0\| = 1$, 从而 $f_0 \in S_1^*$, 并且 $f_0(x) = 0 (\forall x \in \mathscr{X}_0)$.

对此 f_0 我们有

$$\begin{aligned}\|g_n - f_0\| &= \sup_{\|x\|=1} |g_n(x) - f_0(x)| \\ &\geqslant |g_n(x_n) - f_0(x_n)| \\ &= |g_n(x_n)| \geqslant 1/2.\end{aligned}$$

这与 $\{g_n\}$ 在 S_1^* 中稠密相矛盾, 即得 $\mathscr{X} = \mathscr{X}_0$. 从而 $\mathscr{X}$ 是可分的. ■

定理 2.5.27 (Pettis) 自反空间 $\mathscr{X}$ 的闭子空间 $\mathscr{X}_0$ 必是自反空间.

证 要证: 若 $z_0 \in \mathscr{X}_0^{**}$, 则必 $z_0 \in \mathscr{X}_0$; 也就是要证: $\exists x \in \mathscr{X}_0$, 使得

$$\langle z_0, f_0\rangle = \langle f_0, x\rangle \quad (\forall f_0 \in \mathscr{X}_0^*). \tag{2.5.28}$$

今对 $\forall f \in \mathscr{X}^*$, 考察 f 在 $\mathscr{X}_0$ 上的限制 $Tf = f_0 \in \mathscr{X}_0^*$. 因为

$$\|f_0\| \leqslant \|f\|,$$

所以 $T \in \mathscr{L}(\mathscr{X}^*, \mathscr{X}_0^*)$. 于是 $z \triangleq T^* z_0 \in \mathscr{X}^{**}$, 又 $\mathscr{X}$ 自反, 因此 $\exists x \in \mathscr{X}$, 使得

$$\langle z, f\rangle = \langle f, x\rangle \quad (\forall f \in \mathscr{X}^*). \tag{2.5.29}$$

今证此 $x \in \mathscr{X}_0$. 倘若不然, 由定理 2.4.7, $\exists f \in \mathscr{X}^*$, 使得

$$f(\mathscr{X}_0) = 0, \quad 且 \quad \langle f, x\rangle = 1,$$

从而 $Tf = \theta$. 但这导出矛盾:

$$0 = \langle z_0, Tf\rangle = \langle T^* z_0, f\rangle = \langle z, f\rangle = \langle f, x\rangle = 1.$$

这就证明了 $\exists x \in \mathscr{X}_0$, 使得 (2.5.29) 式成立. 现在要证此 x 还适合 (2.5.28) 式. 事实上, $\forall f_0 \in \mathscr{X}_0^*$, 由 Hahn-Banach 定理 (定理 2.4.4), 存在 $f \in \mathscr{X}^*$, 使得 $f_0 = Tf$. 从而我们有

$$\langle z_0, f_0\rangle = \langle z_0, Tf\rangle = \langle z, f\rangle,$$

以及

$$\langle f_0, x\rangle = \langle f, x\rangle \quad (\forall x \in \mathscr{X}_0).$$

由此可见, 适合 (2.5.29) 式的 x 必适合 (2.5.28) 式. ■

定理 2.5.28 (Eberlein-Smulian) 自反空间的单位 (闭) 球是弱 (自) 列紧的.

证 (1) 我们先证: 自反空间 $\mathscr{X}$ 中的任何有界点列 $\{x_n\}$ 必有一个在 $\mathscr{X}$ 中弱收敛的子列. 令

$$\mathscr{X}_0 \triangleq \overline{\operatorname{span}\{x_n\}}.$$

根据定理 2.5.27, 因为 $\mathscr{X}$ 自反, 所以 $\mathscr{X}_0$ 也是自反的. 又显然 $\mathscr{X}_0$ 是可分的, 这表明 $(\mathscr{X}_0^*)^*$ 是可分的. 再由定理 2.5.26, $\mathscr{X}_0^*$ 也是可分的. 若记 $\{g_n\}$ 为 $\mathscr{X}_0^{**}$ 中的元素, 它适合

$$\langle g_n, f\rangle = \langle f, x_n\rangle \quad (\forall f \in \mathscr{X}_0^*), \tag{2.5.30}$$

则 $\{\|g_n\|\}$ 有界. 设 M_0^* 是 $\mathscr{X}_0^*$ 中的可数稠密子集, 用对角线法则, 在 $\{g_n\}$ 中可以抽出一子列 $\{g_{n_k}\}$ 及 $\exists g \in \mathscr{X}_0^{**}$, 使得

$$\lim_{k\to\infty}\langle g_{n_k}, f\rangle = \langle g, f\rangle \quad (\forall f \in M_0^*). \tag{2.5.31}$$

再依定理 2.5.21, (2.5.31) 式蕴含

$$\lim_{k\to\infty}\langle g_{n_k}, f\rangle = \langle g, f\rangle \quad (\forall f \in \mathscr{X}_0^*). \tag{2.5.32}$$

还由 $\mathscr{X}_0$ 的自反性, $\exists x_0 \in \mathscr{X}_0$ 适合

$$\langle g, f\rangle = \langle f, x_0\rangle \quad (\forall f \in \mathscr{X}_0^*). \tag{2.5.33}$$

联合 (2.5.30) 式, (2.5.32) 式与 (2.5.33) 式, 便得到

$$\begin{aligned}\lim_{k\to\infty}\langle f, x_{n_k}\rangle &= \lim_{k\to\infty}\langle g_{n_k}, f\rangle \\ &= \langle f, x_0\rangle \quad (\forall f \in \mathscr{X}_0^*).\end{aligned} \tag{2.5.34}$$

进一步对 $\forall \widetilde{f} \in \mathscr{X}^*$, 记 $f \triangleq T\widetilde{f}$ 为 $\widetilde{f}$ 在 $\mathscr{X}_0$ 上的限制. 因为 $\{x_{n_k}\} \subset \mathscr{X}_0$ 及 $x_0 \in \mathscr{X}_0$, 依 (2.5.34) 式便有

$$\begin{aligned}\lim_{k\to\infty}\langle \widetilde{f}, x_{n_k}\rangle &= \lim_{k\to\infty}\langle f, x_{n_k}\rangle \\ &= \langle f, x_0\rangle = \langle \widetilde{f}, x_0\rangle \quad (\forall \widetilde{f} \in \mathscr{X}^*),\end{aligned}$$

即得 $x_{n_k} \rightharpoonup x_0$. 于是 $\mathscr{X}$ 中的任意有界集是弱列紧集, 特别是单位球是弱列紧的. 同样, 单位闭球也是弱列紧的.

(2) 证明单位闭球是弱自列紧的. 设 $x_{n_k} \rightharpoonup x_0$, 并且 $\|x_{n_k}\| \leqslant 1$. 由推论 2.4.6, $\exists f \in \mathscr{X}^*$ 适合

$$f(x_0) = \|x_0\|, \quad \text{且} \quad \|f\| = 1.$$

因此, 我们有

$$\|x_0\| = f(x_0) = \lim_{k\to\infty} f(x_{n_k}) \leqslant \|f\| \sup_{k\geqslant 1} \|x_{n_k}\| \leqslant 1,$$

即 x_0 也在单位闭球内, 从而单位闭球是弱自列紧的. ■

定理 2.5.29 (Alaoglu) 设 $\mathscr{X}$ 是 B^* 空间, 则 $\mathscr{X}^*$ 中的单位闭球是 $*$ 弱紧的.

$*$ 弱紧的定义及证明请参看下册第五章.

应用 $L^p[0,2\pi](1<p<\infty)$ 函数的 Fourier 级数的刻画.

设 $f \in L^1[0,2\pi]$, 我们称

$$c_n \triangleq \frac{1}{2\pi}\int_0^{2\pi} f(x)\mathrm{e}^{-\mathrm{i}nx}\mathrm{d}x \quad (n = 0, \pm1, \pm2, \cdots)$$

为 f 的 **Fourier 系数**, 并称级数

$$\sum_{n=-\infty}^{\infty} c_n \mathrm{e}^{\mathrm{i}nx} \tag{2.5.35}$$

为 f 的 **Fourier 级数**. 当 $f \in L^2[0,2\pi]$ 时, 级数 (2.5.35) 在 $L^2[0,2\pi]$ 空间上收敛 (见例 1.6.26). 一般来说, 对于 $L^1[0,2\pi]$ 中的 f, 级数(2.5.35)未必收敛. 通常我们考察下列 Cesaro 部分和 (算术平均和):

$$\begin{aligned} \sigma_n(f)(x) &= \frac{1}{n+1}\sum_{k=0}^{n} S_k(f)(x) \\ &= \sum_{k=-n}^{n} c_k \left(1 - \frac{|k|}{n+1}\right)\mathrm{e}^{\mathrm{i}kx}, \end{aligned} \tag{2.5.36}$$

其中 $S_n(f)(x) \triangleq \sum_{k=-n}^{n} c_k \mathrm{e}^{\mathrm{i}kx}$. 通过初等计算, 有

$$\sigma_n(f)(x) = \int_0^{2\pi} f(y) K_n(x-y) \mathrm{d}y,$$

其中

$$\begin{aligned} K_n(x) &\triangleq \frac{1}{2\pi} \sum_{k=-n}^{n} \left(1 - \frac{|k|}{n+1}\right) \mathrm{e}^{\mathrm{i}kx} \\ &= \frac{1}{2\pi(n+1)} \left(\frac{\sin(n+1)\dfrac{x}{2}}{\sin\dfrac{x}{2}} \right)^2, \end{aligned}$$

称其为 **Fejer 核**. 利用 K_n 的非负性, 以及

$$\int_0^{2\pi} K_n(x) \mathrm{d}x = \frac{1}{2\pi} \sum_{k=-n}^{n} \left(1 - \frac{|k|}{n+1}\right) \int_0^{2\pi} \mathrm{e}^{\mathrm{i}kx} \mathrm{d}x = 1,$$

按 Young 不等式 (引理 2.5.14), 对 $\forall f \in L^p[0,2\pi] (1 \leqslant p < \infty)$, 有

$$\|\sigma_n(f)\|_{L^p} \leqslant \|f\|_{L^p}.$$

由此可见, 若 $f \in L^p$, 则其 Cesaro 部分和的 L^p 范数是一致有界的. ■

现在我们要证明反过来的结论.

定理 2.5.30 若 $1 < p \leqslant \infty$, 又若级数 (2.5.35) 的 Cesaro 部分和级数 (2.5.36) 的 L^p 范数是一致有界的, 即

$$\sup_{n \geqslant 1} \|\sigma_n\|_{L^p} < \infty, \tag{2.5.37}$$

那么必存在 $f \in L^p[0,2\pi]$, 使得 σ_n 是 f 的 Fourier 级数的 Cesaro 部分和.

证 注意到 $L^p[0,2\pi] = L^q[0,2\pi]^*$, $\dfrac{1}{p} + \dfrac{1}{q} = 1$. 而 $L^q[0,2\pi]$ 是

可分的. 由条件 (2.5.37) 式应用定理 2.5.25, 可见存在 $f \in L^p[0,2\pi]$ 及子列 $\{n_k\}$, 使得

$$w^* - \lim_{k\to\infty} \sigma_{n_k}(x) = f(x) \quad (\text{在 } L^p[0,2\pi] \text{ 中}).$$

因为 $\mathrm{e}^{\mathrm{i}mx} \in L^q[0,2\pi](m=0,\pm1,\pm2,\cdots)$, 所以

$$\begin{aligned}\frac{1}{2\pi}\int_0^{2\pi} f(x)\mathrm{e}^{-\mathrm{i}mx}\mathrm{d}x &= \lim_{k\to\infty}\frac{1}{2\pi}\int_0^{2\pi}\sigma_{n_k}(x)\mathrm{e}^{-\mathrm{i}mx}\mathrm{d}x \\ &= \lim_{k\to\infty}\left(1-\frac{|m|}{n_k+1}\right)c_m = c_m,\end{aligned}$$

即得 $\sigma_n(x)$ 是 f 的 Fourier 级数的 Cesaro 部分和 $\sigma_n(f)(x)$. ■

5.5* 弱收敛的例子

在变分学和微分方程研究中通常需要刻画方程解 (或者逼近解) 的弱收敛行为. 常见的弱收敛而不强收敛的例子有下列三种类型: 振荡 (oscillation)、平移 (translation)、集中 (concentration). 下面我们通过具体例子来介绍这三种现象.

例 2.5.31 (振荡) (1) 令 $u_n(x)=\sin n\pi x$, 由 Riemann-Lebesgue 引理, 当 $n\to\infty, u_n$ 在 $L^2[0,1]$ 中弱收敛但不强收敛于 0.

(2) 锯齿型函数序列:

$$u_n(x)=\begin{cases} x-\dfrac{k}{n}, & x\in\left[\dfrac{k}{n},\dfrac{2k+1}{2n}\right], \\ -x+\dfrac{k+1}{n}, & x\in\left[\dfrac{2k+1}{2n},\dfrac{k+1}{n}\right]. \end{cases}$$

容易证明, $\{u_n\}$ 在 $H^{1,2}(0,1)$ 中弱收敛但不强收敛于 0, 造成这种现象的主要原因是函数列 $\{u_n\}$ 在区间 (0,1) 中的剧烈振荡. 在变分学中, 它经常作为某个泛函的不收敛的极小化子列出现[①], 如图 2.5.1 所示.

① 见张恭庆所著《变分学讲义》(高等教育出版社, 2011) 中的例 13.3.

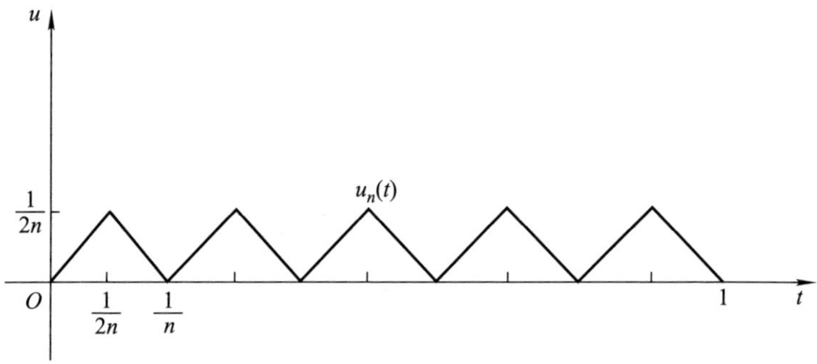

图 2.5.1 锯齿形极小化序列 u_n

序列 $\{u_n\}$ 不仅自身有界, 而且其逐段导数也是有界的.

例 2.5.32 (平移) 设 $f \in L^p(\mathbb{R})\backslash\{0\}, 1 < p < \infty$, 令

$$f_n(x) = f(x+n), \quad x \in \mathbb{R}, n = 1, 2, \cdots,$$

则 $f_n \rightharpoonup 0$, 但 $\|f_n\| = \|f\|$, 即 f_n 弱收敛但不强收敛于 0.

证 应证对任意 $g \in (L^p(\mathbb{R}))^* = L^q(\mathbb{R}), \dfrac{1}{p} + \dfrac{1}{q} = 1$, 有

$$\int_{\mathbb{R}} f_n(x)g(x)\mathrm{d}x = \int_{\mathbb{R}} f(x+n)g(x)\mathrm{d}x \to 0, \quad n \to \infty. \tag{2.5.38}$$

因 $C_0^\infty(\mathbb{R})$ 在 $L^q(\mathbb{R})$ 中稠密, 由 Banach-Steinhaus 定理 (定理 2.3.17), 只需证 (2.5.28) 式对 $\forall g \in C_0^\infty(\mathbb{R})$ 成立即可. 由变量代换,

$$\int_{\mathbb{R}} f(x+n)g(x)\mathrm{d}x = \int_{\mathbb{R}} f(x)g(x-n)\mathrm{d}x.$$

为证 (2.5.38) 式, 先设 $f \in C_0^\infty(\mathbb{R})$. 令 $\varphi_n(x) = f(x)g(x-n)$, 由 $g \in C_0^\infty(\mathbb{R})$ 得, 存在常数 $C_g > 0$, 使得

$$|\varphi_n(x)| \leqslant C_g|f(x)|, \quad x \in \mathbb{R},$$

且 $\varphi_n(x) \to 0$, a.e., $n \to \infty$. 应用 Lebesgue 控制收敛定理,

$$\lim_{n\to\infty} \int_{\mathbb{R}} f_n(x)g(x)\mathrm{d}x = \lim_{n\to\infty} \int_{\mathbb{R}} f(x+n)g(x)\mathrm{d}x$$
$$= \lim_{n\to\infty} \int_{\mathbb{R}} f(x)g(x-n)\mathrm{d}x = 0, \tag{2.5.39}$$

即 (2.5.38) 式成立.

对一般 $f, \forall \varepsilon > 0$, 取 $f_\varepsilon \in C_0^\infty(\mathbb{R})$, 使

$$\|f - f_\varepsilon\|_{L^p} < \frac{\varepsilon}{2(\|g\|_{L^q} + 1)},$$

则有

$$\left|\int_{\mathbb{R}} f_n(x)g(x)\mathrm{d}x\right| = \left|\int_{\mathbb{R}} f(x)g(x-n)\mathrm{d}x\right|$$
$$\leqslant \|f - f_\varepsilon\|_{L^p} \cdot \|g\|_{L^q} + \left|\int_{\mathbb{R}} f_\varepsilon(x)g(x-n)\mathrm{d}x\right|$$
$$\leqslant \frac{\varepsilon}{2} + \left|\int_{\mathbb{R}} f_\varepsilon(x)g(x-n)\mathrm{d}x\right|. \tag{2.5.40}$$

结合 (2.5.39) 式和 (2.5.40) 式, 存在 N, 当 $n \geqslant N$ 时,

$$\left|\int_{\mathbb{R}} f_n(x)g(x)\mathrm{d}x\right| < \varepsilon,$$

即 (2.5.38) 式成立. ■

例 2.5.33 (集中) 考虑由平面上定义的函数空间 $\mathscr{H}$, 它由旋转不变函数 $f(x,y) = u(r)$ 组成, 其中 (x,y) 为平面的直角坐标, $r = \sqrt{x^2+y^2}, u \in L^2_{\frac{4r\mathrm{d}r}{(1+r^2)^2}}(\mathbb{R}^1_+)$, 其导函数 $u' \in L^2_{r\mathrm{d}r}(\mathbb{R}^1_+)$, 它的范数平方为

$$\|u\|^2 = \int_0^\infty |u(r)|^2 \frac{4r\mathrm{d}r}{(1+r^2)^2} + \int_0^\infty |u'(r)|^2 r\mathrm{d}r.$$

给定参数 $\lambda>0$, 函数 $\phi_\lambda(r)=\dfrac{-1+\lambda^2r^2}{1+\lambda^2r^2},\psi_\lambda(r)=\dfrac{2\lambda r}{1+\lambda^2r^2}$ 都属于 $\mathscr{H}$. 事实上,

$$|\phi_\lambda(r)|^2+|\psi_\lambda(r)|^2=1,$$

从而

$$\int_0^\infty(|\phi_\lambda(r)|^2+|\psi_\lambda(r)|^2)\frac{4r\mathrm{d}r}{(1+r^2)^2}=2.$$

又

$$\begin{cases}(\phi'_\lambda)_r=\dfrac{4\lambda^2r}{(1+\lambda^2r^2)^2},\\ (\psi'_\lambda)_r=\dfrac{2\lambda(1-\lambda^2r^2)}{(1+\lambda^2r^2)^2},\end{cases}$$

从而

$$\int_0^\infty(|(\phi'_\lambda)_r|^2+|(\psi'_\lambda)_r|^2)r\mathrm{d}r=2.$$

因此, 任意一个趋于无穷的序列 $\lambda_j\to\infty,(\phi_{\lambda_j},\psi_{\lambda_j})$ 必有弱收敛子列, 但 ϕ_{λ_j} 不强收敛. 因为除了 $r=0$ 外, 当 $\lambda\to\infty$ 时, $(\phi_\lambda,\psi_\lambda)$ 逐点收敛到常值函数 $(1,0)$.

这个例子在几何上反映了这样一个重要事实: 一族能量有界的调和映射, 能量可以集中到一点.

习　题

2.5.1　求证: $(l^p)^*=l^q\left(1\leqslant p<\infty,\dfrac{1}{p}+\dfrac{1}{q}=1\right)$.

2.5.2　设 C 是收敛数列的全体, 赋以范数

$$\|\cdot\|:\{\xi_k\}\in C\mapsto\sup_{k\geqslant1}|\xi_k|,$$

求证: $C^*=l^1$.

2.5.3　设 C_0 是以 0 为极限的数列全体, 赋以范数

$$\|\cdot\|:\{\xi_k\}\in C\mapsto\sup_{k\geqslant1}|\xi_k|,$$

求证: $C_0^* = l^1$.

2.5.4 求证: 有限维 B^* 空间必是自反的.

2.5.5 求证: B 空间是自反的, 当且仅当它的共轭空间是自反的.

2.5.6 设 $\mathscr{X}$ 是 B^* 空间, T 是从 $\mathscr{X}$ 到 $\mathscr{X}^{**}$ 的自然映射, 求证: $R(T)$ 是闭的充要条件是 $\mathscr{X}$ 是完备的.

2.5.7 在 l^1 中定义算子

$$T:(x_1,x_2,\cdots,x_n,\cdots)\mapsto(0,x_1,x_2,\cdots,x_n,\cdots),$$

求证: $T\in\mathscr{L}(l^1)$ 并求 T^*.

2.5.8 在 l^2 中定义算子

$$T:(x_1,x_2,\cdots,x_n,\cdots)\mapsto\left(x_1,\frac{x_2}{2},\cdots,\frac{x_n}{n},\cdots\right),$$

求证: $T\in\mathscr{L}(l^2)$ 并求 T^*.

2.5.9 设 H 是 Hilbert 空间, $A\in\mathscr{L}(H)$ 并满足

$$(Ax,y)=(x,Ay)\quad(\forall x,y\in H),$$

求证: (1) $A^*=A$;

(2) 若 $R(A)$ 在 H 中稠密, 则方程 $Ax=y$ 对 $\forall y\in R(A)$ 存在唯一解.

2.5.10 设 $\mathscr{X},\mathscr{Y}$ 是 B^* 空间, $A\in\mathscr{L}(\mathscr{X},\mathscr{Y})$, 又设 A^{-1} 存在且 $A^{-1}\in\mathscr{L}(\mathscr{Y},\mathscr{X})$, 求证:

(1) $(A^*)^{-1}$ 存在, 且 $(A^*)^{-1}\in\mathscr{L}(\mathscr{X}^*,\mathscr{Y}^*)$;

(2) $(A^*)^{-1}=(A^{-1})^*$.

2.5.11 设 $\mathscr{X},\mathscr{Y},\mathscr{Z}$ 是 B^* 空间, 而 $B\in\mathscr{L}(\mathscr{X},\mathscr{Y})$ 以及 $A\in\mathscr{L}(\mathscr{Y},\mathscr{Z})$, 求证: $(AB)^*=B^*A^*$.

2.5.12 设 $\mathscr{X},\mathscr{Y}$ 是 B 空间, T 是 $\mathscr{X}$ 到 $\mathscr{Y}$ 的线性算子, 又设对 $\forall g\in\mathscr{Y}^*, g(Tx)$ 是 $\mathscr{X}$ 上的有界线性泛函, 求证: T 是连续的.

2.5.13 设 $\{x_n\} \subset C[a,b], x \in C[a,b]$ 且 $x_n \rightharpoonup x\ (n \to \infty)$, 求证:

$$\lim_{n\to\infty} x_n(t) = x(t) \quad (\forall t \in [a,b]) \quad (\text{点点收敛}).$$

2.5.14 已知在 B^* 空间中 $x_n \rightharpoonup x_0\ (n \to \infty)$, 求证:

$$\underline{\lim}_{n\to\infty} \|x_n\| \geqslant \|x_0\|.$$

2.5.15 设 H 是 Hilbert 空间, $\{e_n\}$ 是 H 的正交规范基, 求证: 在 H 中 $x_n \rightharpoonup x_0\ (n \to \infty)$ 的充要条件是

(1) $\|x_n\|$ 有界;

(2) $(x_n, e_k) \to (x_0, e_k)(n \to \infty)(k = 1, 2, \cdots)$.

2.5.16 设 S_n 是 $L^p(\mathbb{R})(1 \leqslant p < \infty)$ 到自身的算子:

$$(S_n u)(x) = \begin{cases} u(x), & |x| \leqslant n, \\ 0, & |x| > n, \end{cases}$$

其中 $u \in L^p(\mathbb{R})$ 是任意的, 求证: $\{S_n\}$ 强收敛于恒同算子 I, 但不一致收敛到 I.

2.5.17 设 H 是 Hilbert 空间, 在 H 中 $x_n \rightharpoonup x_0\ (h \to \infty)$, 而且 $y_n \to y_0\ (h \to \infty)$, 求证: $(x_n, y_n) \mapsto (x_0, y_0)\ (n \to \infty)$.

2.5.18 设 $\{e_n\}$ 是 Hilbert 空间 H 中的正交规范集, 求证: 在 H 中 $e_n \rightharpoonup \theta\ (n \to \infty)$, 但 $e_n \nrightarrow \theta\ (n \to \infty)$.

2.5.19 设 H 是 Hilbert 空间, 求证: 在 H 中 $x_n \to x(n \to \infty)$ 的充要条件是

(1) $\|x_n\| \to \|x\|\ (n \to \infty)$;

(2) $x_n \rightharpoonup x\ (n \to \infty)$.

2.5.20 求证: 在自反的 B 空间中, 集合的弱列紧性与有界性是等价的.

2.5.21 求证: B^* 空间中的闭凸集是弱闭的, 即若 M 是闭凸集, $\{x_n\} \subset M$, 且 $x_n \rightharpoonup x_0\ (n \to \infty)$, 则 $x_0 \in M$.

2.5.22 设 $\mathscr{X}$ 是自反的 B 空间, M 是 $\mathscr{X}$ 中的有界闭凸集, $\forall f \in \mathscr{X}^*$, 求证: f 在 M 上达到最大值和最小值.

2.5.23 设 $\mathscr{X}$ 是自反的 B 空间, M 是 $\mathscr{X}$ 中的非空闭凸集, 求证: $\exists x_0 \in M$, 使得 $\|x_0\| = \inf\left\{\|x\| \big| x \in M\right\}$.

§ 6 线性算子的谱

线性代数用较大篇幅研究矩阵的特征值. 在微分方程和积分方程理论中也着重讨论了特征值问题. 这种研究有两方面的重要性:

(1) 直接来自物理学与工程的需要. 例如求振动的频率、判定系统的稳定性等都涉及相应算子的特征值或特征值的分布. 在量子力学里, 能量算符是 L^2 空间上的一个自伴算子, 其特征值对应着该系统束缚态的能级. 特别地, 光谱就是某个算子的特征值的分布.

(2) 通过特征值或者更一般的谱的研究来了解算子本身的结构, 从而用以刻画相应方程的解的构造. 例如, 通过矩阵的特征值, 我们可以刻画这个矩阵的不变子空间, 写出它的标准形, 并且彻底弄清楚相应齐次或非齐次方程解的结构.

6.1 定义与例

现在我们在维数 $\geqslant 1$ 的复 Banach 空间 $\mathscr{X}$ 上, 考察闭线性算子 $A: D(A) \subset \mathscr{X} \to \mathscr{X}$. 仿照矩阵, $\lambda \in \mathbb{C}$ 称为是 A 的**特征值**, 是指 $\exists x_0 \in D(A)\backslash\{\theta\}$, 适合:

$$Ax_0 = \lambda x_0,$$

并称相应的 x_0 为对应于 λ 的**特征元**.

从线性代数知道, 当 $\dim \mathscr{X} < \infty$ 时, $\forall \lambda \in \mathbb{C}$ 只有两种可能性:

(1) λ 是特征值;

(2) $(\lambda I - A)^{-1}$ 作为矩阵存在, 即 $(\lambda I - A)^{-1} \in \mathscr{L}(\mathscr{X})$.

定义 2.6.1 设 $\mathscr{X}$ 是 B 空间, $A: D(A) \subset \mathscr{X} \to \mathscr{X}$ 是闭线性算子, 称集合

$$\rho(A) \triangleq \left\{\lambda \in \mathbb{C} \middle| (\lambda I - A)^{-1} \in \mathscr{L}(\mathscr{X})\right\}$$

为 A 的**预解集**, $\rho(A)$ 中的 λ 称为 A 的**正则值**.

由定义 2.6.1, 在 $\dim \mathscr{X} < \infty$ 的情形下, $\forall \lambda \in \mathbb{C}$, 它或是 A 的特征值, 或是正则值, 二者必居其一.

但当 $\dim \mathscr{X} = \infty$ 时, 情况就复杂多了. 从逻辑上分, 有如下几种情形:

(1) $(\lambda I - A)^{-1}$ 不存在. 这相当于 λ 是特征值.

(2) $(\lambda I - A)^{-1}$ 存在, 且值域 $R(\lambda I - A) \triangleq (\lambda I - A)D(A) = \mathscr{X}$. 这相当于 λ 是正则值 (Banach 逆算子定理 (定理 2.3.8)).

(3) $(\lambda I - A)^{-1}$ 存在, $R(\lambda I - A) \neq \mathscr{X}$, 但 $\overline{R(\lambda I - A)} = \mathscr{X}$. 对于这部分 λ, 我们称其为 A 的**连续谱**.

(4) $(\lambda I - A)^{-1}$ 存在, 且 $\overline{R(\lambda I - A)} \neq \mathscr{X}$, 这部分 λ 称为 A 的**剩余谱**.

记 $\sigma(A) \triangleq \mathbb{C} \backslash \rho(A)$, 并称 $\sigma(A)$ 为 A 的**谱集**. $\sigma(A)$ 中的点称为 A 的**谱点**. 对应于情形 (1) 中的那部分 λ 的集合, 记作 $\sigma_p(A)$, 称为 A 的**点谱**. A 的连续谱记作 $\sigma_c(A)$, A 的剩余谱记作 $\sigma_r(A)$. 因此有:

$$\sigma(A) = \sigma_p(A) \cup \sigma_c(A) \cup \sigma_r(A).$$

以下举例说明, 当 $\dim \mathscr{X} = \infty$ 时, 上述各种类型的谱都可能出现.

例 2.6.2 设 $\mathscr{X} = L^2[0,1]$, 考虑算子 $A: u(t) \mapsto -\dfrac{\mathrm{d}^2}{\mathrm{d}t^2}u(t)$. 为了得到闭算子, 我们需要明确其定义域. 对于 $u \in \mathscr{X}$, 有 Fourier

级数展开

$$u(t)=\sum_{n=-\infty}^{\infty}u_n\mathrm{e}^{2\pi int},$$

其中

$$u_n=\int_0^1 u(t)\mathrm{e}^{-2\pi int}\mathrm{d}t\quad(n\in\mathbb{Z}).$$

现在定义

$$(Au)(t)=\sum_{n=-\infty}^{\infty}(2\pi n)^2u_n\mathrm{e}^{2\pi int},$$

容易看出, $u\in C^2[0,1]$ 时, $(Au)(t)=-\dfrac{\mathrm{d}^2}{\mathrm{d}t^2}u(t)$. 令

$$D(A)=\big\{u\in\mathscr{X}\,\big|\,Au\in\mathscr{X}\big\},$$

则 $A:D(A)\to\mathscr{X}$ 是闭线性算子且

$$\sigma(A)=\sigma_p(A)=\big\{(2n\pi)^2\big|n=0,1,2,\cdots\big\}.$$

证 一方面, 我们有

$$-\frac{\mathrm{d}^2}{\mathrm{d}t^2}\left\{\begin{matrix}\sin\\ \cos\end{matrix}2n\pi t\right\}=(2n\pi)^2\left\{\begin{matrix}\sin\\ \cos\end{matrix}2n\pi t\right\}\quad(n=0,1,2,\cdots),$$

所以 $(2n\pi)^2\in\sigma_p(A)$, $n=0,1,2,\cdots$.

另一方面, 当 $\lambda\neq(2n\pi)^2$ 时, $\forall f\in L^2[0,1]$, 方程

$$\left(-\frac{\mathrm{d}^2}{\mathrm{d}t^2}-\lambda\right)u(t)=f(t)$$

有唯一解

$$u(t)=\sum_{n=-\infty}^{\infty}\frac{C_n}{(2n\pi)^2-\lambda}\mathrm{e}^{2\pi int},$$

其中

$$C_n=\int_0^1 f(t)\mathrm{e}^{-2\pi int}\mathrm{d}t\quad(n\in\mathbb{Z}).$$

不难验证: $u \in D(A)$, 并且

$$\|u\|^2 = \sum_{n=-\infty}^{\infty} \frac{|C_n|^2}{|(2n\pi)^2 - \lambda|^2} \leqslant M_\lambda^2 \sum_{n=-\infty}^{\infty} |C_n|^2 = M_\lambda^2 \|f\|^2,$$

其中

$$M_\lambda = \sup_{n\in\mathbb{Z}} \frac{1}{|(2n\pi)^2 - \lambda^2|} < \infty.$$ ■

例 2.6.3 设 $\mathscr{X} = C[0,1], A: u(t) \mapsto t \cdot u(t)$. 这是一个有界线性算子, 并且

$$\sigma(A) = \sigma_r(A) = [0,1].$$

证 $\forall\lambda \overline{\in} [0,1]$, 乘法算子 $(\lambda - t)^{-1}$ 是有界线性算子, 满足

$$\left\|\frac{1}{\lambda - t}x(t)\right\| \leqslant \sup_{t\in[0,1]} \frac{1}{|\lambda - t|}\|x\|.$$

而 $\forall\lambda \in [0,1]$, 方程

$$(\lambda - t)u(t) = 0$$

只有 θ 解: $u(t) \equiv 0 (\forall t \in [0,1])$, 并且为了 $v \in R(\lambda I - A)$ 必须 $v(\lambda) = 0$, 从而 $1 \overline{\in} \overline{R(\lambda I - A)}$. 这就证明了:

$$[0,1] \subset \sigma_r(A) \subset \sigma(A) \subset [0,1],$$

即得结论. ■

例 2.6.4 设 $\mathscr{X} = L^2[0,1], A: u(t) \mapsto tu(t)$, 则 A 是有界线性算子, 并且

$$\sigma(A) = \sigma_c(A) = [0,1].$$

证 和例 2.6.3 类似, 仅有的差别在于对 $\overline{R(\lambda I - A)}$ 的刻画. 现在, 因为 $L^2[0,1]$ 与 $C[0,1]$ 的拓扑不同, 从而闭包是不同的. 事实上, 一方面仍有 $1 \overline{\in} R(\lambda I - A)$, 这是因为 $(\lambda - t)^{-1} \overline{\in} L^2[0,1]$; 另一方面, 注意到 $R(\lambda I - A)$ 中的函数在 $t = \lambda$ 的任一个小邻域外可以是任意的 $L^2[0,1]$ 函数. 从而 $\overline{R(\lambda I - A)} = L^2[0,1]$. ■

6.2 Gelfand 定理

现在我们来研究谱集 $\sigma(A)$. 当 $\dim \mathscr{X} < \infty$ 时, 我们知道 $\sigma(A) \neq \varnothing$. 这是因为矩阵的特征值就是特征多项式

$$\det(\lambda I - A) = 0$$

的根, 利用代数基本定理, 特征值总是存在的. 但是这个方法不能直接推广到无穷维空间. 我们只好退一步看, 多项式根的存在性可以用解析函数的 Liouville 定理得证. 现在我们也将设法利用解析性.

定义 2.6.5 算子值函数 $R_\lambda(A) : \rho(A) \to \mathscr{L}(\mathscr{X})$ 定义为

$$\lambda \mapsto (\lambda I - A)^{-1} \quad (\forall \lambda \in \rho(A)),$$

称为 A 的**预解式**.

我们要想证明:

(1) $\rho(A)$ 是开集;

(2) $R_\lambda(A)$ 是 $\rho(A)$ 内的算子值解析函数 (定义见习题 2.4.17).

为证 (1), 需要下面的引理.

引理 2.6.6 设 $T \in \mathscr{L}(\mathscr{X}), \|T\| < 1$, 则 $(I - T)^{-1} \in \mathscr{L}(\mathscr{X})$, 并且

$$\|(I - T)^{-1}\| \leqslant \frac{1}{1 - \|T\|}. \tag{2.6.1}$$

证 这是压缩映射原理 (定理 1.1.12) 的推论. 事实上, $\|(I - T)^{-1}\| \leqslant M \Longleftrightarrow \forall y \in \mathscr{X}, \exists | x \in \mathscr{X}$, 使得 x 是 $Sx \triangleq y + Tx$ 的不动点, 并且 $\|x\| \leqslant M\|y\|$. 如今

$$\|Sx - Sx'\| = \|Tx - Tx'\| \leqslant \|T\| \cdot \|x - x'\|$$
$$(\forall x, x' \in \mathscr{X}),$$

即 S 是压缩映射. 从而有唯一 $x = Sx = y + Tx$, 并且

$$\|x\| \leqslant \frac{\|y\|}{1 - \|T\|}.$$ ■

注 事实上, 我们有

$$x=\lim_{n\to\infty}S^n y=\sum_{k=0}^{\infty}T^k y, \tag{2.6.2}$$

即当 $\|T\|<1$ 时,

$$(I-T)^{-1}=\sum_{k=0}^{\infty}T^k. \tag{2.6.3}$$

称 $\sum\limits_{k=0}^{\infty}T^k$ 为 **Neuman 级数**. 本引理亦可直接通过 (2.6.2) 式与 (2.6.3) 式来验证.

推论 2.6.7 设 A 是闭线性算子, 则 $\rho(A)$ 是开集.

证 设 $\lambda_0\in\rho(A)$, 则

$$\begin{aligned}\lambda I-A&=(\lambda-\lambda_0)I+(\lambda_0 I-A)\\&=(\lambda_0 I-A)[I+(\lambda-\lambda_0)(\lambda_0 I-A)^{-1}].\end{aligned}$$

当 $|\lambda-\lambda_0|<\|(\lambda_0 I-A)^{-1}\|^{-1}$ 时,

$$B\triangleq[I+(\lambda-\lambda_0)(\lambda_0 I-A)^{-1}]^{-1}\in\mathscr{L}(\mathscr{X}).$$

从而

$$(\lambda I-A)^{-1}=BR_{\lambda_0}(A)\in\mathscr{L}(\mathscr{X}), \tag{2.6.4}$$

即得 $\lambda\in\rho(A)$. ■

以下考虑对 $R_\lambda(A)$ 求导.

引理 2.6.8 (第一预解公式) 设 $\lambda,\mu\in\rho(A)$, 则有

$$R_\lambda(A)-R_\mu(A)=(\mu-\lambda)R_\lambda(A)R_\mu(A). \tag{2.6.5}$$

证 直接计算,

$$\begin{aligned}(\lambda I-A)^{-1}&=(\lambda I-A)^{-1}(\mu I-A)(\mu I-A)^{-1}\\&=(\lambda I-A)^{-1}[(\mu-\lambda)I+\lambda I-A](\mu I-A)^{-1}\\&=(\mu-\lambda)(\lambda I-A)^{-1}(\mu I-A)^{-1}+(\mu I-A)^{-1}.\end{aligned}$$ ■

定理 2.6.9 预解式 $R_\lambda(A)$ 在 $\rho(A)$ 内是算子值解析函数.

证 (1) 先证 $R_\lambda(A)$ 连续. 设 $\lambda_0 \in \rho(A)$, 由 (2.6.4) 式及 (2.6.1) 式, 我们有

$$\begin{aligned}\|R_\lambda(A)\| &\leqslant \|R_{\lambda_0}(A)\| \cdot \|[I + (\lambda - \lambda_0)R_{\lambda_0}(A)]^{-1}\| \\ &\leqslant 2\|R_{\lambda_0}(A)\| \quad \left(\text{只要 } |\lambda - \lambda_0| < \frac{1}{2\|R_{\lambda_0}(A)\|}\right).\end{aligned}$$

再按第一预解公式 (引理 2.6.8), 便得

$$\begin{aligned}\|R_\lambda(A) - R_{\lambda_0}(A)\| &\leqslant |\lambda - \lambda_0| \cdot \|R_\lambda(A)\| \cdot \|R_{\lambda_0}(A)\| \\ &\leqslant 2\|R_{\lambda_0}(A)\|^2 |\lambda - \lambda_0| \to 0 \quad (\lambda \to \lambda_0).\end{aligned}$$

(2) 再证可微性. 又应用第一预解公式 (引理 2.6.8),

$$\lim_{\lambda \to \lambda_0} \frac{R_\lambda(A) - R_{\lambda_0}(A)}{\lambda - \lambda_0} = -\lim_{\lambda \to \lambda_0} R_\lambda(A) \cdot R_{\lambda_0}(A) = -(R_{\lambda_0}(A))^2. \ \blacksquare$$

现在来证谱点的存在性定理.

定理 2.6.10 设 A 是有界线性算子, 则 $\sigma(A) \neq \varnothing$.

证 用反证法. 倘若 $\rho(A) = \mathbb{C}$, 那么 $R_\lambda(A)$ 在 $\mathbb{C}$ 上解析, 并且由 (2.6.3) 式, 当 $|\lambda| > \|A\|$ 时, 有

$$R_\lambda(A) = \sum_{n=0}^{\infty} \frac{1}{\lambda^{n+1}} A^n, \tag{2.6.6}$$

以及

$$\|R_\lambda(A)\| \leqslant \frac{1}{|\lambda| - \|A\|}. \tag{2.6.7}$$

因此, $\|R_\lambda(A)\|$ 在复平面上是有界的.

为了导出矛盾, 对 $\forall f \in \mathscr{L}(\mathscr{X})^*$, 考察 (数值) 解析函数

$$u_f(\lambda) \triangleq f(R_\lambda(A)).$$

因为它在全平面是有界的解析函数, 按 Liouville 定理, $u_f(\lambda)$ 是仅依赖于 f 的常值函数 (与 λ 无关). 再由推论 2.4.5, $R_\lambda(A)$ 是与 λ

无关的常值算子. 依第一预解公式 (引理 2.6.8), 这显然是不可能的. ■

以下估计谱集的范围.

利用等式 (2.6.6) 以及估计式 (2.6.7), 可见 $\sigma(A)$ 包含在闭球 $\overline{B}(0,\|A\|)$ 内. 再联合推论 2.6.7 与定理 2.6.10 可见 $\sigma(A)$ 是一个非空紧集.

定义 2.6.11 设 $A\in\mathscr{L}(\mathscr{X})$, 称数

$$r_\sigma(A)\triangleq\sup\left\{|\lambda|\big|\lambda\in\sigma(A)\right\}$$

为 A 的**谱半径**.

由定义 2.6.11, 显然有 $r_\sigma(A)\leqslant\|A\|$. 我们想得到更精确的估计式. 利用等式 (2.6.6) 以及 Cauchy-Hadamard 收敛半径公式可见, 当

$$|\lambda|>\overline{\lim_{n\to\infty}}\|A^n\|^{\frac{1}{n}}$$

时, $R_\lambda(A)\in\mathscr{L}(\mathscr{X})$. 由此可见

$$r_\sigma(A)\leqslant\overline{\lim_{n\to\infty}}\|A^n\|^{\frac{1}{n}}. \tag{2.6.8}$$

我们将指出 (2.6.8) 式是 $r_\sigma(A)$ 的最佳估计. 记 $a\triangleq r_\sigma(A)$, 我们将证:

$$\overline{\lim_{n\to\infty}}\|A^n\|^{\frac{1}{n}}\leqslant a. \tag{2.6.9}$$

为此任取 $f\in\mathscr{L}(\mathscr{X})^*$, 做复函数

$$u_f(\lambda)\triangleq f(R_\lambda(A)).$$

显然 $u_f(\lambda)$ 在 $|\lambda|>a$ 解析. 又因为 $u_f(\lambda)$ 有 Laurent 展开式

$$u_f(\lambda)=\sum_{n=0}^{\infty}\frac{1}{\lambda^{n+1}}f(A^n),$$

利用解析函数 Laurent 展开式与收敛半径的关系, 可见 $\forall\varepsilon>0$,

$$\sum_{n=0}^{\infty}\frac{1}{(a+\varepsilon)^{n+1}}|f(A^n)|<\infty.$$

从而

$$\left|f\left(\frac{A^n}{(a+\varepsilon)^{n+1}}\right)\right|\quad(\forall f\in\mathscr{L}(\mathscr{X})^*)$$

有界. 应用共鸣定理 (定理 2.3.16), 有常数 $M>0$, 使得

$$\frac{1}{(a+\varepsilon)^{n+1}}\|A^n\|\leqslant M.$$

从而

$$\overline{\lim_{n\to\infty}}\|A^n\|^{\frac{1}{n}}\leqslant a+\varepsilon.$$

再由 $\varepsilon>0$ 的任意性, 即得 (2.6.9) 式. 联合 (2.6.8) 式与 (2.6.9) 式得

$$r_\sigma(A)=\overline{\lim_{n\to\infty}}\|A^n\|^{\frac{1}{n}}.\tag{2.6.10}$$

进一步问, (2.6.10) 式中的上极限符号 "$\overline{\lim}$" 能否用极限符号 "lim" 代替呢? 是可以的. 事实上, 对于 $\forall\lambda\in\mathbb{C}$, 我们有

$$\lambda^nI-A^n=(\lambda I-A)P_\lambda(A)=P_\lambda(A)(\lambda I-A),$$

其中

$$P_\lambda(A)=\sum_{j=1}^{n}\lambda^{j-1}A^{n-j}.$$

于是从 $\lambda^n\in\rho(A^n)$ 可推出 $\lambda\in\rho(A)$. 这表明, $\forall\lambda\in\sigma(A)$ 蕴含 $\lambda^n\in\sigma(A^n)$. 从而有

$$|\lambda^n|\leqslant\|A^n\|,\quad \text{即得}\quad |\lambda|\leqslant\underline{\lim_{n\to\infty}}\|A^n\|^{\frac{1}{n}}.$$

因此

$$r_\sigma(A)\leqslant\underline{\lim_{n\to\infty}}\|A^n\|^{\frac{1}{n}}.\tag{2.6.11}$$

联合 (2.6.10) 式与 (2.6.11) 式便知 $\lim\limits_{n\to\infty}\|A^n\|^{\frac{1}{n}}$ 存在, 且等于 $r_\sigma(A)$. 总结起来, 有下面的定理.

定理 2.6.12 (Gelfand) 设 $\mathscr{X}$ 是 B 空间, $A\in\mathscr{L}(\mathscr{X})$, 那么

$$r_\sigma(A)=\lim_{n\to\infty}\|A^n\|^{\frac{1}{n}}.$$

注 定理 2.6.10 与定理 2.6.12 的结论可以推广到一般的 Banach 代数上去, 参看本书下册第五章.

6.3 例子

最后我们考察几个算子的谱集.

例 2.6.13 在空间 l^2 上, 考察右推移算子

$$A: x=(x_1,x_2,\cdots,x_n,\cdots)\mapsto(0,x_1,x_2,\cdots,x_n,\cdots).$$

我们将证:

$$\begin{aligned}&\sigma_p(A)=\varnothing,\\&\sigma_r(A)=\big\{\lambda\in\mathbb{C}\big|\,|\lambda|<1\big\},\\&\sigma_c(A)=\big\{\lambda\in\mathbb{C}\big|\,|\lambda|=1\big\}.\end{aligned}$$

证 因为 $\|A\|=1$, 由 Gelfand 定理 (定理 2.6.12),

$$\sigma(A)\subset\big\{\lambda\in\mathbb{C}\big||\lambda|\leqslant 1\big\}.$$

容易验证其共轭算子是

$$\begin{aligned}&A^*: l^2\to l^2\\&A^*x=(x_2,x_3,\cdots,x_{n+1},\cdots),\end{aligned}$$

则对$\lambda\in\mathbb{C}$, 下列等式成立:

$$((\lambda I-A)x,y)=(x,(\overline{\lambda}I-A^*)y)\quad(\forall x,y\in l^2).$$

由此即得

$$y \in \overline{R(\lambda I - A)}^{\perp} = R(\lambda I - A)^{\perp} \Longleftrightarrow (\overline{\lambda} I - A^*)y = 0,$$

即

$$\overline{R(\lambda I - A)}^{\perp} = N(\overline{\lambda} I - A^*).$$

(1) $\sigma_p(A) = \phi$.

设 $(\lambda I - A)x = 0$, 则 $\lambda x_n = x_{n-1}, n \geqslant 2, \lambda x_1 = 0$, 于是

$$\lambda \neq 0 \Longrightarrow x = 0,$$
$$\lambda = 0 \Longrightarrow x = 0,$$

即 $(\lambda I - A)^{-1}$ 总存在. 故 (1) 得证.

(2) $\sigma_r(A) = \{\lambda \in \mathbb{C} \big| |\lambda| < 1\}, \sigma_c(A) = \{\lambda \in \mathbb{C} \big| |\lambda| = 1\}$.

由前面讨论, 需证

$$|\lambda| < 1, \quad \overline{R(\lambda I - A)}^{\perp} = N(\overline{\lambda} I - A^*) \neq \{0\},$$
$$|\lambda| = 1, \quad R(\lambda I - A)^{\perp} = N(\overline{\lambda} I - A^*) = \{0\}.$$

为此先求解 $(\overline{\lambda} I - A^*)x = 0$, 即

$$\overline{\lambda} x_n = x_{n+1}, \quad n = 1, 2, \cdots$$

或

$$x_{n+1} = \overline{\lambda}^n x_1, \quad n = 1, 2, \cdots.$$

从而, 当 $|\lambda| < 1$ 时,

$$N(\overline{\lambda} I - A^*) = \left\{c(1, \overline{\lambda}, \overline{\lambda}^2, \cdots, \overline{\lambda}^n, \cdots) \big| c \in \mathbb{C}\right\},$$

即 $N(\overline{\lambda} I - A^*) \neq \{0\}, R(\lambda I - A)$ 在 l^2 中不稠密, $\lambda \in \sigma_r(A)$, 所以

$$\left\{\lambda \in \mathbb{C} \big| |\lambda| < 1\right\} \subset \sigma_r(A), \quad \sigma(A) = \left\{\lambda \in \mathbb{C} \big| |\lambda| \leqslant 1\right\}.$$

当 $|\lambda| = 1$ 时, $x = x_1(1, \overline{\lambda}, \cdots, \overline{\lambda}^n, \cdots) \neq 0 \Rightarrow x \overline{\in} l^2$. 因为 $|\overline{\lambda}^n| = |\overline{\lambda}|^n = 1 \nrightarrow 0, n \to \infty$, 从而 $N(\overline{\lambda}I - A^*) = \{0\}$, 即 $R(\overline{\lambda}I - A)$ 在 l^2 中稠密. 因为 $\lambda \in \sigma(A)$, 所以 $\lambda \in \sigma_c(A)$.

综合 (1), (2), 结论得证. ■

例 2.6.14 设 $(\mathscr{X}, (\cdot, \cdot))$ 是 Hilbert 空间, $A \in \mathscr{L}(\mathscr{X})$ 称为**对称算子**, 若 $A^* = A$, 即

$$(Ax, y) = (x, Ay) \quad (\forall x, y \in \mathscr{X}). \tag{2.6.12}$$

若 A 是对称算子, 则 $\sigma(A) \subset \mathbb{R}$, 且 $\sigma_r(A) = \phi$.

证 由 (2.6.12) 式易知 $(Ax, x) \in \mathbb{R}, \forall x \in \mathscr{X}$. 设 $\lambda = a + \mathrm{i}b, b \neq 0$. 我们要证: $\lambda I - A$ 存在有界逆. 因

$$\|(\lambda I - A)x\|^2 = \|(aI - A)x\|^2 + b^2\|x\|^2, \tag{2.6.13}$$

所以 $N(\lambda I - A) = \{0\}$, 即 $\lambda I - A$ 为单射.

再证 $\lambda I - A$ 是满射, 即 $R(\lambda I - A) = \mathscr{X}$. 若其成立, 则由 Banach 逆算子定理 (定理 2.3.8), $\lambda I - A$ 有有界逆, 即 $\lambda \overline{\in} \sigma(A)$. 为此先证: $R(\lambda I - A)$ 是闭的. 设 $x_n \in \mathscr{X}$, 且

$$(\lambda I - A)x_n = y_n \to y \quad (n \to \infty).$$

由 (2.6.13) 式得

$$\|(\lambda I - A)(x_n - x_m)\|^2 \geqslant b^2\|x_n - x_m\|^2,$$

即 $\{x_n\}$ 是 $\mathscr{X}$ 中的 Cauchy 列, 可设 $x_n \to x, n \to \infty$. 这时有

$$y_n = (\lambda I - A)x_n \to (\lambda I - A)x = y \quad (n \to \infty),$$

所以

$$R(\lambda I - A) = R\overline{(\lambda I - A)}.$$

再证 $R(\lambda I-A)^{\perp}=\{0\}$. 设 $y\in R(\lambda I-A)^{\perp}$, 即

$$((\lambda I-A)x,y)=0\quad(\forall x\in\mathscr{X}).$$

因 A 对称, 有

$$(x,(\overline{\lambda}I-A)y)=0\quad(\forall x\in\mathscr{X}).$$

所以 $(\overline{\lambda}I-A)y=0$, 即 $y\in N(\overline{\lambda}I-A)$. 在 (2.6.13) 式中用 $\overline{\lambda}$ 换 λ 得, $N(\overline{\lambda}I-A)=\{0\}$, 必有 $y=0$, 即

$$R(\lambda I-A)^{\perp}=\{0\}.$$

设 $\lambda\in\sigma(A)$, 但 λ 不是点谱, 即 $N(\lambda I-A)=\{0\}$. 这时,

$$R(\lambda I-A)^{\perp}=N(\overline{\lambda}I-A^{*})=N(\lambda I-A)=\{0\},$$

即 $R(\lambda I-A)$ 在 $\mathscr{X}$ 中稠密, 从而 $\lambda\in\sigma_c(A)$, 即 $\sigma_r(A)=\phi$. ■

例 2.6.15 设 $(\mathscr{X},(\cdot,\cdot))$ 是 Hilbert 空间, $U\in\mathscr{L}(\mathscr{X})$ 称为**酉算子**, 若

$$(Ux,Uy)=(x,y),\quad\forall x,y\in\mathscr{X},\quad 以及\quad R(U)=\mathscr{X}.\tag{2.6.14}$$

若 U 是酉算子, 则 $\sigma(U)\subset S^1=\left\{\mathrm{e}^{\mathrm{i}\theta}\middle|\theta\in[0,2\pi]\right\}$, 且 $\sigma_r(U)=\phi$.

证 由 (2.6.14) 式得 $\|Ux\|^2=\|x\|^2$, 所以 U 是单射, 且

$$\|U\|=1,\quad\sigma(A)\subset\left\{\lambda\in\mathbb{C}\middle|\,|\lambda|\leqslant 1\right\}.$$

又由 (2.6.14) 式, U 是满射, 根据 Banach 逆算子定理 (定理 2.3.8), U 存在有界逆 U^{-1} 且 $\|U^{-1}\|=1$. 设 $|\lambda|<1$,

$$\lambda I-U=-U(I-\lambda U^{-1}).\tag{2.6.15}$$

因 $\|\lambda U^{-1}\|=|\lambda|\cdot\|U^{-1}\|=|\lambda|<1, I-\lambda U^{-1}$ 存在有界逆, 由 (2.6.15) 式知, $\lambda I-U$ 存在有界逆, 且

$$(\lambda I-U)^{-1}=(I-\lambda U^{-1})^{-1}U^{-1},\quad 即\quad\lambda\overline{\in}\sigma(A).$$

因此 $\sigma(A)\subset\left\{\lambda\in\mathbb{C}\middle|\,|\lambda|=1\right\}$.

设 $\lambda \in \sigma(U)$, 但 λ 不是点谱, 即 $N(\lambda I - U) = \{0\}$. 这时可以验证

$$R(\lambda I - U)^{\perp} = N(\overline{\lambda} I - U^{-1}) = N(\lambda I - U) = \{0\},$$

即 $R(\lambda I - U)$ 在 $\mathscr{X}$ 中稠密, 从而 $\lambda \in \sigma_c(U)$, 即 $\sigma_r(U) = \phi$.

算子谱论是算子理论的中心内容. 在本册第三章和下册第五、六章我们还要再深入讨论它.

习　题

2.6.1　设 $\mathscr{X}$ 是 B 空间, 求证: $\mathscr{L}(\mathscr{X})$ 中可逆 (存在有界逆) 算子集是开的.

2.6.2　设 A 是闭线性算子, $\lambda_1, \lambda_2, \cdots, \lambda_n \in \sigma_p(A)$ 两两互异, 又设 x_i 是对应于 λ_i 的特征元 $(i = 1, 2, \cdots, n)$. 求证: $\{x_1, x_2, \cdots, x_n\}$ 是线性无关的.

2.6.3　在双边 l^2 空间上, 考察右推移算子

$$\begin{aligned} A : x = (\cdots, \xi_{-n}, \xi_{-n+1}, \cdots, \xi_{-1}, \xi_0, \xi_1, \cdots, \xi_{n-1}, \xi_n, \cdots) \in l^2 \\ \mapsto Ax = (\cdots, \eta_{-n}, \eta_{-n+1}, \cdots, \eta_{-1}, \eta_0, \eta_1, \cdots, \eta_{n-1}, \eta_n, \cdots), \end{aligned}$$

其中 $\eta_m = \xi_{m-1} (m \in \mathbb{Z})$. 求证: $\sigma_c(A) = \sigma(A) =$ 单位圆周.

2.6.4　在 l^2 空间上, 考察左推移算子

$$A : (\xi_1, \xi_2, \cdots) \mapsto (\xi_2, \xi_3, \cdots).$$

求证: $\sigma_p(A) = \big\{\lambda \in \mathbb{C} \big| \, |\lambda| < 1\big\}, \sigma_c(A) = \big\{\lambda \in \mathbb{C} \big| \, |\lambda| = 1\big\}$, 并且

$$\sigma(A) = \sigma_p(A) \cup \sigma_c(A).$$

第三章　紧算子与 Fredholm 算子

在无穷维 Banach 空间中有一类特殊的线性算子, 它的性质与有限维空间中的矩阵很类似, 这就是紧算子. 它在积分方程理论和各种数学物理问题的研究中起着核心的作用.

关于线性代数方程的可解性结果可以推广到含紧算子的线性方程中去, 这就是 Riesz-Fredholm 理论. 它自然包括了带连续核的线性积分方程的可解性结果. 进一步, 为了解决带奇异核的积分方程的可解性问题, 引出 Fredholm 算子的概念.

对于紧算子的特征值问题可以讨论得比较透彻, 这个结果通常称为 Riesz-Schauder 理论.

§ 1　紧算子的定义和基本性质

定义 3.1.1　设 $\mathscr{X},\mathscr{Y}$ 是 B 空间, $A:\mathscr{X}\to\mathscr{Y}$ 线性. 称 A 是**紧算子**, 如果 $\overline{A(B_1)}$ 在 $\mathscr{Y}$ 中是紧集, 其中 B_1 是 $\mathscr{X}$ 中的单位球.

一切紧算子的集合记作 $\mathfrak{C}(\mathscr{X},\mathscr{Y})$, 当 $\mathscr{X}=\mathscr{Y}$ 时, 记作 $\mathfrak{C}(\mathscr{X})$.

注 1　为了 $A\in\mathfrak{C}(\mathscr{X},\mathscr{Y})$, 必须且仅须: 对于 $\mathscr{X}$ 中的任意有界集 B, $\overline{A(B)}$ 在 $\mathscr{Y}$ 中是紧集.

注 2　为了 $A\in\mathfrak{C}(\mathscr{X},\mathscr{Y})$, 必须且仅须: 对任意有界点列 $\{x_n\}\subset\mathscr{X},\{Ax_n\}$ 中有收敛子列.

命题 3.1.2　关于紧算子有下列简单性质:

(1) $\mathfrak{C}(\mathscr{X},\mathscr{Y})\subset\mathscr{L}(\mathscr{X},\mathscr{Y})$.

证　因为 $y\mapsto\|y\|$ 是连续的, 所以若 $A\in\mathfrak{C}(\mathscr{X},\mathscr{Y})$, 则

$$M\triangleq\sup_{x\in B_1}\|Ax\|=\max_{y\in A(B_1)}\|y\|<\infty\Longrightarrow\|Ax\|\leqslant M\|x\|\quad(\forall x\in\mathscr{X}).\ \blacksquare$$

(2) 若 $A, B \in \mathfrak{C}(\mathscr{X}, \mathscr{Y}), \alpha, \beta \in \mathbb{C}$, 则

$$\alpha A + \beta B \in \mathfrak{C}(\mathscr{X}, \mathscr{Y}).$$

(3) $\mathfrak{C}(\mathscr{X}, \mathscr{Y})$ 在 $\mathscr{L}(\mathscr{X}, \mathscr{Y})$ 中闭.

证 设 $T_n \in \mathfrak{C}(\mathscr{X}, \mathscr{Y})(n=1,2,\cdots)$, 且 $\|T_n - T\| \to 0\ (n \to \infty)$, 要证: $T \in \mathfrak{C}(\mathscr{X}, \mathscr{Y})$. $\forall \varepsilon > 0$, 取 $n \in \mathbb{N}$, 使得

$$\|T_n - T\| < \frac{\varepsilon}{2}.$$

对 $\overline{T_n(B_1)}$ 取有穷的 $\varepsilon/2$ 网, 设它为 $\{y_1, y_2, \cdots, y_m\}$, 则

$$\overline{T(B_1)} \subset \bigcup_{i=1}^{m} B(y_i, \varepsilon).$$

从而 $\overline{T(B_1)}$ 有有穷的 ε 网, 即得 $\overline{T(B_1)}$ 紧. ■

(4) 设 $A \in \mathfrak{C}(\mathscr{X}, \mathscr{Y})$, 又设 $\mathscr{X}_0 \subset \mathscr{X}$ 是一个闭线性子空间, 那么 $A_0 \triangleq A|_{\mathscr{X}_0} \in \mathfrak{C}(\mathscr{X}_0, \mathscr{Y})$.

(5) 若 $A \in \mathfrak{C}(\mathscr{X}, \mathscr{Y})$, 则 $R(A)$ 可分.

证 $R(A) = \bigcup_{n=1}^{\infty} nA(B_1)$, 由 $A(B_1)$ 列紧, 推出 $R(A)$ 可分. ■

(6) 若 $A \in \mathscr{L}(\mathscr{X}, \mathscr{Y})$, 而 $B \in \mathscr{L}(\mathscr{Y}, \mathscr{Z})$, 并且这两个算子中有一个是紧的, 则 $BA \in \mathfrak{C}(\mathscr{X}, \mathscr{Z})$.

证 因为连续线性算子把有界集映为有界集, 把紧集映为紧集. ■

与紧性概念密切有关的是全连续概念.

定义 3.1.3 称 $A \in \mathscr{L}(\mathscr{X}, \mathscr{Y})$ 是**全连续的**, 如果

$$x_n \rightharpoonup x(\text{弱}) \Longrightarrow Ax_n \to Ax\ (\text{强}) \quad (n \to \infty).$$

命题 3.1.4 若 $A \in \mathfrak{C}(\mathscr{X}, \mathscr{Y})$, 则 A 是全连续的; 反之, 若 $\mathscr{X}$ 是自反的, 并且 A 是全连续的, 则 $A \in \mathfrak{C}(\mathscr{X}, \mathscr{Y})$.

证 必要性. 设 $x_n \rightharpoonup x\ (n\to\infty)$, 要证: $Ax_n \to Ax = y\ (n\to\infty)$. 用反证法, 倘若不然, 则 $\exists \varepsilon_0 > 0$, 及 $\{n_i\}$, 使得

$$\|Ax_{n_i} - y\| \geqslant \varepsilon_0.$$

由共鸣定理 (定理 2.3.16), $\{x_n\}$ 有界. 又由 A 紧, 从 $\{x_{n_i}\}$ 中又可抽出子列, 不妨仍记作 $\{x_{n_i}\}$, 使得 $Ax_{n_i} \to z$. 但

$$\langle y^*, Ax_{n_i} - y\rangle = \langle A^*y^*, x_{n_i} - x\rangle \to 0 \quad (\forall y^* \in \mathscr{Y}^*),$$

即 $Ax_{n_i} \rightharpoonup y$, 从而 $y = z$, 这便导出矛盾.

充分性. 利用 Eberlein-Smulian 定理 (定理 2.5.28), 若 $\{x_n\}$ 有界, 则必有子列 $x_{n_i} \rightharpoonup x$. 由 A 全连续推得 $Ax_{n_i} \to Ax$, 故 A 紧. ■

定理 3.1.5 $T \in \mathfrak{C}(\mathscr{X}, \mathscr{Y}) \Longleftrightarrow T^* \in \mathfrak{C}(\mathscr{Y}^*, \mathscr{X}^*)$.

证 必要性. 要证: 若 $y_n^* \in B_1^*$ ($\mathscr{Y}^*$ 中的单位球), 则 $\{T^*y_n^*\}$ 中有收敛子列. 对 $\forall n \in \mathbb{N}$, 令

$$\varphi_n(y) \triangleq \langle y_n^*, y\rangle \quad (\forall y \in \overline{T(B_1)}),$$

显然 $\varphi_n \in C(\overline{T(B_1)})(\forall n \in \mathbb{N})$, 我们只要证明 $\{\varphi_n\}$ 作为 $C(\overline{T(B_1)})$ 上的函数列有一致收敛的子列就够了. 事实上, 我们有

$$|\varphi_n(y)| \leqslant \|y_n^*\| \cdot \|y\| \leqslant \|T\| \quad (\forall n \in \mathbb{N}, \forall y \in \overline{T(B_1)})$$

及

$$|\varphi_n(y) - \varphi_n(z)| \leqslant \|y_n^*\| \cdot \|y - z\| \leqslant \|y - z\|$$

$(\forall n \in \mathbb{N}, \forall y, z \in \overline{T(B_1)})$, 这两个式子分别表明 $\{\varphi_n\}$ 是一致有界和等度连续的. 由 Arzelà-Ascoli 定理 (定理 1.3.16), $\{\varphi_n\}$ 中有子列在 $C(\overline{T(B_1)})$ 中收敛, 即得 $\{T^*y_n^*\}$ 中有子列收敛.

充分性. 用必要性的结论, 可见 $T^{**} \in \mathfrak{C}(\mathscr{X}^{**}, \mathscr{Y}^{**})$, 但 $T = T^{**}|_{\mathscr{X}}$, 直接应用命题 3.1.2(4), 即得结论. ■

以下给出紧算子的例子.

例 3.1.6 设 $\Omega \subset \mathbb{R}^n$ 是一个有界闭集, $K \in C(\Omega \times \Omega)$, 取 $\mathscr{X} = \mathscr{Y} = C(\Omega)$. 若令

$$T : u \mapsto \int_\Omega K(x,y)u(y)\mathrm{d}y \quad (\forall u \in C(\Omega)),$$

则 $T \in \mathfrak{C}(\mathscr{X})$.

证 只需证 $\overline{T(B_1)}$ 是紧的, 为此用 Arzelà-Ascoli 定理 (定理 1.3.16). 若

$$M \triangleq \max_{x,y\in\Omega} |K(x,y)|,$$

则有 $\|Tu\| \leqslant M\|u\|\mathrm{mes}(\Omega)$. 又对 $\forall\varepsilon > 0$, 由 $K(x,y)$ 在 $\Omega \times \Omega$ 中的一致连续性, $\exists\delta > 0$, 使得对 $\forall y \in \Omega$, 有

$$|K(x,y) - K(x',y)| < \varepsilon \quad (\text{当 } |x - x'| < \delta),$$

从而

$$\begin{aligned}
&|(Tu)(x) - (Tu)(x')| \\
&\quad\leqslant \int_\Omega |K(x,y) - K(x',y)| \cdot |u(y)|\mathrm{d}y \\
&\quad\leqslant \varepsilon\|u\|\mathrm{mes}(\Omega) \quad (\text{当 } |x - x'| < \delta).
\end{aligned}$$

■

例 3.1.7 设 $\Omega \subset \mathbb{R}^n$ 是一个有界开区域, 又设 $A \in \mathscr{L}(H_0^1(\Omega))$ 满足

$$\|Au\|_{H_0^1(\Omega)} \leqslant C\|u\|_{L^2(\Omega)},$$

其中 C 是一个常数, 那么 $A \in \mathfrak{C}(H_0^1(\Omega))$.

证 由 Rellich 定理 (定理 4.5.10), $\iota : H_0^1(\Omega) \to L^2(\Omega)$ 是紧嵌入, 又 $A : L^2(\Omega) \to H_0^1(\Omega)$ 连续, 应用命题 3.1.2(6) 即得结论.■

以下讨论紧算子的构造.

定义 3.1.8 设 $T \in \mathscr{L}(\mathscr{X}, \mathscr{Y})$, 若 $\dim R(T) < \infty$, 则称 T 是**有穷秩算子**, 一切有穷秩算子的集合记作 $F(\mathscr{X}, \mathscr{Y})$. 显然有

$$F(\mathscr{X}, \mathscr{Y}) \subset \mathfrak{C}(\mathscr{X}, \mathscr{Y}).$$

定义 3.1.9 设 $f \in \mathscr{X}^*, y \in \mathscr{Y}$, 用 $y \otimes f$ 表示下列算子:

$$x \mapsto \langle f, x\rangle y \quad (\forall x \in \mathscr{X}),$$

称它为**秩 1 算子**.

我们用秩 1 算子表示 $F(\mathscr{X}, \mathscr{Y})$, 有下面的定理.

定理 3.1.10 为了 $T \in F(\mathscr{X}, \mathscr{Y})$, 必须且仅须: $\exists y_i \in \mathscr{Y}$ 以及 $f_i \in \mathscr{X}^*(i = 1, 2, \cdots, n)$, 使得

$$T = \sum_{i=1}^{n} y_i \otimes f_i.$$

证 充分性是因为 $R(T) = \mathrm{span}\{y_1, y_2, \cdots, y_n\}$. 下证必要性. 在 $R(T)$ 上取基 $\{y_1, y_2, \cdots, y_n\}$, 则 $\forall x \in \mathscr{X}, \exists | \{l_i(x)\}_{i=1}^n$, 使得

$$Tx = \sum_{i=1}^{n} l_i(x) y_i.$$

下证 l_i $(i = 1, 2, \cdots, n)$ 是 $\mathscr{X}$ 上的连续线性泛函:

(1) $l_i (i = 1, 2, \cdots, n)$ 是线性的. 这是由于 T 的线性及 l_i 表示的唯一性.

(2) l_i $(i = 1, 2, \cdots, n)$ 是有界的. 事实上, 注意到 $\|Tx\|$ 及 $\sum\limits_{i=1}^{n} |l_i(x)|$ 都是 $R(T)$ 上的范数, 而 $\dim R(T) < \infty$, 所以它们必须是等价范数. 于是 $\exists M > 0$, 使得

$$\sum_{i=1}^{n} |l_i(x)| \leqslant M\|Tx\| \leqslant M\|T\| \cdot \|x\| \quad (\forall x \in \mathscr{X}).$$

因此, $\exists f_i \in \mathscr{X}^*(i = 1, 2, \cdots, n)$, 使得

$$\langle f_i, x\rangle = l_i(x) \quad (\forall x \in \mathscr{X})(i = 1, 2, \cdots, n).$$

于是有

$$Tx = \sum_{i=1}^{n} y_i \langle f_i, x\rangle = \left(\sum_{i=1}^{n} y_i \otimes f_i\right)(x) \quad (\forall x \in \mathscr{X}). \qquad \blacksquare$$

回过来研究 $\mathfrak{C}(\mathscr{X},\mathscr{Y})$ 的构造, 因为 $\overline{F(\mathscr{X},\mathscr{Y})}\subset\mathfrak{C}(\mathscr{X},\mathscr{Y})$, 我们问: $\overline{F(\mathscr{X},\mathscr{Y})}=\mathfrak{C}(\mathscr{X},\mathscr{Y})$ 对吗? 以下不妨设 $\mathscr{Y}=\mathscr{X}$.

(1) 若 $\mathscr{X}$ 是一个 Hilbert 空间, 这是对的. 事实上, 因为 $\forall T\in\mathfrak{C}(\mathscr{X},\mathscr{Y}),\overline{T(B_1)}$ 紧, 所以对 $\forall\varepsilon>0$ 存在有穷的 $\varepsilon/2$ 网 $\{y_1,y_2,\cdots,y_n\}$, 即

$$\overline{T(B_1)}\subset\bigcup_{i=1}^{n}B\left(y_i,\frac{\varepsilon}{2}\right).$$

令 $E_\varepsilon=\operatorname{span}\{y_1,y_2,\cdots,y_n\}$, 并令 P_ε 为 E_ε 上的正交投影, 那么 $P_\varepsilon T\in F(\mathscr{X},\mathscr{Y})$, 并且 $\forall x\in B_1,\exists y_i(1\leqslant i\leqslant n)$, 使得

$$\|Tx-y_i\|<\frac{\varepsilon}{2},$$

从而

$$\|P_\varepsilon Tx-y_i\|=\|P_\varepsilon(Tx-y_i)\|<\frac{\varepsilon}{2}.$$

由此推得

$$\|Tx-P_\varepsilon Tx\|<\varepsilon\quad(\forall x\in B_1),$$

即 $\|T-P_\varepsilon T\|\leqslant\varepsilon$.

(2) 若 $\mathscr{X}$ 是 Banach 空间, 利用命题 3.1.2(5), 我们只需限于考虑可分空间就够了.

定义 3.1.11 设 $\mathscr{X}$ 是可分的 Banach 空间, 称 $\{e_n\}_{n=1}^{\infty}\subset\mathscr{X}$ 为 $\mathscr{X}$ 的一组 **Schauder 基**是指: $\forall x\in\mathscr{X}$, 存在唯一的一个序列 $\{C_n(x)\}$, 使得

$$x=\lim_{N\to\infty}\sum_{n=1}^{N}C_n(x)e_n\quad(\text{于 }\mathscr{X}).$$

由于 $\forall n\in\mathbb{N},x\mapsto C_n(x)$ 对应的唯一性, $C_n(x)$ 是 $\mathscr{X}$ 上的线性函数. 我们先给出一个引理.

引理 3.1.12 $C_n(x)$ $(\forall n\in\mathbb{N})$ 是 $\mathscr{X}$ 上的连续泛函.

我们后面再证引理 3.1.12, 下面先利用此引理证明一个定理.

定理 3.1.13 若可分 B 空间 $\mathscr{X}$ 上有一组 Schauder 基, 则

$$\overline{F(\mathscr{X})} = \mathfrak{C}(\mathscr{X}).$$

证 (1) $\forall N \in \mathbb{N}$, 令

$$S_N x = \sum_{n=1}^{N} C_n(x) e_n \quad (\forall x \in \mathscr{X}),$$

并令 $R_N = I - S_N$, 则由共鸣定理 (定理 2.3.16), $\exists M > 0$, 使得

$$\|S_N\| \leqslant M, \quad 从而 \quad \|R_N\| \leqslant 1 + M.$$

(2) 若 $T \in \mathfrak{C}(\mathscr{X}), \forall \varepsilon > 0$, 要找有穷秩算子 T_ε, 使得 $\|T - T_\varepsilon\| < \varepsilon$, 因 $\overline{T(B_1)}$ 紧, 存在有穷的 $\varepsilon/[3(M+1)]$ 网 $\{y_1, y_2, \cdots, y_m\}$, 即 $\forall x \in B_1$, 有 $y_i (1 \leqslant i \leqslant m)$, 使得

$$\|Tx - y_i\| < \frac{\varepsilon}{3(M+1)}. \tag{3.1.1}$$

又由 Schauder 基的定义 (定义 3.1.11), $\exists N \in \mathbb{N}$, 使得

$$\|y_j - S_N y_j\| < \frac{\varepsilon}{3} \quad (j = 1, 2, \cdots, m). \tag{3.1.2}$$

但因 $\|S_N\| \leqslant M$, 所以由 (3.1.1) 式有

$$\|S_N(Tx) - S_N y_i\| < \frac{M}{3(M+1)} \varepsilon. \tag{3.1.3}$$

联合不等式 (3.1.1), (3.1.2), (3.1.3) 就有

$$\|Tx - (S_N T)x\| < \varepsilon \quad (\forall x \in B_1).$$

取 $T_\varepsilon = S_N T$ 即得所求. ■

引理 3.1.12 的证明 在 $\mathscr{X}$ 上引入另一个范数:

$$\square x \square = \sup_{N \in \mathbb{N}} \|S_N x\|,$$

其中 $S_N x = \sum\limits_{n=1}^{N} C_n(x) e_n (\forall x \in \mathscr{X})$. 不难验证 $\mathscr{X}$ 按 $\square \cdot \square$ 是完备的, 并且

$$\|x\| = \lim_{N \to \infty} \|S_N x\| \leqslant \square x \square \quad (\forall x \in \mathscr{X}).$$

由等价范数定理 (推论 2.3.14), $\exists M_1 > 0$, 使得

$$\square x \square \leqslant M_1 \|x\| \quad (\forall x \in \mathscr{X}).$$

于是对 $\forall n \in \mathbb{N}$, 我们有

$$\|C_n(x) e_n\| = \|S_n x - S_{n-1} x\| \leqslant 2 \square x \square \leqslant 2M_1 \|x\| \\ (\forall x \in \mathscr{X}).$$

由此可见, $\forall n \in \mathbb{N}$,

$$|C_n(x)| \leqslant 2M_1 \|e_n\|^{-1} \cdot \|x\| \quad (\forall x \in \mathscr{X}).$$

故 $C_n(x)$ 是连续的 $(n = 1, 2, \cdots)$. ■

Banach 在 1932 年提出一个问题: 是否每个可分的 Banach 空间都具有 Schauder 基? 如果这个结论是对的, 那么便能推出 $\overline{F(\mathscr{X})} = \mathfrak{C}(\mathscr{X})$. 然而到了 1973 年, Enflo 做出了否定的回答: 存在一个可分的 Banach 空间和其上的一个紧算子, 这个紧算子不能被有穷秩算子所逼近.① 不久, Davie 给出了一个较简单的证明.②

习　题

3.1.1　设 $\mathscr{X}$ 是一个无穷维 B 空间, 求证: 若 $A \in \mathfrak{C}(\mathscr{X})$, 则 A 没有有界逆.

3.1.2　设 $\mathscr{X}$ 是一个 B 空间, $A \in \mathscr{L}(\mathscr{X})$ 满足

---

①有关研究可见文献: Enflo Per, "A Counterexample to the Approximation Problem in Banach Spaces," *Acta. Math.* 130, No. 1 (1973): 309–317.

②有关研究可见文献: Davie A. M., "The Approximation Problem for Banach Spaces," *Bull. London Math. Soc.* 5(1973): 261–266.

$$\|Ax\| \geqslant \alpha\|x\| \quad (\forall x \in \mathscr{X}),$$

其中 α 是正常数. 求证: $A \in \mathfrak{C}(\mathscr{X})$ 的充要条件是 $\mathscr{X}$ 是有穷维的.

3.1.3 设 $\mathscr{X}, \mathscr{Y}$ 是 B 空间, $A \in \mathscr{L}(\mathscr{X}, \mathscr{Y}), K \in \mathfrak{C}(\mathscr{X}, \mathscr{Y})$, 如果 $R(A) \subset R(K)$, 求证: $A \in \mathfrak{C}(\mathscr{X}, \mathscr{Y})$.

3.1.4 设 H 是 Hilbert 空间, $A: H \to H$ 是紧算子, 又设 $x_n \rightharpoonup x_0, y_n \rightharpoonup y_0$, 求证:

$$(x_n, Ay_n) \to (x_0, Ay_0) \quad (n \to \infty).$$

3.1.5 设 $\mathscr{X}, \mathscr{Y}$ 是 B 空间, $A \in \mathscr{L}(\mathscr{X}, \mathscr{Y})$, 如果 $R(A)$ 闭且 $\dim R(A) = \infty$, 求证: $A \overline{\in} \mathfrak{C}(\mathscr{X}, \mathscr{Y})$.

3.1.6 设 $\omega_n \in \mathbb{K}, \omega_n \to 0 (n \to \infty)$, 求证: 映射

$$T: \{\xi_n\} \mapsto \{\omega_n \xi_n\} \quad (\forall \{\xi_n\} \in l^p)$$

是 $l^p (p \geqslant 1)$ 上的紧算子.

3.1.7 设 $\Omega \subset \mathbb{R}^n$ 是一个可测集, 又设 f 是 Ω 上的有界可测函数, 求证: $F: x(t) \mapsto f(t)x(t)$ 是 $L^2(\Omega)$ 上的紧算子, 当且仅当 $f = 0$ (a.e. 于 Ω).

3.1.8 设 $\Omega \subset \mathbb{R}^n$ 是一个可测集, 又设 $K \in L^2(\Omega \times \Omega)$, 求证:

$$A: u(x) \mapsto \int_\Omega K(x, y)u(y)\mathrm{d}y \quad (\forall u \in L^2(\Omega))$$

是 $L^2(\Omega)$ 上的紧算子.

3.1.9 设 H 是 Hilbert 空间, $A \in \mathfrak{C}(H), \{e_n\}$ 是 H 的正交规范集, 求证: $\lim\limits_{n \to \infty} (Ae_n, e_n) = 0$.

3.1.10 设 $\mathscr{X}$ 是 B 空间, $A \in \mathfrak{C}(\mathscr{X}), \mathscr{X}_0$ 是 $\mathscr{X}$ 的闭子空间并使得 $A(\mathscr{X}_0) \subset \mathscr{X}_0$, 求证: 映射

$$T: [x] \mapsto [Ax]$$

是商空间 $\mathscr{X}/\mathscr{X}_0$ 上的紧算子.

3.1.11 设 $\mathscr{X},\mathscr{Y},\mathscr{Z}$ 是 B 空间, $\mathscr{X}\subset\mathscr{Y}\subset\mathscr{Z}$, 如果 $\mathscr{X}\to\mathscr{Y}$ 的嵌入映射是紧的, $\mathscr{Y}\to\mathscr{Z}$ 的嵌入映射是连续的, 求证: $\forall\varepsilon>0$, $\exists c(\varepsilon)>0$, 使得

$$\|x\|_{\mathscr{Y}}\leqslant\varepsilon\|x\|_{\mathscr{X}}+c(\varepsilon)\|x\|_{\mathscr{Z}}\quad(\forall x\in\mathscr{X}).$$

§ 2 Riesz-Fredholm 理论

本节研究与紧算子有关的算子方程的可解性问题, 具体地说, 设 $\mathscr{X}$ 是一个 B 空间, $A\in\mathfrak{C}(\mathscr{X})$, 又设 $T=I-A$, 其中 I 表示恒同算子. 我们要问:

$$Tx=y \tag{3.2.1}$$

对哪些 $y\in\mathscr{X}$ 有解? 解的结构如何?

1. 从 $\mathscr{X}=\mathbb{R}^n$ 入手, 这是线性代数中早就研究过的. 记 $T=(t_{ij})_{n\times n},x=\{x_j\}_{j=1}^n,y=\{y_i\}_{i=1}^n$. 我们知道: 为了方程 (3.2.1) 有解 x, 即

$$\sum_{j=1}^n t_{ij}x_j=y_i\quad(i=1,2,\cdots,n),$$

必须且仅须

$$y=\sum_{j=1}^n x_jT_j,$$

其中 $T_j=\{t_{ij}\}_{i=1}^n\in\mathbb{R}^n(j=1,2,\cdots,n)$, 亦即 y 可通过 $T_j(j=1,2,\cdots,n)$ 线性表出. 而这又等价于, 若 $z\in\mathbb{R}^n$, 则

$$z\perp y\Longleftrightarrow z\perp T_j\quad(j=1,2,\cdots,n),$$

即

$$\langle z,y\rangle=0\Longleftrightarrow\sum_{i=1}^n t_{ij}z_i=0\quad(j=1,2,\cdots,n). \tag{3.2.2}$$

结论 1 为了 $y \in \mathbb{R}^n$ 使方程 (3.2.1) 有解, 必须且仅须

$$\langle z, y\rangle = 0 \quad (\forall z \in \mathbb{R}^n, \text{适合 } T^*z = \theta),$$

其中 T^* 表示 T 的转置.

结论 2 关于方程 (3.2.1) 只有两种可能情形:

(1) 或者 $\forall y \in \mathbb{R}^n$, 方程 (3.2.1) 总有解, 而且是唯一的;

(2) 或者 $Tx = \theta$ 有非零解, 这时 $Tx = \theta$ 的非零解的极大线性无关组的个数与 $T^*x = \theta$ 的非零解的极大线性无关组的个数相等.

2. Fredholm 研究过下列积分方程: 设 $K \in C([0,1] \times [0,1])$, 考察方程

$$x(t) = \int_0^1 K(t,s)x(s)\mathrm{d}s + y(t), \tag{3.2.3}$$

及其共轭方程

$$f(t) = \int_0^1 K(s,t)f(s)\mathrm{d}s + g(t), \tag{3.2.4}$$

其中 $x, y, f, g \in L^2[0,1]$. 他得到如下结论.

结论 1 关于方程 (3.2.3) 只有两种可能情形:

(1) $\forall y \in L^2[0,1]$, 方程 (3.2.3) 存在唯一解 $x \in L^2[0,1]$;

(2) 当 $y = \theta$ 时, 方程 (3.2.3) 有非零解.

结论 2 方程 (3.2.4) 与方程 (3.2.3) 的情形一样, 即当方程 (3.2.3) 的第一种可能发生时, 方程 (3.2.4) 也发生第一种可能性; 方程 (3.2.3) 发生第二种可能时, 方程 (3.2.4) 也发生第二种可能性, 并且方程 (3.2.3) 与方程 (3.2.4) 对应的齐次方程的线性无关解的个数是相同的有穷数.

结论 3 在第二种可能性下, 为了方程 (3.2.3) 有解, 必须且仅须

$$\int_0^1 f(t)y(t)\mathrm{d}t = 0,$$

其中 f 是方程 (3.2.4) 的齐次方程的解. 为了方程 (3.2.4) 有解, 必须且仅须

$$\int_0^1 g(t)x(t)\mathrm{d}t = 0,$$

其中 x 是方程 (3.2.3) 的齐次方程的解.

3. 比较代数方程组与积分方程, 它们的结论竟然惊人地相似, 实际上, 它们是更为一般的算子方程的普遍结论的特殊情形. 我们先引进记号.

记号 $\forall T \in \mathscr{L}(\mathscr{X})$, 记

$$R(T) \triangleq T(\mathscr{X}),$$

以及

$$N(T) \triangleq \{x \in \mathscr{X} | Tx = \theta\}.$$

又对任意的 $M \subset \mathscr{X}, N \subset \mathscr{X}^*$, 记

$$^{\perp}M \triangleq \{f \in \mathscr{X}^* | \langle f, x\rangle = 0, \forall x \in M\},$$
$$N^{\perp} \triangleq \{x \in \mathscr{X} | \langle f, x\rangle = 0, \forall f \in N\}.$$

又若 $f \in \mathscr{X}^*, x \in \mathscr{X}$, 满足 $\langle f, x\rangle = 0$, 便简单地记作

$$f \perp x.$$

由这些记号, 当 $T = I - A$ 时, 其中

$$A : x(t) \mapsto \int_0^1 K(t,s)x(s)\mathrm{d}s,$$

三个 Fredholm 结论可以用简练的形式表达如下:

结论 1 $N(T) = \{\theta\} \Longrightarrow R(T) = \mathscr{X}$.

结论 2 $\sigma(A) = \sigma(A^*)$, 且

$$\dim N(T) = \dim N(T^*) < \infty.$$

结论 3 $R(T) = N(T^*)^{\perp}, R(T^*) = {}^{\perp}N(T)$.

以下我们对一般的 $T = I - A(A \in \mathfrak{C}(\mathscr{X}))$ 证明上面三个 Fredholm 结论.

定理 3.2.1 (Riesz-Fredholm) 设 $\mathscr{X}$ 是 B 空间, $A \in \mathfrak{C}(\mathscr{X})$, $T = I - A$, 则

(1) $\sigma(T) = \sigma(T^*)$;

(2) $\dim N(T) = \dim N(T^*) < \infty$;

(3) $R(T) = N(T^*)^{\perp} = \{x \in \mathscr{X} | f(x) = 0, \forall f \in N(T^*)\}$,

$R(T^*) = {}^{\perp}N(T) = \{f \in \mathscr{X}^* | f(x) = 0, \forall x \in N(T)\}$.

我们分几步来证明这个定理. 结论 (1) 对任意有界算子成立, 正是下面的定理.

定理 3.2.2 若 $T \in \mathscr{L}(\mathscr{X})$, 则 $\sigma(T) = \sigma(T^*)$.

证 只需证 $T^{-1} \in \mathscr{L}(\mathscr{X}) \Longleftrightarrow (T^*)^{-1} \in \mathscr{L}(\mathscr{X}^*)$.

必要性. 因为 $(T^*)^{-1} = (T^{-1})^*$ (见习题 2.5.10), 所以结论是显然的.

充分性. 设 $(T^*)^{-1} \in \mathscr{L}(\mathscr{X}^*)$, 由必要性的结论推得 $(T^{**})^{-1} \in \mathscr{L}(\mathscr{X}^{**})$. 又因 $T = T^{**}|_{\mathscr{X}}$, 所以 T 是 1–1 的, 并且 $R(T) \subset \mathscr{X}$ 是闭的.

再证 $R(T) = \mathscr{X}$. 倘若不然, 存在 $x_0 \in \mathscr{X} \setminus R(T), x_0 \neq \theta$, 由 Hahn-Banach 定理 (定理 2.4.4), 存在 $f \in \mathscr{X}^*$, 使得

$$f(x_0) = \|x_0\|, \quad f(x) = 0, \quad x \in R(T),$$

即

$$0 = f(Ty) = (T^*f)(y), \quad \forall y \in \mathscr{X}.$$

由此得 $T^*f = 0$, 即 $f \in N(T^*)$, 从而 $f = \theta$, 矛盾. ■

定义 3.2.3 称 $T \in \mathscr{L}(\mathscr{X})$ 是**闭值域算子**, 是指

$$R(T) = \overline{R(T)}.$$

定理 3.2.4 若 $A \in \mathfrak{C}(\mathscr{X})$, 则 $T = I - A$ 是闭值域算子.

证 因为 $N(T)$ 是 $\mathscr{X}$ 的闭子空间, 考察

$$\widetilde{T}:\mathscr{X}/N(T)\to\mathscr{X},\quad \widetilde{T}[x]\triangleq Tx.$$

显然 $R(\widetilde{T})=R(T)$, 并且 $\widetilde{T}$ 还是有界线性的, 满足 $N(\widetilde{T})=\{[\theta]\}$, 即 $\widetilde{T}$ 的逆算子存在. 为了证明 $R(T)$ 闭, 只需证 $\widetilde{T}^{-1}$ 是连续的. 用反证法, 倘若 $\widetilde{T}^{-1}$ 不连续, 那么 $\exists[w_m]\nrightarrow 0$, 但 $\widetilde{T}[w_n]\to 0$, 从而有子列 $\big\|[w_{m_n}]\big\|\geqslant\varepsilon>0$. 令 $[x_n]=\dfrac{[w_{m_n}]}{\big\|[w_{m_n}]\big\|}$, 则

$$\big\|[x_n]\big\|=1\quad(n=1,2,\cdots),\quad \text{但}\quad \widetilde{T}[x_n]\to\theta\quad(n\to\infty).$$

因此对 $\forall n\in\mathbb{N},\exists x_n\in[x_n]$, 使得

$$\|x_n\|<2\quad(n=1,2,\cdots),\quad (I-A)x_n\to\theta\quad(n\to\infty).$$

由 A 是紧的, 有子列 $\{x_{n_k}\}$, 使得 $Ax_{n_k}\to z\ (k\to\infty)$, 从而

$$x_{n_k}=Ax_{n_k}+(I-A)x_{n_k}\to z\quad(k\to\infty).$$

于是有 $Tz=\theta$, 即得 $[z]=[\theta]$. 因此

$$\big\|[x_{n_k}]\big\|=\big\|[x_{n_k}-z]\big\|\leqslant\|x_{n_k}-z\|\to 0\quad(k\to\infty).$$

这与 $\big\|[x_{n_k}]\big\|=1$ 矛盾. ■

定理 3.2.5 若 $A\in\mathfrak{C}(\mathscr{X}),T=I-A$, 且 $N(T)=\{\theta\}$, 则 $R(T)=\mathscr{X}$.

证 用反证法. 倘若不然, 做 $\mathscr{X}_0=\mathscr{X},\mathscr{X}_k=T(\mathscr{X}_{k-1})(k=1,2,\cdots)$, 那么因为 $\mathscr{X}_1\neq\mathscr{X}_0$, 且 T 是 1-1 的, 可见

$$\mathscr{X}_0\supsetneqq\mathscr{X}_1\supsetneqq\mathscr{X}_2\supsetneqq\cdots.$$

用 Riesz 引理 (引理 1.4.31), $\exists y_k\in\mathscr{X}_k,\|y_k\|=1$, 但

$$\operatorname{dist}(y_k,\mathscr{X}_{k+1})\geqslant\frac{1}{2}\quad(k=0,1,2,\cdots).$$

于是对 $\forall p, n \in \mathbb{N}$, 我们有

$$\|Ay_n - Ay_{n+p}\| = \|y_n - Ty_n + Ty_{n+p} - y_{n+p}\| \geqslant \frac{1}{2}.$$

这是因为

$$Ty_n - Ty_{n+p} + y_{n+p} \in \mathscr{X}_{n+1}.$$

从而与 A 的紧性矛盾. ■

定理 3.2.1 的证明 $\dim N(T) = 0$ 情形.

因 $\dim N(T) = 0$, 由定理 3.2.5, $R(T) = \mathscr{X}$, 所以 T 是 1–1 满射. 由 Banach 逆算子定理 (定理 2.3.8), $T^{-1} \in \mathscr{L}(\mathscr{X})$, 即有 $0 \overline{\in} \sigma(T)$. 又因 $\sigma(T) = \sigma(T^*)$, 所以 T^* 也是 1–1 满射, 即

$$\dim N(T^*) = 0 = \dim N(T),$$
$$R(T^*) = \mathscr{X}^* = {}^\perp N(T),$$
$$R(T) = \mathscr{X} = \{0\}^\perp = N(T^*)^\perp.$$ ■

下面我们转向 (2) 和 (3) 的证明.

引理 3.2.6 若 $A \in \mathfrak{C}(\mathscr{X}), T = I - A$, 则

$$\dim N(T) < \infty, \quad \dim N(T^*) < \infty.$$

证 令 $\mathscr{X}_0 = N(T), B_1 = \big\{x \in \mathscr{X}_0 \big| \|x\| \leqslant 1\big\}$, 这时

$$B_1 = \overline{A(B_1)}.$$

因 A 是紧算子, B_1 是紧集, 从而

$$\dim \mathscr{X}_0 = \dim N(T) < \infty.$$

因 $T^* = I - A^*$, 同样证明: $\dim N(T^*) < \infty$. ■

设 $x_1, x_2, \cdots, x_n \in N(T)$ 为 $N(T)$ 的一组基, $f_1, f_2, \cdots, f_m \in N(T^*)$ 为 $N(T^*)$ 的一组基, 需要证 $n = m$.

引理 3.2.7 存在闭线性 $\mathscr{X}_1 \subset \mathscr{X}$, 使得

$$\mathscr{X} = \text{span}\{x_1, x_2, \cdots, x_n\} \oplus \mathscr{X}_1.$$

证 由 Hahn-Banach 定理 (定理 2.4.4), 存在 $g_1, g_2, \cdots, g_n \in \mathscr{X}^*$, 满足

$$g_i(x_j) = \delta_{ij}, \quad 1 \leqslant i, j \leqslant n.$$

令 $\mathscr{X}_1 = \bigcap_{i=1}^{n} N(g_i)$, 其中 $N(g) = \{x \in \mathscr{X} | g(x) = 0\}$, 则 $\mathscr{X}_1$ 是闭线性的, 满足

(1) $\text{span}\{x_1, x_2, \cdots, x_n\} \cap \mathscr{X}_1 = \{\theta\}$;

(2) $\forall x \in \mathscr{X}$, 取 $c_i = g_i(x)$, 有 $x - \sum_{i=1}^{n} c_i x_i \in \mathscr{X}_1$.

从而有 $\mathscr{X} = \text{span}\{x_1, x_2, \cdots, x_n\} \oplus \mathscr{X}_1$. ■

引理 3.2.8 存在 $y_1, y_2, \cdots, y_m \in \mathscr{X}$, 使得

$$f_i(y_j) = \delta_{ij}, \quad 1 \leqslant i, j \leqslant m.$$

证 考察线性连续映射 $V : \mathscr{X} \to \mathbb{K}^m$ 如下:

$$V : x \mapsto (\langle f_1, x\rangle, \langle f_2, x\rangle, \cdots, \langle f_m, x\rangle).$$

只要证明它是满射就够了. 如其不然, $V(\mathscr{X})$ 是 $\mathbb{K}^m$ 的一个真子空间. 由 Hahn-Banach 定理 (定理 2.4.4), 存在 $\alpha = (\alpha_1, \alpha_2, \cdots, \alpha_m) \in \mathbb{K}^m \setminus \{0\}$, 使得 α 有 $V(\mathscr{X})$ 上为 0, 即

$$(\alpha, V(x))_{\mathbb{K}^m} = 0, \quad \forall x \in \mathscr{X},$$

亦即

$$\left\langle \sum_{j=1}^{m} \alpha_j f_j, x \right\rangle = 0, \quad \forall x \in \mathscr{X}.$$

从而 $\sum_{j=1}^{m} \alpha_j f_j = \theta$, 这与 $\{f_j\}_{j=1}^m$ 是 $N(T^*)$ 的一组基矛盾. ■

$\dim N(T) = \dim N(T^*)$ 的证明: 需证 $n = m$. 设 $n < m$, 考虑

$$\begin{aligned}\widehat{T} : \mathscr{X} &= \operatorname{span}\{x_1, x_2, \cdots, x_n\} \oplus \mathscr{X}_1 \\ &\to \operatorname{span}\{y_1, y_2, \cdots, y_n\} \oplus R(T) \hookrightarrow \mathscr{X}, \\ \widehat{T}\left(\sum_{i=1}^{n} c_i x_i + y\right) &= \sum_{i=1}^{n} c_i y_i + Ty.\end{aligned}$$

从而根据前面结论, $\widehat{T}$ 是满射. 但显然有 $y_m \overline{\in} R(\widehat{T})$, 矛盾, 所以

$$\dim N(T^*) \leqslant \dim N(T).$$

同样,

$$\dim N(T^{**}) \leqslant \dim N(T^*).$$

因

$$\dim N(T) \leqslant \dim N(T^{**}),$$

所以有

$$\dim N(T) = \dim N(T^*).$$ ■

引理 3.2.9 若 $T \in \mathscr{L}(\mathscr{X})$, 则 $\overline{R(T)} = N(T^*)^{\perp}$.

证 (1) $\overline{R(T)} \subset N(T^*)^{\perp}$. 对 $x \in \mathscr{X}, f \in N(T^*)$, 有

$$f(Tx) = (T^* f)(x) = 0,$$

即 $R(T) \subset N(T^*)^{\perp}$. 因 $N(T^*)^{\perp}$ 闭, 有 $\overline{R(T)} \subset N(T^*)^{\perp}$.

(2) 设 $\overline{R(T)} \subsetneqq N(T^*)^{\perp}$, 取 $x_0 \in N(T^*)^{\perp}, x_0 \overline{\in} \overline{R(T)}$. 由 Hahn-Banach 定理 (定理 2.4.4), 存在 $f \in \mathscr{X}^*$, 满足

$$f(x_0) = \|x_0\| \neq 0, \quad f(x) = 0, \quad \forall x \in \overline{R(T)}.$$

此时有

$$f(Tx) = 0, \quad \forall x \in \mathscr{X},$$

即 $T^* f = 0$. 又有 $x_0 \in N(T^*)^{\perp}$, 得 $f(x_0) = 0$, 矛盾. ■

根据定理 3.2.4 和引理 3.2.9, 有

$$\begin{aligned}R(T) = \overline{R(T)} &= N(T^*)^\perp \\ &= \left\{x \in \mathscr{X} \middle| f(x) = 0, \forall f \in N(T^*)\right\}.\end{aligned}$$

$R(T^*) = {}^\perp N(T)$ 的证明: 从前面 $\dim N(T) = \dim N(T^*)$ 知,

$$\dim N(T^{**}) = \dim N(T^*) = \dim N(T).$$

因 $N(T) \subset N(T^{**})$, 有 $N(T^{**}) = N(T)$, 则

$$R(T^*) = \overline{R(T^*)} = N(T^{**})^\perp = {}^\perp N(T). \qquad \blacksquare$$

从 Riesz-Fredholm 定理 (定理 3.2.1) 的证明中我们还可以得到下面的定理.

定理 3.2.10 设 $A \in \mathfrak{C}(\mathscr{X}), T = I - A$, 则存在闭线性子空间 $\mathscr{X}_1$, 有限维子空间 $\mathscr{Y}_1, \dim \mathscr{Y}_1 = \dim N(T)$, 使得

$$\mathscr{X} = N(T) \oplus \mathscr{X}_1 = \mathscr{Y}_1 \oplus R(T).$$

定义 3.2.11 设 $M \subset \mathscr{X}$ 是一个闭线性子空间, $\mathrm{codim} M \triangleq \dim(\mathscr{X}/M)$ 称为 M 的**余维数**.

由 Riesz-Fredholm 定理 (定理 3.2.1), 有

定理 3.2.12 设 $A \in \mathfrak{C}(\mathscr{X}), T = I - A$, 则

$$\dim N(T) = \mathrm{codim}(R(T)) < \infty.$$

习　　题

3.2.1 设 $\mathscr{X}$ 是 B 空间, $M \subset \mathscr{X}$ 是一个闭线性子空间, $\mathrm{codim} M = n$, 求证: 存在线性无关集 $\{\varphi_k\}_{k=1}^\infty \subset \mathscr{X}^*$, 使得

$$M = \bigcap_{k=1}^{n} N(\varphi_k).$$

3.2.2 设 $\mathscr{X},\mathscr{Y}$ 是两个 B 空间, $T\in\mathscr{L}(\mathscr{X},\mathscr{Y})$ 是满射的. 定义 $\widetilde{T}:\mathscr{X}/N(T)\to\mathscr{Y}$ 如下:

$$\widetilde{T}[x]=Tx\quad(\forall x\in[x])(\forall[x]\in\mathscr{X}/N(T)).$$

求证: $\widetilde{T}$ 是线性同胚映射.

3.2.3 设 $\mathscr{X}$ 是 B 空间, M,N_1,N_2 都是 $\mathscr{X}$ 的闭线性子空间, 如果

$$M\oplus N_1=\mathscr{X}=M\oplus N_2,$$

求证: N_1 和 N_2 同胚.

提示 只要证明 N_1,N_2 都与 $\mathscr{X}/M$ 同胚.

3.2.4 设 $A\in\mathfrak{C}(\mathscr{X}),T=I-A$, 求证:

(1) $\forall[x]\in\mathscr{X}/N(T),\exists x_0\in[x]$, 使得 $\|x_0\|=\big\|[x]\big\|$;

(2) 若 $y\in\mathscr{X}$, 使方程 $Tx=y$ 有解, 则其中必有一个解达到范数最小.

3.2.5 设 $A\in\mathfrak{C}(\mathscr{X})$, 且 $T=I-A,\forall k\in\mathbb{N}$, 求证:

(1) $N(T^k)$ 是有穷维的;

(2) $R(T^k)$ 是闭的.

3.2.6 设 M 是 B 空间 $\mathscr{X}$ 的闭线性子空间, 称满足 $P^2=P$ (**幂等性**) 的由 $\mathscr{X}$ 到 M 上的一个有界线性算子 P 为由 $\mathscr{X}$ 到 M 上的**投影算子**. 求证:

(1) 若 M 是 $\mathscr{X}$ 的有穷维线性子空间, 则必存在由 $\mathscr{X}$ 到 M 上的投影算子;

(2) 若 P 是由 $\mathscr{X}$ 到 M 上的投影算子, 则 $I-P$ 是由 $\mathscr{X}$ 到 $R(I-P)$ 上的投影算子;

(3) 若 P 是由 $\mathscr{X}$ 到 M 上的投影算子, 则 $\mathscr{X}=M\oplus N$, 其中 $N=R(I-P)$;

(4) 若 $A\in\mathfrak{C}(\mathscr{X})$, 且 $T=I-A$, 则在代数与拓扑同构意义下,

$$N(T)\oplus\mathscr{X}/N(T)=\mathscr{X}=R(T)\oplus\mathscr{X}/R(T).$$

§ 3 紧算子的谱理论

(Riesz-Schauder 理论)

这一节研究三个问题:

(1) 紧算子的谱的分布;

(2) 不变子空间;

(3) 紧算子的构造.

对应到矩阵, 每个问题都有清楚的答案:

(1) 矩阵有特征值, 其个数不大于空间的维数;

(2) 存在真不变子空间;

(3) 利用一列不变子空间, 可将矩阵化为 Jordan 标准形.

回顾第二章 §6, 这些问题是算子谱论的中心问题. 正如该节各例所示, 一般有界线性算子的谱集很复杂, 这些问题的答案通常是不完全的或不甚清楚的. 然而对于紧算子, 在本节中, 我们将进行详尽的讨论, 并得到满意的结果.

3.1 紧算子的谱

本小节考察问题 (1), 我们有如下定理.

定理 3.3.1 若 $A \in \mathfrak{C}(\mathscr{X})$, 则

(1) $0 \in \sigma(A)$, 除非 $\dim \mathscr{X} < \infty$;

(2) $\sigma(A) \backslash \{0\} = \sigma_p(A) \backslash \{0\}$;

(3) $\sigma_p(A)$ 至多以 0 为聚点.

证 (1) 的证明见习题 3.1.1.

(2) 是 Fredholm 结论 1.

(3) 用反证法. 倘若有 $\lambda_n \in \sigma_p(A) \backslash \{0\} (n=1,2,\cdots), \lambda_n \neq \lambda_m$ (当 $n \neq m$), 并且 $\lambda_n \to \lambda \neq 0 (n \to \infty)$, 那么

$$\exists x_n \in N(\lambda_n I - A) \backslash \{\theta\} \quad (n=1,2,\cdots).$$

我们有:

1° $\{x_1, x_2, \cdots, x_n\}$ 是线性无关的. 事实上, 可用数学归纳法证明, 设此结论对 n 已成立. 若有

$$x_{n+1} \in N(\lambda_{n+1}I - A) \backslash \{\theta\},$$

使得 $x_{n+1} = \sum\limits_{i=1}^{n} \alpha_i x_i$, 则有

$$\lambda_{n+1} x_{n+1} = A x_{n+1} = \sum_{i=1}^{n} \alpha_i \lambda_i x_i,$$

从而

$$\sum_{i=1}^{n} \alpha_i (\lambda_{n+1} - \lambda_i) x_i = \theta.$$

由归纳法假设 $\{x_1, x_2, \cdots, x_n\}$ 是线性无关的, 所以

$$(\lambda_{n+1} - \lambda_i)\alpha_i = 0 \Longrightarrow \alpha_i = 0 \quad (i = 1, 2, \cdots, n).$$

这与 $x_{n+1} \neq \theta$ 矛盾. 因此 $\{x_1, x_2, \cdots, x_{n+1}\}$ 是线性无关的.

2° 若令 $E_n = \operatorname{span}\{x_1, x_2, \cdots, x_n\}$, 则 $E_n \subsetneqq E_{n+1}$, 应用 Riesz 引理 (引理 1.4.31), $\exists y_{n+1} \in E_{n+1}$, 使得

$$\|y_{n+1}\| = 1, \quad 且 \quad \operatorname{dist}(y_{n+1}, E_n) \geqslant \frac{1}{2}.$$

从而对 $\forall n, p \in \mathbb{N}$, 有

$$\begin{aligned}&\left\| \frac{1}{\lambda_{n+p}} A y_{n+p} - \frac{1}{\lambda_n} A y_n \right\| \\ &\quad = \left\| y_{n+p} - \left(y_{n+p} - \frac{1}{\lambda_{n+p}} A y_{n+p} + \frac{1}{\lambda_n} A y_n \right) \right\| \geqslant \frac{1}{2}.\end{aligned}$$

这是因为

$$y_{n+p} - \frac{1}{\lambda_{n+p}} A y_{n+p} + \frac{1}{\lambda_n} A y_n \in E_{n+p-1}.$$

这便与 A 的紧性矛盾. ∎

注 本定理表明: 对于无穷维空间上的紧算子 A, 只有三种可能情形:

(1) $\sigma(A)=\{0\}$;

(2) $\sigma(A)=\{0,\lambda_1,\lambda_2,\cdots,\lambda_n\}$;

(3) $\sigma(A)=\{\lambda_1,\lambda_2,\cdots,\lambda_n,\cdots\}$, 其中 $\lambda_n\to 0$.

试举例说明: 这三种情形都可能发生.

3.2 不变子空间

本小节考察问题 (2).

定义 3.3.2 设 $\mathscr{X}$ 是一个 B 空间, $M\subset\mathscr{X}$ 称为算子 $A\in\mathscr{L}(\mathscr{X})$ 的**不变子空间**, 是指 $A(M)\subset M$.

由定义 3.2.2 可得如下命题.

命题 3.3.3 设 $\mathscr{X}$ 是一个 B 空间, $A\in\mathscr{L}(\mathscr{X})$, 那么

(1) $\{\theta\},\mathscr{X}$ 都是 A 的不变子空间;

(2) 若 M 是 A 的不变子空间, 则 $\overline{M}$ 也是 A 的不变子空间;

(3) 若 $\lambda\in\sigma_p(A)$, 即 λ 是 A 的特征值, 则 $N(\lambda I-A)$ 是 A 的不变子空间;

(4) $\forall y\in\mathscr{X}$, 若记 $L_y\triangleq\{P(A)y|P\text{ 是任意多项式}\}$, 则 L_y 是 A 的不变子空间.

当 $\dim\mathscr{X}=\infty$ 时, $\forall A\in\mathscr{L}(\mathscr{X})$, 是否一定存在着 A 的一个非平凡的闭不变子空间 (所谓平凡是指: $M=\{\theta\}$ 或 $\mathscr{X}$)? 这是一个长期未解决的根本性问题, 直至 1984 年才由 Read 举出反例. 他表明存在一个无穷维的 Banach 空间 $\mathscr{X}$ 及一个线性算子 $A\in\mathscr{L}(\mathscr{X})$, 使 A 没有非平凡的不变子空间.[①] 现在的问题是: 若 $\mathscr{X}$ 是 Hilbert 空间, $\dim\mathscr{X}=\infty$, 对 $\forall A\in\mathscr{L}(\mathscr{X})$, 是否存在着 A 的非平凡的闭不变子空间? 然而对于紧算子, 有下面的定理.

[①] 有关研究可见文献: Read C. J., "A Solution to the Invariant Subspace Problem," *Bull. London Math. Soc.* 16 (1984): 337–401.

定理 3.3.4 若 $\dim \mathscr{X} \geqslant 2$, 则 $\forall A \in \mathfrak{C}(\mathscr{X})$, A 必有非平凡的闭不变子空间.

证 我们不妨设 $\dim \mathscr{X} = \infty, A \neq 0$, 并且 $\sigma_p(A)\backslash\{0\} = \varnothing$. 于是由定理 3.3.1, 有 $\sigma(A) = \{0\}$. 倘若 A 没有非平凡的闭不变子空间, 则 $\forall y \in \mathscr{X}\backslash\{\theta\}$, 命题 3.3.3 中定义的 L_y 蕴含

$$\overline{L}_y = \mathscr{X}.$$

不妨设 $\|A\| = 1$, 那么 $\exists x_0 \in \mathscr{X}$, 使得 $\|Ax_0\| > 1$. 于是 $\|x_0\| > 1$, 取 $C \triangleq \overline{AB(x_0, 1)}$, 便有 C 是紧集, 并且

$$\theta \notin C.$$

如今, $\forall y_0 \in C$, 存在多项式 $T_{y_0} = P(A)$, 使得

$$\|T_{y_0} y_0 - x_0\| < 1,$$

从而有 $\delta_{y_0} > 0$, 使得

$$\|T_{y_0} y - x_0\| < 1 \quad (\forall y \in B(y_0, \delta_{y_0})).$$

由于 C 是紧的, 存在有穷覆盖

$$\bigcup_{i=1}^{n} B(y_i, \delta_i) \supset C,$$

其中 $\delta_i \triangleq \delta_{y_i} (i = 1, 2, \cdots, n)$. 从而 $\forall y \in C, \exists i_1 (1 \leqslant i_1 \leqslant n)$, 使得

$$\|T_{i_1} y - x_0\| < 1. \tag{3.3.1}$$

这里及以下我们都记 $T_i \triangleq T_{y_i} (i = 1, 2, \cdots, n)$.

但因 (3.3.1) 式蕴含 $T_{i_1} y \in B(x_0, 1)$, 所以 $AT_{i_1} y \in C$, 又 $\exists i_2 (1 \leqslant i_2 \leqslant n)$, 使得

$$\|T_{i_2} A T_{i_1} y - x_0\| < 1.$$

注意到 T_{i_1} 是与 A 可交换的多项式, 便得

$$\|T_{i_2}T_{i_1}Ay - x_0\| < 1.$$

如此继续下去, $\exists i_1, \cdots, i_k, \cdots$, 使得

$$\left\|\prod_{j=1}^{k+1} T_{i_j}(A^k y) - x_0\right\| < 1,$$

或者

$$\left\|\left(\prod_{j=1}^{k+1} T_{i_j}\right)(A^k y)\right\| > \|x_0\| - 1.$$

设 $\mu = \max\limits_{1 \leqslant i \leqslant n} \|T_i\|$, 便得

$$\|x_0\| - 1 \leqslant \mu^{k+1}\|A^k y\| \quad (\mu > 0, k \in \mathbb{N}).$$

因此

$$\frac{1}{\mu}\left(\frac{\|x_0\| - 1}{\mu\|y\|}\right)^{\frac{1}{k}} \leqslant \left(\frac{\|A^k y\|}{\|y\|}\right)^{\frac{1}{k}} \leqslant \|A^k\|^{\frac{1}{k}}. \tag{3.3.2}$$

当 $k \to \infty$ 时, (3.3.2) 式左端极限是 $1/\mu$, 而右端极限是 0 (定理 2.6.12), 这便导出了矛盾. ■

3.3* 紧算子的结构

本小节研究问题 (3).

回忆矩阵分解为 Jordan 标准形的过程, 步骤如下:

(1) 在有穷维向量空间 V 上, 称 T 是一个幂零阵, 是指存在正整数 q, 使得 $T^q = 0$, 记使 $T^q = 0$ 的最小的 q 为这矩阵 T 的指标. 对于幂零阵, 有如下结论: $\exists$ 正整数 r,

$$q_1 \leqslant q_2 \leqslant \cdots \leqslant q_r \leqslant q \quad (q_i \in \mathbb{N}, i = 1, 2, \cdots, r),$$

以及 $x_1, x_2, \cdots, x_r \in V$, 使得

$$\begin{Bmatrix} x_1, & Tx_1, & \cdots, & T^{q_1-1}x_1; \\ x_2, & Tx_2, & \cdots, & T^{q_2-1}x_2; \\ \vdots & \vdots & & \vdots \\ x_r, & Tx_r, & \cdots, & T^{q_r-1}x_r \end{Bmatrix}$$

构成 V 的基, 并且 $T^{q_1}x_1 = \cdots = T^{q_r}x_r = \theta$. 于是在 V 上, 幂零阵分解为 $q_1 + q_2 + \cdots + q_r$ 个 Jordan 块, 其对角线为 0.

(2) 为了从给定的 V 上的矩阵 A 构造出与之有关的幂零阵, 设 λ 是 A 的一个特征值. 在每个 $N((\lambda I - A)^j)(j = 1, 2, \cdots)$ 上, $\lambda I - A$ 都是幂零的, 并且 $N((\lambda I - A)^j)$ 还是 A 的不变子空间. 由于向量空间 V 是有穷维的, 必有 $p \in \mathbb{N}$, 使得

$$N((\lambda I - A)^p) = N((\lambda I - A)^{p+1}) = \cdots .$$

其关键的步骤是, 能证明 $V = N((\lambda I - A)^p) \oplus V_1$, 其中 V_1 是 V 的一个线性子空间, 满足: $(\lambda I - A)|_{V_1}$ 是可逆的, 特别地,

$$V_1 = R((\lambda I - V)^p).$$

有了这个结论, 我们便可以从 A 的所有特征值 $\lambda_1, \lambda_2, \cdots, \lambda_k$ 找到对应的 $p_1, p_2, \cdots, p_k$, 将空间 V 分解为 $\bigoplus\limits_{i=1}^{k} N((\lambda_i I - A)^{p_i})$, 因为每个 $N((\lambda_i I - A)^{p_i})$ 都是 A 的不变子空间, 而

$$(\lambda_i I - A)|_{N((\lambda_i I - A)^{p_i})} \quad (i = 1, 2, \cdots, k)$$

是幂零阵. 我们就得到了 A 的 Jordan 分解.

现在我们把这些步骤推广到紧算子. 设 $A \in \mathfrak{C}(\mathscr{X}), T = I - A$, 我们要证下面的定理.

定理 3.3.5 存在非负整数 p, 使得 $\mathscr{X} = N(T^p) \oplus R(T^p)$, 并且 $T_1 \triangleq T|_{R(T^p)}$ 存在有界线性逆算子.

为证这个定理, 先考察任意的 $T \in \mathscr{L}(\mathscr{X})$. 我们知道有如下链的包含关系:

$$\{\theta\} \subseteq N(T) \subseteq N(T^2) \subseteq \cdots,$$

而且一旦有 $N(T^k) = N(T^{k+1})$, 就有 $N(T^k) = N(T^n)(\forall n \geqslant k)$. 事实上,

$$\begin{aligned} x \in N(T^{k+2}) &\Longrightarrow T^{k+1}Tx = \theta \\ &\Longrightarrow Tx \in N(T^{k+1}) = N(T^k) \\ &\Longrightarrow x \in N(T^{k+1}). \end{aligned}$$

因此, 称此链中使得 $N(T^k) = N(T^{k+1})$ 成立的最小整数 p 为**零链长**, 有时记为 $p(T)$.

同样, 我们也有下列链的包含关系:

$$\mathscr{X} \supseteq R(T) \supseteq R(T^2) \supseteq \cdots,$$

而且一旦 $R(T^k) = R(T^{k+1})$, 就有 $R(T^k) = R(T^n)(\forall n \geqslant k)$. 事实上, 若 $x \in R(T^{k+1})$, 则 $\exists y \in \mathscr{X}$, 使得 $x = T^{k+1}y$. 令 $W = T^k y$, 便得

$$W \in R(T^k) = R(T^{k+1}) \Longrightarrow x = TW \in R(T^{k+2}).$$

因此, 称此链中使得 $R(T^k) = R(T^{k+1})$ 成立的最小整数 q 为**像链长**, 有时记为 $q(T)$. 由定义, 我们有

$$p = 0 \Longleftrightarrow N(T) = \{\theta\} \Longleftrightarrow T \text{ 是单射}, \tag{3.3.3}$$

$$q = 0 \Longleftrightarrow R(T) = \mathscr{X} \Longleftrightarrow T \text{ 是满射}. \tag{3.3.4}$$

问题 p, q 一定有穷吗? p 与 q 有什么关系?

一般来说, p, q 都可能是 ∞, 然而有如下引理.

引理 3.3.6 若 $T=I-A, A\in\mathfrak{C}(\mathscr{X})$, 则 $p=q<\infty$.

证 (1) $q<\infty$. 用反证法. 倘若不然, 则有

$$R(T)\supsetneqq R(T^2)\supsetneqq\cdots.$$

注意到, 对 $\forall k\in\mathbb{N}$,

$$T^k=I+\sum_{j=1}^{k}\binom{k}{j}(-A)^j=I+\text{ 紧算子},$$

所以 $R(T^k)$ 还是闭线性子空间. 应用 Riesz 引理 (引理 1.4.31), 即得矛盾 (推理过程与定理 3.2.5 的证明相同).

(2) $p\leqslant q$. 由定义, $R(T^q)=R(T^{q+1})$, 应用定理 3.2.1,

$$\dim N(T^q)=\mathrm{codim}R(T^q)=\mathrm{codim}R(T^{q+1})=\dim N(T^{q+1}).$$

于是由 $\dim N(T^q)<\infty$, 可见 $N(T^q)=N(T^{q+1})$, 再由 p 的定义, 即得 $p\leqslant q$.

(3) $q\leqslant p$. 同理, 由定义 $N(T^p)=N(T^{p+1})$, 且有

$$\mathrm{codim}R(T^{p+1})=\dim N(T^{p+1})=\dim N(T^p)=\mathrm{codim}R(T^p). \quad \blacksquare$$

定理 3.3.5 的证明 (1) $N(T^p)\cap R(T^p)=\{\theta\}$. 事实上, 若有 $y\in N(T^p)\cap R(T^p)$, 则 $\exists x\in\mathscr{X}$, 使得 $y=T^px$, 且有 $T^py=\theta$, 从而

$$x\in N(T^{2p})=N(T^p)\Longrightarrow y=T^px=\theta.$$

(2) $\mathscr{X}=N(T^p)\oplus R(T^p)$. 事实上, 对 $\forall x\in\mathscr{X}$, 有

$$T^px\in R(T^p)=R(T^{2p}).$$

因此 $\exists u\in\mathscr{X}$, 使得 $T^{2p}u=T^px$. 令 $y\triangleq T^pu\in R(T^p)$, 便有 $z\triangleq x-y\in N(T^p)$, 这是因为 $T^py=T^px$. 于是得

$$x=y+z\quad(y\in R(T^p),z\in N(T^p)).$$

(3) $T_1 \triangleq T|_{R(T^p)}$ 存在有界线性逆算子. 事实上, 因为

$$R(T^p) = R(T^{p+1}),$$

可见 T_1 是满射的. 又 T_1 是 1-1 的, 这是因为: 若 $y \in R(T^p)$, 且 $Ty = \theta$, 则 $\exists x \in \mathscr{X}$, 使得 $y = T^p x$, 从而

$$x \in N(T^{p+1}) = N(T^p),$$

即得 $y = \theta$. 于是由 Banach 逆算子定理 (定理 2.3.8) 即得结论. ■

根据定理 3.3.5, 对任意的 $A \in \mathfrak{C}(\mathscr{X})$, 从它的一切非 0 特征值 $\lambda_1, \lambda_2, \cdots$, 我们可以找到对应于 $T_i = \lambda_i I - A$ 的零链长 $p_i(i = 1, 2, \cdots)$. 在空间 $\bigoplus\limits_{i=1}^{\infty} N((\lambda_i - A)^{p_i})$ 上, 算子 A 有对应的 Jordan 标准形.

更详细的讨论参看 Ringrose J. R., *Compact Non-self-adjoint Operators* (New York: Van Nostrand Reinhold, 1971).

习　题

(本节习题中的 $\mathscr{X}$ 均指 B 空间)

3.3.1　给定数列 $\{a_n\}_{n=1}^{\infty}$, 在空间 l^1 上定义算子 A 如下:

$$A(x_1, x_2, \cdots) = (a_1, x_1, a_2\ x_2, \cdots), \quad \forall x = (x_1, x_2, \cdots) \in l^1.$$

求证: (1) $A \in \mathscr{L}(l^1)$ 的充要条件是 $\sup\limits_{n \geqslant 1} |a_n| < \infty$;

(2) $A^{-1} \in \mathscr{L}(l^1)$ 的充要条件是 $\inf\limits_{n \geqslant 1} |a_n| > 0$;

(3) $A \in \mathfrak{C}(l^1)$ 的充要条件是 $\lim\limits_{n \to \infty} a_n = 0$.

3.3.2　在 $C[0,1]$ 中, 考虑映射

$$T : x(t) \mapsto \int_0^t x(s)\mathrm{d}s, \quad \forall x(t) \in C[0,1].$$

(1) 求证: T 是紧算子;

(2) 求 $\sigma(T)$ 及 T 的一个非平凡的闭不变子空间.

3.3.3 设 $A \in \mathfrak{C}(\mathscr{X})$, 求证: 当且仅当 $x - Ax = \theta$ 只有零解时, 方程 $x - Ax = y$ 对 $\forall y \in \mathscr{X}$ 都有解.

3.3.4 设 $T \in \mathscr{L}(\mathscr{X})$, 并存在 $m \in \mathbb{N}$, 使得

$$\mathscr{X} = N(T^m) \oplus R(T^m),$$

求证: $p(T) = q(T) \leqslant m$.

3.3.5 设 $A, B \in \mathscr{L}(\mathscr{X})$, 并且 $AB = BA$, 求证:

(1) $R(A)$ 和 $N(A)$ 都是 B 的不变子空间;

(2) $R(B^n)$ 和 $N(B^n)$ 都是 B 的不变子空间 $(\forall n \in \mathbb{N})$.

3.3.6 设 $A \in \mathscr{L}(\mathscr{X})$, M 是 A 的有穷维的闭不变子空间, 求证: (1) A 在 M 上的作用可以用一个矩阵来表示;

(2) M 中存在 A 的特征元.

3.3.7 设 $x_0 \in \mathscr{X}, f \in \mathscr{X}^*$, 满足 $\langle f, x_0 \rangle = 1$, 令 $A = x_0 \otimes f$, 并且 $T = I - A$, 求 T 的零链长 p.

§ 4 Hilbert-Schmidt 定理

在 Hilbert 空间上, 有一类有界线性算子, 它们是 $\mathbb{R}^n$ 上的对称矩阵, 是 $\mathbb{C}^n$ 上 Hermite 矩阵的推广, 称为对称算子.

定义 3.4.1 设 $A \in \mathscr{L}(H)$, 其共轭算子 A^* 由下式定义:

$$(Ax, y) = (x, A^*y) \quad (\forall x, y \in H). \tag{3.4.1}$$

称 A是**对称的**, 若

$$(Ax, y) = (x, Ay) \quad (\forall x, y \in H). \tag{3.4.2}$$

注 比较 (3.4.1) 式和 (3.4.2) 式可见, 为了 A 是对称算子必须且仅须 $A = A^*$. 正是这个缘故, 有时又把对称算子称为**自共轭算子**, 或**自伴算子** (注意: 前提是 $A \in \mathscr{L}(H)$).

命题 3.4.2 设 $A, B \in \mathscr{L}(H), \alpha \in \mathbb{C}$, 则有

$$(A+B)^* = A^* + B^*, \quad (\alpha A)^* = \overline{\alpha} A^*,$$

$$A^{**} = A, \quad (AB)^* = B^* A^*,$$

$$\sigma(A^*) = \overline{\sigma(A)} = \{\overline{\lambda} | \lambda \in \sigma(A)\}.$$

证明很简单, 留给读者.

例 3.4.3 在 $\mathbb{R}^n$ 上, 若 A 是对称矩阵, 则 A 是对称的. 在 $\mathbb{C}^n$ 上, 若 A 是 Hermite 矩阵, 则 A 是对称的. 一般地有: A 是 $\mathbb{R}^n$ 上的矩阵, $A^* = A^{\mathrm{T}}$, 这里 A^{T} 为 A 的转置矩阵; A 是 $\mathbb{C}^n$ 上的矩阵, $A^* = \overline{A}^{\mathrm{T}}$, 这里 $\overline{A}^{\mathrm{T}}$ 为 A 的共轭转置矩阵.

例 3.4.4 在实的 $L^2(\Omega, \mathscr{B}, \mu)$ 上, 设 $K \in L^\infty(\Omega \times \Omega, \mathrm{d}\mu)$, 并且 $K(x, y) = K(y, x)$, 则

$$A : u(x) \mapsto \int_\Omega K(x, y) u(y) \mathrm{d}\mu(y)$$

是 $L^2(\Omega, \mathscr{B}, \mu)$ 上的对称算子.

例 3.4.5 设 H 是 Hilbert 空间, M 是它的一个闭线性子空间. 由 H 到 M 上的投影算子 P_M 便是对称的.

证 由正交分解定理 (推论 1.6.37), $\forall x, y \in H$, 有分解:

$$x = x_M + x_{M^\perp} \quad (x_M \in M, x_{M^\perp} \in M^\perp),$$

$$y = y_M + y_{M^\perp} \quad (y_M \in M, y_{M^\perp} \in M^\perp).$$

由 P_M 的定义, $x_M = P_M x, y_M = P_M y$, 因此有

$$(P_M x, y) = (x_M, y_M + y_{M^\perp}) = (x_M, y_M) = (x, P_M y).$$

命题 3.4.6 关于 H 上的对称算子, 有下列基本性质:

(1) 为了 A 对称, 必须且仅须 $(Ax, x) \in \mathbb{R} (\forall x \in H)$.

证 令 $a(x, y) \triangleq (Ax, y) (\forall x, y \in H)$, 那么 $a(\cdot, \cdot)$ 是 H 上的共轭双线性函数, (Ax, x) 是由 $a(\cdot, \cdot)$ 诱导的二次型, 由定义, 我们有

$$A \text{ 对称} \iff a(x, y) = \overline{a(y, x)} \quad (\forall x, y \in H). \tag{3.4.3}$$

又由命题 1.6.2, 我们有

$$a(x,y)=\overline{a(y,x)}\ (\forall x,y\in H)\Longleftrightarrow (Ax,x)\in\mathbb{R}\ (\forall x\in H). \quad (3.4.4)$$

联合 (3.4.3) 式和 (3.4.4) 式即得结论. ■

(2) 若 A 对称, 则 $\sigma(A)\subset\mathbb{R}$, 并且有

$$\|(\lambda I-A)^{-1}x\|\leqslant\frac{1}{|\mathrm{Im}\lambda|}\|x\|$$
$$(\forall x\in H,\forall\lambda\in\mathbb{C},\mathrm{Im}\lambda\neq 0).$$

证 设 $\lambda=\mu+\mathrm{i}\nu,\nu\neq 0,\mu,\nu\in\mathbb{R}$, 则由对称性,

$$\begin{aligned}\|(\lambda I-A)x\|^2&=\|(\mu I-A)x\|^2+|\nu|^2\cdot\|x\|^2\\&\geqslant|\nu|^2\cdot\|x\|^2\quad(\forall x\in H).\end{aligned} \quad (3.4.5)$$

此外, $R(\lambda I-A)=H$, 这是因为:

$$R(\lambda I-A)^{\perp}=N(\overline{\lambda}I-A^*)=N(\overline{\lambda}I-A),$$

再由 (3.4.5) 式, $N(\overline{\lambda}I-A)=\{\theta\}$ (当 $\mathrm{Im}\lambda\neq 0$). ■

(3) 设 H_1 是 H 的一个闭不变子空间, A 是 H 上的对称算子, 则 $A|_{H_1}$ 也是 H_1 上的对称算子.

(4) 若 A 对称, $\lambda,\lambda'\in\sigma_p(A),\lambda\neq\lambda'$, 则

$$N(\lambda I-A)\perp N(\lambda' I-A).$$

证 若 $x\in N(\lambda I-A),x'\in N(\lambda' I-A)$, 则

$$\lambda(x,x')=(Ax,x')=(x,Ax')=\lambda'(x,x').$$

由 $\lambda\neq\lambda'$, 推出 $(x,x')=0$. ■

(5) 若 A 对称, 则

$$\sup_{\|x\|=1}|(Ax,x)|=\|A\|.$$

证 记 $c \triangleq \sup\limits_{\|x\|=1} |(Ax,x)|, c \leqslant \|A\|$ 是显然的. 下证 $c \geqslant \|A\|$. 由 A 的对称性和平行四边形法则, 有

$$\begin{aligned}\operatorname{Re}(Ax,y) &= \frac{1}{4}\big[(A(x+y),x+y)-(A(x-y),x-y)\big] \\ &\leqslant \frac{c}{4}(\|x+y\|^2+\|x-y\|^2) \leqslant c,\end{aligned}$$

其中 $x,y \in H$, 适合 $\|x\|=\|y\|=1$. 今取 $\alpha \in \mathbb{C}(|\alpha|=1)$, 使得

$$\alpha(Ax,y)=|(Ax,y)|,$$

即得

$$|(Ax,y)|=(Ax,\overline{\alpha}y)=\operatorname{Re}(Ax,\overline{\alpha}y) \leqslant c.$$

这便推出: $\|A\| \leqslant c$. ■

在 Hilbert 空间上, 对称紧算子 A 的谱和算子结构将更为清楚. 对比有穷维情形的对称矩阵 A, 它可以通过正交变换对角化, 对角线上的元对应着 A 的特征值, 而这些特征值又是 A 所对应的二次型 (Ax,x) 在单位球面 $\|x\|=1$ 上的各个临界值. 所有这些性质将被推广到无穷维空间.

我们从下列极值性质出发.

定理 3.4.7 若 A 是对称紧算子, 则必有 $x_0 \in H, \|x_0\|=1$, 使得

$$|(Ax_0,x_0)|=\sup_{\|x\|=1}|(Ax,x)|,$$

并且满足

$$Ax_0=\lambda x_0, \tag{3.4.6}$$

其中 $|\lambda|=|(Ax_0,x_0)|$.

证 用 S_1 表示 H 上的单位球面, 不妨设

$$\sup_{x\in S_1}|(Ax,x)|=\sup_{x\in S_1}(Ax,x) \tag{3.4.7}$$

(否则用 $-A$ 代替 A). 取 $\lambda \triangleq \sup\limits_{x\in S_1}(Ax,x)$, 考察 S_1 上定义的函数

$$f(x)=(Ax,x) \quad (\forall x\in S_1).$$

设 $\{x_n\}\subset S_1$, 满足 $f(x_n)\to\lambda$, 因为 $\|x_n\|=1$, 所以有弱收敛子列, 不妨仍记作 $\{x_n\}$. 设 $x_n \rightharpoonup x_0$, 由 $\overline{B}(\theta,1)$ 的弱闭性, 便有 $\|x_0\|\leqslant 1$. 再由 A 的紧性推出

$$Ax_n\to Ax_0 \quad (n\to\infty).$$

从而有 $f(x_n)\to(Ax_0,x_0)(n\to\infty)$, 即得

$$(Ax_0,x_0)=\lambda. \tag{3.4.8}$$

进一步要证: $\|x_0\|=1$. 用反证法. 倘若不然, 便有 $\|x_0\|<1$, 那么由命题 3.4.6(5) 和 (3.4.7) 式, 有

$$(Ax_0,x_0)\leqslant\|A\|\cdot\|x_0\|^2=\sup_{x\in S_1}(Ax,x)\|x_0\|^2<\lambda,$$

这与 (3.4.8) 式矛盾. 于是我们证明了: $\exists x_0\in S_1$, 使得

$$(Ax_0,x_0)=\sup_{x\in S_1}(Ax,x). \tag{3.4.9}$$

最后再证 (3.4.6) 式. $\forall y\in H$, 对于 $|t|$ 足够小的 t, 考察函数

$$\varphi_y(t)\triangleq\frac{(A(x_0+ty),x_0+ty)}{(x_0+ty,x_0+ty)}.$$

注意到 $t=0$ 使 $\varphi_y(t)$ 达到极大, 从而有 $\varphi_y'(0)=0$, 算出就是

$$\mathrm{Re}(y,Ax_0-\lambda x_0)=0,$$

而 $y\in H$ 是任意的, 故有 $Ax_0=\lambda x_0$. ■

设 A 是 H 上的紧算子, 按 Riesz-Schauder 理论,

$$\sigma(A)\backslash\{0\} = \sigma_p(A)\backslash\{0\} = \{\lambda_1, \lambda_2, \cdots\}.$$

如果 $\{\lambda_n\}$ 中有无穷多个是不同的, 那么满足 $\lambda_n \to 0$; 如果 A 还是自伴的, 由命题 3.4.6(2), λ_n 都是实数. 此外还有下面的定理.

定理 3.4.8 (Hilbert-Schmidt) 若 A 是 Hilbert 空间 H 上的对称紧算子, 则至多有可数个非零的, 只可能以 0 为聚点的实数 $\{\lambda_i\}$, 它们是算子 A 的特征值, 并对应一组正交规范基 $\{e_i\}$, 使得

$$\begin{aligned} x &= \sum (x, e_i) e_i, \\ Ax &= \sum \lambda_i (x, e_i) e_i. \end{aligned} \tag{3.4.10}$$

证 对 $\forall \lambda \in \sigma_p(A)\backslash\{0\}$, 设 $N(\lambda I - A)$ 的正交规范基为

$$\left\{e_i^{(\lambda)}\right\}_{i=1}^{m(\lambda)},$$

其中 $m(\lambda) \triangleq \dim N(\lambda I - A) < \infty$ (称为 λ 的重数). 此外, 若 $0 \in \sigma_p(A)$, 则设 $N(A)$ 的正交规范基为

$$\left\{e_i^{(0)}\right\},$$

它不一定是可数的. 如今我们令

$$\{e_i'\} \triangleq \bigcup_{\lambda \in \sigma_p(A)\backslash\{0\}} \left\{e_i^{(\lambda)}\right\}_{i=1}^{m(\lambda)},$$

$$\{e_i\} \triangleq \begin{cases} \{e_i'\}, & 0 \overline{\in} \sigma_p(A), \\ \{e_i'\} \cup \left\{e_i^{(0)}\right\}, & 0 \in \sigma_p(A). \end{cases}$$

再令 $M \triangleq \operatorname{span}\{e_i\}$, 在 M 上 A 显然有表示式 (3.4.10) 式.

现在证 $\overline{M} = H$. 用反证法. 倘若不然, 则 $M^{\perp} \neq \{\theta\}$. 记 $\widetilde{A} \triangleq A|_{M^{\perp}}$, 由定义, $\widetilde{A}$ 不能有特征值, 从而 $\widetilde{A} \neq 0$. 另一方面, 由定理 3.4.7, 有

$$\|\widetilde{A}\| = \sup_{\substack{x \in M^{\perp} \\ \|x\|=1}} |(\widetilde{A}x, x)| = 0,$$

即 $\widetilde{A}=0$, 便得矛盾. 从而 $\{e_i\}$ 构成 H 的正交规范基. ■

注 1 我们可以将特征值按绝对值递减的顺序编号, 并约定特征值的重数是几, 就把那特征值接连编上几个号码, 即排成:

$$|\lambda_1| \geqslant |\lambda_2| \geqslant \cdots \geqslant |\lambda_n| \geqslant |\lambda_{n+1}| \geqslant \cdots .$$

于是

$$A=\sum_{i=1}^{\infty}\lambda_i e_i \otimes e_i, \tag{3.4.11}$$

更确切地有

$$\left\|A-\sum_{i=1}^{n}\lambda_i e_i \otimes e_i\right\| \leqslant |\lambda_{n+1}| \to 0 \quad (n\to\infty).$$

事实上, 对 $\forall x \in H$, 有

$$\begin{aligned}\left\|Ax-\sum_{i=1}^{n}\lambda_i (x,e_i)e_i\right\| &= \left\|\sum_{i=n+1}^{\infty}\lambda_i (x,e_i)e_i\right\| \\ &= \left(\sum_{i=n+1}^{\infty}\lambda_i^2 |(x,e_i)|^2\right)^{\frac{1}{2}} \\ &\leqslant |\lambda_{n+1}|\left(\sum_{i=n+1}^{\infty}|(x,e_i)|^2\right)^{\frac{1}{2}} \leqslant |\lambda_{n+1}|\cdot\|x\|.\end{aligned}$$

注 2 定理 3.4.8 表明: 对称紧算子可以对角化, 它的特征值具有极值性质:

$$|\lambda_n| = \sup\left\{|(Ax,x)|\,\middle|\,x \perp \operatorname{span}\{e_1,e_2,\cdots,e_{n-1}\}, \|x\|=1\right\}$$

$(n=1,2,\cdots)$, 其中 $e_1,e_2,\cdots,e_{n-1}$ 是对应于 $\lambda_1,\lambda_2,\cdots,\lambda_{n-1}$ 的特征元.

特别地, 我们可以按正负值把特征值排列起来, 记作

$$\begin{aligned}&\lambda_1^+ \geqslant \lambda_2^+ \geqslant \cdots \geqslant 0,\\ &\lambda_1^- \leqslant \lambda_2^- \leqslant \cdots < 0.\end{aligned} \tag{3.4.12}$$

定理 3.4.9 (极小极大刻画) 设 A 是对称紧算子, 对应有特征值 (3.4.12) 式, 则

$$\lambda_n^+ = \inf_{E_{n-1}} \sup_{\substack{x \in E_{n-1}^\perp \\ x \neq \theta}} \frac{(Ax, x)}{(x, x)}, \tag{3.4.13}$$

$$\lambda_n^- = \sup_{E_{n-1}} \inf_{\substack{x \in E_{n-1}^\perp \\ x \neq \theta}} \frac{(Ax, x)}{(x, x)}, \tag{3.4.14}$$

其中 E_{n-1} 是 H 的任意 $n-1$ 维闭线性子空间.

证 我们只需证 (3.4.13) 式, 因为用 $-A$ 代替 A, 那么 (3.4.13) 式蕴含了 (3.4.14) 式. 注意到, 若

$$x = \sum a_j^+ e_j^+ + \sum a_j^- e_j^-,$$

则

$$\frac{(Ax, x)}{(x, x)} = \frac{\sum \lambda_j^+ |a_j^+|^2 + \sum \lambda_j^- |a_j^-|^2}{\sum |a_j^+|^2 + \sum |a_j^-|^2}.$$

记 (3.4.13) 式右端为 μ_n. 下面从两个方面证明 $\lambda_n^+ = \mu_n$:

(1) $\lambda_n^+ \leqslant \mu_n$. 事实上, $\forall E_{n-1}$, 在 $\operatorname{span}\{e_1^+, e_2^+, \cdots, e_n^+\}$ 中总有向量 $x_n \neq \theta$, 使得 $x_n \perp E_{n-1}$, 于是

$$\sup_{\substack{x \perp E_{n-1} \\ x \neq \theta}} \frac{(Ax, x)}{(x, x)} \geqslant \frac{(Ax_n, x_n)}{(x_n, x_n)} = \frac{\sum_{j=1}^n \lambda_j^+ |a_j^+|^2}{\sum_{j=1}^n |a_j^+|^2} \geqslant \lambda_n^+,$$

即得 $\lambda_n^+ \leqslant \mu_n$.

(2) $\lambda_n^+ \geqslant \mu_n$. 事实上, 取 $E_{n-1} = \operatorname{span}\{e_1^+, e_2^+, \cdots, e_{n-1}^+\}$, 便有

$$\lambda_n^+ = \sup_{\substack{x \perp E_{n-1} \\ x \neq \theta}} \frac{(Ax, x)}{(x, x)},$$

即得 $\lambda_n^+ \geqslant \mu_n$. ■

推论 3.4.10 若两个对称紧算子 A, B 满足 $A \leqslant B$, 即

$$(Ax, x) \leqslant (Bx, x) \quad (\forall x \in H),$$

则

$$\lambda_j^+(A) \leqslant \lambda_j^+(B) \quad (j = 1, 2, \cdots).$$

习 题

(本节各题中, H 均指复 Hilbert 空间)

3.4.1 设 $A \in \mathscr{L}(H)$, 求证: $A + A^*, AA^*, A^*A$ 都是对称算子, 并且

$$\|AA^*\| = \|A^*A\| = \|A\|^2.$$

3.4.2 设 $A \in \mathscr{L}(H)$, 满足 $(Ax, x) \geqslant 0 (\forall x \in H)$, 且

$$(Ax, x) = 0 \Longleftrightarrow x = \theta,$$

求证:

$$\|Ax\|^2 \leqslant \|A\|(Ax, x) \quad (\forall x \in H).$$

3.4.3 设 A 是 H 上的有界对称算子, 令

$$m(A) \triangleq \inf_{\|x\|=1} (Ax, x), \quad M(A) \triangleq \sup_{\|x\|=1} (Ax, x).$$

求证:

(1) $\sigma(A) \subset [m(A), M(A)]$, 且$m(A), M(A) \in \sigma(A)$.

进一步假设 A 是 H 上的对称紧算子, 求证:

(2) 若 $m(A) \neq 0$, 则 $m(A) \in \sigma_p(A)$;

(3) 若 $M(A) \neq 0$, 则 $M(A) \in \sigma_p(A)$.

3.4.4 设 A 是对称紧算子, 求证:

(1) 若 A 非零, 则 A 至少有一个不等于零的特征值;

(2) 若 M 是 A 的非零不变子空间, 则 M 上必含有 A 的特征元.

3.4.5 求证: 为了 $P \in \mathscr{L}(H)$ 是一个正交投影算子, 必须且仅须:

(1) P 是对称的, 即 $P = P^*$;

(2) P 是幂等的, 即 $P^2 = P$.

3.4.6 求证: 为了 $P \in \mathscr{L}(H)$ 是一个正交投影算子, 必须且仅须:

$$(Px, x) = \|Px\|^2 \quad (\forall x \in H).$$

3.4.7 设 $A \in \mathscr{L}(H)$, 称其为**正算子**, 是指

$$(Ax, x) \geqslant 0 \quad (\forall x \in H).$$

求证:

(1) 正算子必是对称的;

(2) 正算子的一切特征值都是非负实数.

3.4.8 求证: 为了 H 的闭线性子空间 L, M 满足 $L \subset M$, 必须且仅须 $P_M - P_L$ 是正算子.

3.4.9 设 $(a_{ij})(i, j = 1, 2, \cdots)$ 满足 $\sum\limits_{i,j=1}^{\infty} |a_{ij}|^2 < \infty$, 在 l^2 空间上, 定义映射

$$A : x = \{x_1, x_2, \cdots\} \mapsto y = \{y_1, y_2, \cdots\},$$

其中 $y_i \triangleq \sum\limits_{j=1}^{\infty} a_{ij} x_j (i = 1, 2, \cdots)$. 求证:

(1) A 是 H 上的紧算子;

(2) 又若 $a_{ij} = \overline{a_{ji}}(i, j = 1, 2, \cdots)$, 则 A 是对称紧算子.

3.4.10 设 A 是 H 上的对称算子, 并且存在一组由 A 的特征元组成的 H 的正交规范基. 又设

(1) $\dim N(\lambda I - A) < \infty \quad (\forall \lambda \in \sigma_p(A) \backslash \{0\})$;

(2) $\forall \varepsilon > 0, \sigma_p(A) \backslash [-\varepsilon, \varepsilon]$ 只有有限个值.

求证: A 是 H 上的紧算子.

§ 5 对椭圆型方程的应用

这一节我们来研究下列边值问题:

$$\begin{cases} -\Delta u + U(x)u = f(x) \quad (x \in \Omega), \\ u|_{\partial\Omega} = 0, \end{cases} \tag{3.5.1}$$

其中 $\Omega \subset \mathbb{R}^n$ 是一个有界的、具有光滑边界的开区域. 给定 $U(x) \in C(\overline{\Omega}), f \in L^2(\Omega)$, 问在什么条件下, 问题 (3.5.1) 是可解的?

历史上, 有许多数学家致力于这个问题的研究, 通常采用位势积分将其化归成积分方程, 再用 Fredholm 理论导出原问题的解. 有了对称紧算子的 Riesz-Schauder 理论, 以及 Sobolev 空间结果以后, 我们便有可能撇开积分算子直接研究椭圆型方程的 Dirichlet 问题, 近代偏微分方程的理论采用后一种途径.

称 $u \in H_0^1(\Omega)$ 是边值问题 (3.5.1) 的一个**弱解**, 是指:

$$\int_\Omega (\nabla u \cdot \nabla v + U(x)uv)\mathrm{d}x = \int_\Omega fv\mathrm{d}x \quad (\forall v \in H_0^1(\Omega)). \tag{3.5.2}$$

显然, 若 $u \in H^2(\Omega)$ 满足方程 (3.5.1), 则 u 必是它的一个弱解. 反过来, 在偏微分方程理论中证明了: 方程 (3.5.1) 的弱解必是 $H^2(\Omega)$ 解. 因此, 从泛函分析应用的角度来说, 我们将只关心方程 (3.5.1) 的弱解的存在性.

我们要把方程 (3.5.2) 化归成为对称紧算子问题. 为此在 $H_0^1(\Omega)$ 上引入等价范数:

$$\square u\square = \left[\int_\Omega |\nabla u|^2\mathrm{d}x + \int_\Omega (U(x)+\lambda_0)u^2(x)\mathrm{d}x\right]^{\frac{1}{2}},$$

其中 $\lambda_0 \triangleq \max\limits_{x\in\overline{\Omega}}|U(x)|$. 根据 Poincaré 不等式 (引理 1.6.15), 存在常数 $m, M > 0$, 使得

$$m\|u\|_1 \leqslant \square u\square \leqslant M\|u\|_1 \quad (\forall u \in H_0^1(\Omega)), \tag{3.5.3}$$

其中 $\|\cdot\|_1$ 表示 $H_0^1(\Omega)$ 的范数. (3.5.3) 式表明 $\square\cdot\square$ 是 $H_0^1(\Omega)$ 的等价范数, 所以 $H_0^1(\Omega)$ 在范数 $\square\cdot\square$ 下是 Banach 空间. 又令

$$(u,v)_{\lambda_0}=\int_\Omega \nabla u\cdot\nabla v\mathrm{d}x+\int_\Omega (U(x)+\lambda_0)u(x)v(x)\mathrm{d}x, \qquad (3.5.4)$$

其中 $u,v\in H_0^1(\Omega).(\cdot,\cdot)_{\lambda_0}$ 是由范数 $\square\cdot\square$ 产生的内积. $H_0^1(\Omega)$ 在内积 (3.5.4) 式下是 Hilbert 空间. 记 $\|\cdot\|$ 为 $L^2(\Omega)$ 的范数, 再由 Poincaré 不等式 (引理 1.6.15), 对 $\forall u\in L^2(\Omega)$, 我们有

$$\left|\int_\Omega u\cdot v\mathrm{d}x\right|\leqslant\|u\|\cdot\|v\|\leqslant c\|u\|\square v\square \quad (\forall v\in H_0^1(\Omega)), \qquad (3.5.5)$$

其中 c 为正常数. 于是按 Riesz 表示定理 (定理 2.2.1), $\exists| w\in H_0^1(\Omega)$, 使得

$$\int_\Omega uv\mathrm{d}x=(w,v)_{\lambda_0} \quad (\forall v\in H_0^1(\Omega)). \qquad (3.5.6)$$

定义 $K_{\lambda_0}:L^2(\Omega)\to H_0^1(\Omega)$ 为 $w=K_{\lambda_0}u$, 便有

$$\square K_{\lambda_0}u\square\leqslant c\|u\| \quad (\forall u\in L^2(\Omega)).$$

因此 K_{λ_0} 是 $L^2(\Omega)\to H_0^1(\Omega)$ 的连续线性算子.

记 ι 为 $H_0^1(\Omega)\to L^2(\Omega)$ 的嵌入算子, 由 Rellich 定理 (定理 4.5.10) 的推论 4.5.11, ι 是紧的. 于是 (3.5.2) 式等价于

$$(u,v)_{\lambda_0}=(K_{\lambda_0}f,v)_{\lambda_0}+\lambda_0(K_{\lambda_0}\iota u,v)_{\lambda_0} \quad (\forall v\in H_0^1(\Omega)),$$

即等价于在 $H_0^1(\Omega)$ 中解方程

$$(I-\lambda_0K_{\lambda_0}\iota)u=K_{\lambda_0}f. \qquad (3.5.7)$$

应用 Riesz-Fredholm 定理 (定理 3.2.1),

$$\text{方程 (3.5.7) 有解} \iff K_{\lambda_0}f\perp N(I-\lambda_0K_{\lambda_0}\iota).$$

然而

$$\begin{aligned} u\in N(I-\lambda_0K_{\lambda_0}\iota) &\Longleftrightarrow u=\lambda_0K_{\lambda_0}\iota u \\ &\Longleftrightarrow (u,v)_{\lambda_0}=\lambda_0\int_\Omega uv\mathrm{d}x \quad (\forall v\in H_0^1(\Omega)) \\ &\Longleftrightarrow \int_\Omega\big(\nabla u\cdot\nabla v+U(x)uv\big)\mathrm{d}x=0 \quad (\forall v\in H_0^1(\Omega)), \end{aligned}$$

即 u 是方程 (3.5.1) 的齐次方程的弱解. 设方程 (3.5.1) 的齐次方程的弱解由 $\{\varphi_1,\varphi_2,\cdots,\varphi_n\}$ 张成, 那么

$$(K_{\lambda_0}f,\varphi_i)_{\lambda_0}=0\Longleftrightarrow\int_\Omega f\varphi_i\mathrm{d}x=0 \quad (i=1,2,\cdots,n).$$

总结起来, 我们得到如下定理.

定理 3.5.1 若方程 (3.5.1) 的齐次方程只有零解, 则 $\forall f\in L^2(\Omega)$, 方程 (3.5.1) 存在唯一的弱解; 否则, 方程 (3.5.1) 的齐次方程至多存在有穷个线性无关的弱解, 设它们为 $\{\varphi_1,\varphi_2,\cdots,\varphi_n\}$. 这时, 当且仅当

$$\int_\Omega f\varphi_i\mathrm{d}x=0 \quad (i=1,2,\cdots,n),$$

方程 (3.5.1) 有解, 且其解空间的维数是 n.

下面转向考察方程 (3.5.1) 对应的特征值问题:

$$\begin{cases} -\Delta u+U(x)u=\lambda u & (x\in\Omega), \\ u|_{\partial\Omega}=0. \end{cases} \tag{3.5.8}$$

它对应的方程 (3.5.7) 是

$$(I-(\lambda+\lambda_0)K_{\lambda_0}\iota)u=0.$$

应用 Riesz-Schauder 理论以及 Hilbert-Schmidt 定理 (定理 3.4.8), 我们知道 $\sigma(K_{\lambda_0}\iota)\setminus\{0\}$ 是实的, 而且至多有可数个, 记它们为 $\mu_1,\mu_2,\cdots,\mu_j,\cdots$. 又若 $\{\mu_j\}$ 有可数多个不同的值, 则 $\mu_j\to0(j\to\infty)$. 特别是因为

$$(K_{\lambda_0}\iota u,u)_{\lambda_0}>0 \quad (\text{当 } u\neq0),$$

所以 $\mu_j > 0$, 并且 $0 \overline{\in} \sigma_p(K_{\lambda_0}\iota)$. 又由于 $H_0^1(\Omega)$ 是无穷维的, 不难验证 $\{\mu_j\}$ 有可数多个并且 $\mu_j \to 0 (j \to \infty)$. 不妨设

$$\mu_1 \geqslant \mu_2 \geqslant \cdots \geqslant \mu_j \geqslant \cdots > 0.$$

于是方程 (3.5.8) 的特征值

$$\lambda_j = \frac{1}{\mu_j} - \lambda_0 \quad (j = 1, 2, \cdots)$$

满足 $\lambda_1 \leqslant \lambda_2 \leqslant \cdots \leqslant \lambda_j \leqslant \cdots$, 以及 $\lambda_j \to \infty$.

最后给出 λ_j 的 "极小极大" 描写, 因为

$$\mu_j = \inf_{E_{j-1}} \sup_{\substack{u \in E_{j-1}^{\perp} \\ u \neq \theta}} \frac{(K_{\lambda_0}\iota u, u)_{\lambda_0}}{(u, u)_{\lambda_0}},$$

所以

$$\begin{aligned} \lambda_j = \frac{1}{\mu_j} - \lambda_0 &= \sup_{E_{j-1}} \inf_{\substack{u \in E_{j-1}^{\perp} \\ u \neq \theta}} \frac{(u, u)_{\lambda_0}}{(K_{\lambda_0}\iota u, u)_{\lambda_0}} - \lambda_0 \\ &= \sup_{E_{j-1}} \inf_{\substack{u \in E_{j-1}^{\perp} \\ u \neq \theta}} \frac{\displaystyle\int_{\Omega} (|\nabla u|^2 + U u^2) \mathrm{d}x}{\displaystyle\int_{\Omega} u^2 \mathrm{d}x}, \end{aligned}$$

其中 E_{j-1} 是维数为 $j-1$ 的任意的闭线性子空间 $(j = 1, 2, \cdots)$.

总结起来, 有如下定理.

定理 3.5.2 方程 (3.5.8) 的特征值都是实的, 而且有可数个 $\lambda_1 \leqslant \lambda_2 \leqslant \cdots \leqslant \lambda_j \leqslant \cdots$, 适合 $\lambda_j \to \infty$, 并且它们对应的特征函数构成空间 $H_0^1(\Omega)$ 的完备正交集.

习 题

3.5.1 设 $a_i(x) \in C^1(\Omega)(i=1,2,\cdots,n), U(x) \in C(\overline{\Omega})$, 其中 Ω 是 $\mathbb{R}^n$ 中的边界光滑的有界开区域, 讨论下列边值问题:

$$\begin{cases} -\Delta u + \sum_{i=1}^{n} \partial_{x_i}(a_i(x)u) + U(x)u = f(x) \quad (x \in \Omega), \\ u|_{\partial\Omega} = 0. \end{cases}$$

提示 应用 Lax-Milgram 定理 (定理 2.3.18).

3.5.2 在上题中, 讨论下列特征值问题:

$$\begin{cases} -\Delta u + \sum_{i=1}^{n} \partial_{x_i}(a_i(x)u) + U(x)u = \lambda u \quad (x \in \Omega), \\ u|_{\partial\Omega} = 0. \end{cases}$$

§ 6 Fredholm 算子

在本章 §2 中, 我们曾指出具有连续核的积分方程 (或更一般的二元平方可和的核), 可以利用紧算子的 Fredholm 理论讨论可解性, 然而下列形式的奇异积分方程却不包含在紧算子理论的框架之中:

$$a(z)u(z) + \frac{b(z)}{\pi}\mathrm{P.V.}\int_{S^1} \frac{u(s)}{z-s}\mathrm{d}s = f(z) \quad (z \in S^1), \tag{3.6.1}$$

其中 S^1 表示平面上的单位圆周, $a, b \in C(S^1), f \in L^2(S^1)$, P. V. 表示按主值意义的积分, 即

$$\mathrm{P.V.}\int_{S^1} \frac{u(s)}{z-s}\mathrm{d}s \triangleq \lim_{\varepsilon\to 0}\int_{\substack{|s-z|\geqslant\varepsilon \\ s\in S^1}} \frac{u(s)}{z-s}\mathrm{d}s.$$

为了讨论形如 (3.6.1) 的方程的可解性, 我们回顾一下本章 §2 中关于可解性的讨论. 其实, 算子 A 的紧性作用, 只在下列证明时用到:

(1) $R(T)$ 是闭的, 从而 Fredholm 结论 3 成立;

(2) $\dim N(T) = \dim N(T^*) < \infty$.

现在丢掉紧性条件, 我们直接引入如下定义.

定义 3.6.1 设 $\mathscr{X},\mathscr{Y}$ 是 Banach 空间, $T \in \mathscr{L}(\mathscr{X},\mathscr{Y})$ 称为一个 **Fredholm 算子**, 是指:

(1) $R(T)$ 是闭的;

(2) $\dim N(T) < \infty$;

(3) $\operatorname{codim} R(T) < \infty$.

$\mathscr{X} \to \mathscr{Y}$ 的一切 Fredholm 算子的全体记作 $\mathscr{F}(\mathscr{X},\mathscr{Y})$, 特别地, 当 $\mathscr{Y} = \mathscr{X}$ 时, 记作 $\mathscr{F}(\mathscr{X})$.

定义 3.6.2 设 $T \in \mathscr{F}(\mathscr{X},\mathscr{Y})$, 令

$$\operatorname{ind}(T) \triangleq \dim N(T) - \operatorname{codim} R(T),$$

并称其为 T 的**指标**.

例 3.6.3 若 $A \in \mathfrak{C}(\mathscr{X})$, 则 $T = I - A \in \mathscr{F}(\mathscr{X})$, 并且

$$\operatorname{ind}(T) = 0.$$

例 3.6.4 若 $\mathscr{X} = l^2, T$ 是 $\mathscr{X}$ 上的左推移算子, 即

$$T : x = (x_1, x_2, \cdots) \mapsto (x_2, x_3, \cdots),$$

则 $T \in \mathscr{F}(\mathscr{X})$, 并且 $\operatorname{ind}(T) = 1$. 同理, T^* 是右推移算子, 即

$$T^* : x = (x_1, x_2, \cdots) \mapsto (0, x_1, x_2, \cdots),$$

有 $T^* \in \mathscr{F}(\mathscr{X})$, 并且 $\operatorname{ind}(T^*) = -1$. 一般地, 还有

$$T^n \in \mathscr{F}(\mathscr{X}), \quad \operatorname{ind}(T^n) = n \quad (n = 1, 2, \cdots),$$

以及

$$(T^*)^n \in \mathscr{F}(\mathscr{X}), \quad \operatorname{ind}((T^*)^n) = -n \quad (n = 1, 2, \cdots).$$

下面我们来刻画 Fredholm 算子.

定理 3.6.5 (1) 若 $T \in \mathscr{F}(\mathscr{X}, \mathscr{Y})$, 则必有 $S \in \mathscr{L}(\mathscr{Y}, \mathscr{X})$ 以及 $A_1 \in \mathfrak{C}(\mathscr{X}), A_2 \in \mathfrak{C}(\mathscr{Y})$, 使得

$$ST = I_x - A_1, \quad TS = I_y - A_2, \tag{3.6.2}$$

其中 I_x, I_y 分别表示 $\mathscr{X}$ 和 $\mathscr{Y}$ 上的恒同算子.

(2) 如果 $T \in \mathscr{L}(\mathscr{X}, \mathscr{Y})$, 又有 $R_1, R_2 \in \mathscr{L}(\mathscr{Y}, \mathscr{X})$ 以及 $A_1 \in \mathfrak{C}(\mathscr{X}), A_2 \in \mathfrak{C}(\mathscr{Y})$, 使得

$$R_1 T = I_x - A_1, \quad TR_2 = I_y - A_2, \tag{3.6.3}$$

则 $T \in \mathscr{F}(\mathscr{X}, \mathscr{Y})$.

证 (1) 考察图 3.6.1, 令

$$\widetilde{T}[x] = Tx \quad (\forall x \in [x]) \quad (\forall [x] \in \mathscr{X}/N(T)).$$

由假设 $T \in \mathscr{F}(\mathscr{X}, \mathscr{Y})$, 从而 $\widetilde{T} : \mathscr{X}/N(T) \to R(T)$ 有连续逆 $\widetilde{T}^{-1}$, 并且存在投影算子 (参看习题 3.2.6 与习题 3.1.10):

$$\begin{aligned} &A_1 : \mathscr{X} \to N(T), \\ &A_2 : \mathscr{Y} \to \mathscr{Y}/R(T). \end{aligned}$$

显然 A_1 和 A_2 都是有穷秩的, 从而是紧的. 令

$$S \triangleq \widetilde{T}^{-1}(I_y - A_2),$$

便有

$$ST = \widetilde{T}^{-1}(I_y - A_2)T = I_x - A_1,$$

以及

$$TS = T\widetilde{T}^{-1}(I_y - A_2) = I_y - A_2.$$

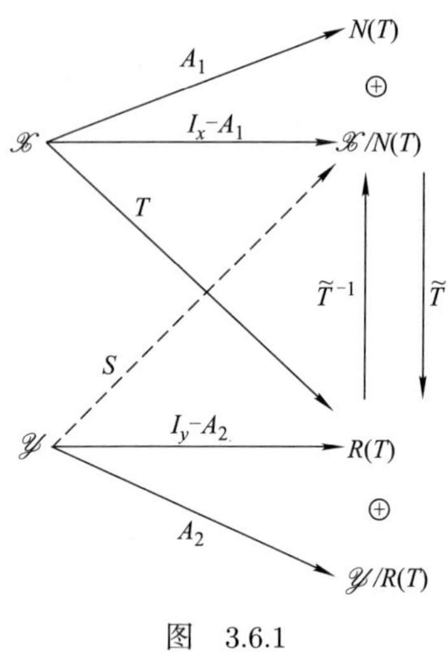

图 3.6.1

(2) 如果存在 R_1, R_2 及 A_1, A_2, 使得 (3.6.3) 式成立, 那么

$$\begin{aligned} & N(T) \subset N(R_1T) = N(I_x - A_1) \\ & \Longrightarrow \dim N(T) < \infty, \end{aligned}$$

以及

$$\begin{aligned} & R(T) \supset R(TR_2) = R(I_y - A_2) \\ & \Longrightarrow \operatorname{codim} R(T) \leqslant \operatorname{codim} R(I_y - A_2) < \infty. \end{aligned}$$

至于 $R(T)$ 闭性的验证, 可以仿照定理 3.2.4 的证明, 故从略. ■

注 1 满足 (3.6.3) 式的 R_1, R_2 分别称为 T 的**左、右正则化子**. 在商掉紧算子集 $\mathfrak{C}(\mathscr{X})$ (以及 $\mathfrak{C}(\mathscr{Y})$) 意义下, 它们分别是 T 的左、右逆. 在这个意义下, 定理 3.6.5(1) 表明 Fredholm 算子是 $\mathscr{L}(\mathscr{X}, \mathscr{Y})$ 中范数 $\mathfrak{C}(\mathscr{X})$ (及 $\mathfrak{C}(\mathscr{Y})$) 的可逆算子.

注 2 从定理 3.6.5(2) 容易看出, 若 R 同时是 T 的左、右正则化子, 则 R 本身也是 Fredholm 算子. 特别是由此推出: 若

$T \in \mathscr{F}(\mathscr{X}, \mathscr{Y})$, 则 $\exists S \in \mathscr{F}(\mathscr{Y}, \mathscr{X})$, 以及 $A_1 \in \mathfrak{C}(\mathscr{X}), A_2 \in \mathfrak{C}(\mathscr{Y})$, 使得 (3.6.2) 式成立.

关于 Fredholm 算子的指标有如下性质.

定理 3.6.6 若 $T_1 \in \mathscr{F}(\mathscr{X}, \mathscr{Y}), T_2 \in \mathscr{F}(\mathscr{Y}, \mathscr{Z})$, 其中 $\mathscr{X}, \mathscr{Y}$, $\mathscr{Z}$ 都是 Banach 空间, 则 $T_2T_1 \in \mathscr{F}(\mathscr{X}, \mathscr{Z})$, 且

$$\operatorname{ind}(T_2T_1) = \operatorname{ind}(T_1) + \operatorname{ind}(T_2). \tag{3.6.4}$$

证 由定理 3.6.5(1), $\exists S_1 \in \mathscr{F}(\mathscr{Y}, \mathscr{X}), S_2 \in \mathscr{F}(\mathscr{Z}, \mathscr{Y})$, 使得

$$\begin{cases} S_1T_1 = I_x - A_1^{(1)}, \\ T_1S_1 = I_y - A_2^{(1)}, \end{cases} \quad \text{及} \quad \begin{cases} S_2T_2 = I_y - A_1^{(2)}, \\ T_2S_2 = I_z - A_2^{(2)}. \end{cases}$$

取 $S \triangleq S_1S_2$, 即得

$$\begin{aligned} S(T_2T_1) &= S_1(S_2T_2)T_1 = S_1(I_y - A_1^{(2)})T_1 \\ &= S_1T_1 - S_1A_1^{(2)}T_1 \\ &= I_x - A_1^{(1)} - S_1A_1^{(2)}T_1 = I_x - \text{紧算子}. \end{aligned}$$

同理可证 $(T_2T_1)S$ 是恒同减去紧算子, 从而 $T_2T_1 \in \mathscr{F}(\mathscr{X}, \mathscr{Z})$.

现在再证指标公式 (3.6.4). 为此我们先观察图 3.6.2.

记

$$\begin{aligned} &\mathscr{Y}_2 = R(T_1) \cap N(T_2), \quad \mathscr{X}_2 = T_1^{-1}\mathscr{Y}_2, \\ &\mathscr{Y}_1 = R(T_1) \ominus \mathscr{Y}_2, \qquad \mathscr{Y}_3 = N(T_2) \ominus \mathscr{Y}_2, \\ &\mathscr{Y}_4 = \mathscr{Y}/R(T_1) \ominus \mathscr{Y}_3, \quad \mathscr{Z}_4 = T_2\mathscr{Y}_4, \end{aligned}$$

便有

$$R(T_2) \cong \mathscr{Y}/N(T_2) = \mathscr{Y}_1 + \mathscr{Y}_4,$$

$$\mathscr{X}_2 \cong \mathscr{Y}_2, \quad \mathscr{Z}_4 \cong \mathscr{Y}_4,$$

以及

$$N(T_2T_1) = N(T_1) \oplus \mathscr{X}_2,$$

$$R(T_2) = R(T_2T_1) \oplus \mathscr{Z}_4.$$

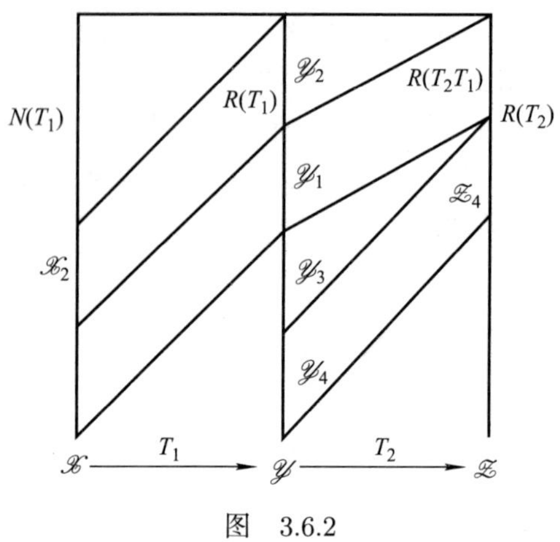

图 3.6.2

于是, 若记 $T = T_2T_1$, 则有

$$\begin{aligned}
\dim N(T) &= \dim N(T_1) + \dim \mathscr{X}_2 = \dim N(T_1) + \dim \mathscr{Y}_2,\\
\operatorname{codim} R(T) &= \operatorname{codim} R(T_2) + \dim \mathscr{Z}_4 = \operatorname{codim} R(T_2) + \dim \mathscr{Y}_4,\\
&\operatorname{codim} R(T_1) = \dim \mathscr{Y}_3 + \dim \mathscr{Y}_4,\\
&\dim N(T_2) = \dim \mathscr{Y}_2 + \dim \mathscr{Y}_3.
\end{aligned}$$

联合起来得到

$$\begin{aligned}
\operatorname{ind}(T) &= \dim N(T) - \operatorname{codim} R(T)\\
&= \dim N(T_1) + \dim N(T_2) - \operatorname{codim} R(T_2)\\
&\quad - \operatorname{codim} R(T_1)\\
&= \operatorname{ind}(T_1) + \operatorname{ind}(T_2).
\end{aligned}$$

■

定理 3.6.7 若 $T \in \mathscr{F}(\mathscr{X},\mathscr{Y})$, 则存在 $\varepsilon > 0$, 使得当 $S \in \mathscr{L}(\mathscr{X},\mathscr{Y})$, 且 $\|S\| < \varepsilon$ 时, 有

$$T + S \in \mathscr{F}(\mathscr{X},\mathscr{Y}),$$

且有

$$\operatorname{ind}(T+S)=\operatorname{ind}(T).$$

证 由定理 3.6.5(1), $\exists R\in\mathscr{F}(\mathscr{Y},\mathscr{X})$ 及 $A_1\in\mathfrak{C}(\mathscr{X}), A_2\in\mathfrak{C}(\mathscr{Y})$, 使得

$$RT=I_x-A_1,\quad TR=I_y-A_2. \tag{3.6.5}$$

从而

$$R(T+S)=I_x-A_1+RS.$$

当 $\|S\|<1/\|R\|$ 时, $E_1\triangleq(I_x+RS)^{-1}$ 有界, 因此

$$E_1R(T+S)=I_x-E_1A_1. \tag{3.6.6}$$

同理, 当 $\|S\|<1/\|R\|$ 时, $E_2\triangleq(I_y+SR)^{-1}$ 有界, 因此

$$(T+S)RE_2=I_y-A_2E_2. \tag{3.6.7}$$

因为 $E_1A_1\in\mathfrak{C}(\mathscr{X})$ 且 $A_2E_2\in\mathfrak{C}(\mathscr{Y})$, 所以, 由定理 3.6.5(2), 联合 (3.6.6) 式与 (3.6.7) 式便推出

$$T+S\in\mathscr{F}(\mathscr{X},\mathscr{Y})\quad\left(当\ \|S\|<\frac{1}{\|R\|}\right).$$

因为当 $\|S\|<1/\|R\|$ 时, E_1 存在有界逆, 所以这时

$$E_1\in\mathscr{F}(\mathscr{X}),\quad 且\quad \operatorname{ind}(E_1)=0. \tag{3.6.8}$$

由 (3.6.6) 式及定理 3.6.6 得

$$\operatorname{ind}(E_1)+\operatorname{ind}(R)+\operatorname{ind}(T+S)=0, \tag{3.6.9}$$

又由 (3.6.5) 式及定理 3.6.6 得

$$\operatorname{ind}(R)+\operatorname{ind}(T)=0. \tag{3.6.10}$$

联合 (3.6.8) 式, (3.6.9) 式和 (3.6.10) 式, 即得

$$\operatorname{ind}(T+S)=\operatorname{ind}(T)\quad\left(当\ \|S\|<\frac{1}{\|R\|}\right).$$ ■

注 从定理的证明中可直接看出, 定理中的 ε 有如下估计: 若 R 是 T 的一个正则化子, 则可取 $\varepsilon < 1/\|R\|$.

作为例子, 我们来考察本节一开始提到的奇异积分算子. 设 $u \in L^2(S^1)$, 其中 S^1 表示 $\mathbb{R}^2$ 上的单位圆周. 记

$$(Hu)(z) \triangleq \frac{1}{\pi \mathrm{i}} \text{P.V.} \int_{S^1} \frac{u(s)}{s-z} \mathrm{d}s \quad (\forall z \in S^1).$$

命题 3.6.8 $H \in \mathscr{L}(L^2(S^1))$.

证 首先我们用 Fourier 级数建立 $L^2(S^1)$ 与 l^2 间的等距同构. $\forall u \in L^2(S^1)$, 将它展开成 Fourier 级数

$$u(\mathrm{e}^{\mathrm{i}\theta}) = \sum_{n=-\infty}^{\infty} c_n \mathrm{e}^{\mathrm{i}n\theta} \quad (0 \leqslant \theta < 2\pi),$$

其中

$$c_n = \frac{1}{2\pi} \int_0^{2\pi} u(\mathrm{e}^{\mathrm{i}\theta}) \mathrm{e}^{-\mathrm{i}n\theta} \mathrm{d}\theta \quad (n = 0, \pm 1, \pm 2, \cdots).$$

容易验证:

$$L^2(S^1) \ni u \mapsto \{c_n\}_{n=-\infty}^{\infty} \in l^2$$

是等距同构的. 其次, 注意到

$$\begin{aligned} \frac{\mathrm{e}^{\mathrm{i}\varphi}}{\mathrm{e}^{\mathrm{i}\varphi} - \mathrm{e}^{\mathrm{i}\theta}} &= \frac{1}{2}\left(1 + \frac{\mathrm{e}^{\mathrm{i}\varphi} + \mathrm{e}^{\mathrm{i}\theta}}{\mathrm{e}^{\mathrm{i}\varphi} - \mathrm{e}^{\mathrm{i}\theta}}\right) \\ &= \frac{1}{2}\left(1 + \mathrm{i}\cot\frac{\theta - \varphi}{2}\right), \end{aligned}$$

可见

$$\begin{aligned} (Hu)(\mathrm{e}^{\mathrm{i}\theta}) &= \frac{1}{2\pi} \text{P.V.} \int_0^{2\pi} \left(1 + \mathrm{i}\cot\frac{\theta - \varphi}{2}\right) u(\mathrm{e}^{\mathrm{i}\varphi}) \mathrm{d}\varphi \\ &= c_0 + \mathrm{i}\widetilde{u}(\mathrm{e}^{\mathrm{i}\theta}), \end{aligned}$$

其中

$$\widetilde{u}(\mathrm{e}^{\mathrm{i}\theta}) = \frac{1}{2\pi} \text{P.V.} \int_0^{2\pi} u(\mathrm{e}^{\mathrm{i}\varphi}) \cot\frac{\theta - \varphi}{2} \mathrm{d}\varphi$$

是 u 的共轭函数, 它有 Fourier 级数

$$\widetilde{u}(\mathrm{e}^{\mathrm{i}\theta}) = -\mathrm{i}\sum_{n=-\infty}^{\infty} c_n \mathrm{sign}(n)\mathrm{e}^{\mathrm{i}n\theta},$$

其中

$$\mathrm{sign}(n) = \begin{cases} -1, & n < 0, \\ 0, & n = 0, \\ 1, & n > 0. \end{cases}$$

因此 $\widetilde{u} \in L^2(S^1)$, 并且 $\|\widetilde{u}\| \leqslant \|u\|$. 此外, 易见

$$P : u \mapsto \sum_{n=0}^{\infty} c_n \mathrm{e}^{\mathrm{i}n\theta}$$

是 $L^2(S^1)$ 上的投影算子. 最后, 注意到关系式

$$Pu = \frac{1}{2}(u + \mathrm{i}\widetilde{u}) + \frac{1}{2}c_0 = \frac{1}{2}(u + Hu),$$

即得

$$H = 2P - I, \tag{3.6.11}$$

所以有 $H \in \mathscr{L}(L^2(S^1))$. ■

注 由 (3.6.11) 式立即得到: 若 $a, b \in C(S^1)$, 则

$$aI + \mathrm{i}bH = (a + \mathrm{i}b)P + (a - \mathrm{i}b)(I - P). \tag{3.6.12}$$

引理 3.6.9 $\forall \varphi \in C(S^1)$, 如果定义算子

$$[\varphi, P] \triangleq \varphi \cdot P - P\varphi \cdot,$$

其中 $\varphi\cdot$ 表示 $L^2(S^1)$ 上的乘法算子, P 是命题 3.6.8 的证明中引进的投影算子, 那么

$$[\varphi, P] \in \mathfrak{C}(L^2(S^1)) \quad (\forall \varphi \in C(S^1)).$$

证 (1) 若 $\varphi = \mathrm{e}^{\mathrm{i}m\theta}(m \in \mathbb{Z})$, 则

$$\begin{aligned}[\varphi, P]u &= \sum_{n=0}^{\infty} c_n \mathrm{e}^{\mathrm{i}(n+m)\theta} - \sum_{n \geqslant -m}^{\infty} c_n \mathrm{e}^{\mathrm{i}(m+n)\theta} \\ &= \sum_{-m \leqslant n \leqslant 0} c_n \mathrm{e}^{\mathrm{i}(m+n)\theta},\end{aligned}$$

它是一个有穷秩算子.

(2) 对任意的三角多项式 $\varphi = \sum\limits_{|n| \leqslant N} d_n \mathrm{e}^{\mathrm{i}n\theta}$, 由 (1), $[\varphi, P]$ 也是有穷秩算子.

(3) $\forall \varphi \in C(S^1), \forall \varepsilon > 0$, 存在三角多项式 φ_ε, 使得

$$\|\varphi - \varphi_\varepsilon\|_{C(S^1)} < \frac{\varepsilon}{2},$$

从而

$$\begin{aligned}&\big\|[\varphi, P] - [\varphi_\varepsilon, P]\big\|_{\mathscr{L}(L^2(S^1))} \\ &\quad = \big\|[\varphi - \varphi_\varepsilon, P]\big\|_{\mathscr{L}(L^2(S^1))} < \varepsilon.\end{aligned}$$

于是, 由命题 3.1.2(3), 我们证明了:

$$[\varphi, P] \in \mathfrak{C}(L^2(S^1)).$$ ■

对 $\forall \varphi \in C(S^1)$, 我们称

$$\nu_\varphi \triangleq \frac{1}{2\pi} \int_0^{2\pi} \mathrm{d}\arg \varphi(\mathrm{e}^{\mathrm{i}\theta})$$

为函数 φ 关于原点的**环绕数**.

定理 3.6.10 若 $c, d \in C(S^1)$, 满足 $(c \cdot d)(z) \neq 0 (\forall z \in S^1)$, 则算子 $T = cP + d(I - P) \in \mathscr{F}(L^2(S^1))$, 并且

$$\operatorname{ind}(T) = \nu_d - \nu_c,$$

其中 ν_c 和 ν_d 分别是函数 c 和 d 关于原点的环绕数.

证 (1) 取 $S=\frac{1}{c}\cdot P+\frac{1}{d}\cdot(I-P)$, 按引理 3.6.9, 它是 T 的正则化子.

(2) 注意到, 由引理 3.6.9,

$$\begin{aligned}T&=c\cdot P+d\cdot(I-P)\\&=P_c\cdot P+(I-P)d\cdot(I-P)+K,\end{aligned}$$

其中 $K\in\mathfrak{C}(L^2(S^1))$. 若用 l^2_+,l^2_- 分别表示 $PL^2(S^1)$ 与 $(I-P)L^2(S^1)$ 按 Fourier 展开对应的 l^2 子空间, 则

$$P_c\cdot P\in\mathscr{F}(l^2_+),\quad (I-P)d\cdot(I-P)\in\mathscr{F}(l^2_-).$$

由假设 c 的关于原点的环绕数是 ν_c, 这表明: $\exists c$ 与 $e^{i\nu_c\theta}$ 间的同伦, 即存在连续映射

$$F:[0,1]\times S^1\to\mathbb{C}\backslash\{0\},$$

使得

$$F(0,e^{i\theta})=c(e^{i\theta}),\quad F(1,e^{i\theta})=e^{i\nu_c\theta}.$$

又因为 $|F|$ 在 $[0,1]\times S^1$ 上不为 0, 所以有下界 $\delta>0$, 分割 $[0,1]$ 为 N 等分, 使得在每个小区间 $[t_j,t_{j+1}]$ 上,

$$|\varDelta_jF|\triangleq\max_{t,s\in[t_j,t_{j+1}]}\left|F(t,e^{i\theta})-F(s,e^{i\theta})\right|<\frac{1}{\delta}.$$

应用定理 3.6.7 及其注, 可得

$$\operatorname{ind}(P_c\cdot P|_{l^2_+})=\operatorname{ind}(Pe^{i\nu_c\theta}\cdot P|_{l^2_+})=-\nu_c.$$

上式最后一个等号是因为 $Pe^{i\nu_c\theta}\cdot P|_{l^2_+}$ 是 l^2_+ 上的推移算子. 同理

$$\begin{aligned}&\operatorname{ind}\big((I-P)d\cdot(I-P)|_{l^2_-}\big)\\&=\operatorname{ind}\big((I-P)e^{i\nu_d\theta}\cdot(I-P)|_{l^2_-}\big)=\nu_d.\end{aligned}$$

从而 (参看习题 3.6.2)

$$\operatorname{ind}(T)=\nu_d-\nu_c. \qquad \blacksquare$$

注 定理 3.6.10 的逆命题也是对的, 即如果

$$c\cdot P+d\cdot(I-P)\in\mathscr{F}(L^2(S^1)),$$

那么 $(c\cdot d)(z)\neq 0(\forall z\in S^1)$. 参看本书下册第五章.

习 题

(本节各题中的 $\mathscr{X},\mathscr{Y},\mathscr{Z}$ 均指 B 空间)

3.6.1 设 $T\in\mathscr{F}(\mathscr{X},\mathscr{Y}),A\in\mathfrak{C}(\mathscr{X},\mathscr{Y})$, 求证:

(1) $T+A\in\mathscr{F}(\mathscr{X},\mathscr{Y})$;

(2) $\operatorname{ind}(T+A)=\operatorname{ind}(T)$.

3.6.2 设 $T\in\mathscr{F}(\mathscr{X}),S\in\mathscr{F}(\mathscr{Y})$, 求证:

(1) $T\oplus S\in\mathscr{F}(\mathscr{X}\oplus\mathscr{Y})$;

(2) $\operatorname{ind}(T\oplus S)=\operatorname{ind}(T)+\operatorname{ind}(S)$.

3.6.3 设 $\mathscr{X}\subset\mathscr{Y}$, 并且 $\mathscr{X}\to\mathscr{Y}$ 的嵌入算子是紧的, 又设 $T\in\mathscr{L}(\mathscr{X},\mathscr{Y})$ 满足:

$$\|x\|_{\mathscr{X}}\leqslant c(\|x\|_{\mathscr{Y}}+\|Tx\|_{\mathscr{Y}})\quad(\forall x\in\mathscr{X}), \tag{3.6.13}$$

其中 c 是一常数. 求证:

(1) $\dim N(T)<\infty$;

(2) $R(T)$ 是闭的.

3.6.4 在上题中, 如果将 (1) 与 (2) 作为假设, 求证: 存在常数 $c>0$, 使得 (3.6.13) 式成立.

3.6.5 设 $T\in\mathscr{F}(\mathscr{X},\mathscr{Y})$, 求证:

(1) $T^*\in\mathscr{F}(\mathscr{Y}^*,\mathscr{X}^*)$;

(2) $\operatorname{ind}(T^*)=-\operatorname{ind}(T)$.

3.6.6 在例 3.6.4 中, 求 T 的左、右正则化子.

3.6.7 设 $\Omega \subset \mathbb{R}^2$ 是由光滑曲线 Γ 围成的区域, $\mathscr{X} \subset C(\overline{\Omega})$ 是由在 Ω 内解析、在 $\overline{\Omega}$ 上连续的函数组成的闭线性子空间. 求证: 限制算子

$$R : u(z) \mapsto u(z)|_{z\in\Gamma}$$

是 $\mathscr{X} \to C(\Gamma)$ 的 Fredholm 算子, 并求它的指标.

3.6.8 设 $a_j(x) \in C[0,1](j = 1, 2, \cdots, n)$,

$$T = \left(\frac{\mathrm{d}}{\mathrm{d}x}\right)^n + a_1(x)\left(\frac{\mathrm{d}}{\mathrm{d}x}\right)^{n-1} + \cdots + a_n(x),$$

求证: $T \in \mathscr{F}(C^n[0,1], C[0,1])$, 并求 $\operatorname{ind}(T)$.

3.6.9 设 $a(x) \in C[0,1], T = a(x)$, 求证:

$$T \in \mathscr{F}(C[0,1]) \Longleftrightarrow a(x) \neq 0 \quad (\forall x \in [0,1]).$$

3.6.10 设 $A \in \mathscr{L}(\mathscr{X})$, 并 $\exists n \in \mathbb{N}$, 使得

$$I - A^n \in \mathfrak{C}(\mathscr{X}),$$

求证: $A \in \mathscr{F}(\mathscr{X})$.

3.6.11 设 $T_1 \in \mathscr{L}(\mathscr{X}, \mathscr{Y}), T_2 \in \mathscr{L}(\mathscr{Y}, \mathscr{Z})$, 使得 $T_2T_1 \in \mathscr{F}(\mathscr{X}, \mathscr{Z})$, 求证:

$$T_1 \in \mathscr{F}(\mathscr{X}, \mathscr{Y}) \Longleftrightarrow T_2 \in \mathscr{F}(\mathscr{Y}, \mathscr{Z}).$$

3.6.12 设 D 为复平面上的单位圆盘, $\widetilde{H}^2(D)$ 是 D 上的 **Hardy 空间**, 它指在 D 内解析且其 Taylor 系数序列属于 l^2 的函数全体.

$$(f, g) \triangleq \sum_{n=0}^{\infty} a_n \overline{b}_n \quad (\forall f, g \in \widetilde{H}^2(D)),$$

其中

$$f(z) = \sum_{n=0}^{\infty} a_n z^n, \quad g(z) = \sum_{n=0}^{\infty} b_n z^n \quad (\forall z \in D).$$

又记 $S^1=\partial D$, 对 $\forall\varphi\in C(S^1)$, 定义 **Toeplitz 算子** T_φ 如下:

$$T_\varphi=PM_\varphi\iota,$$

其中 P 是 $L^2(S^1)\to\widetilde{H}^2(D)$ 的正交投影算子, 即

$$P:u(\mathrm{e}^{\mathrm{i}\theta})=\sum_{n=-\infty}^{\infty}c_n\mathrm{e}^{\mathrm{i}n\theta}\mapsto u(z)=\sum_{n=0}^{\infty}c_nz^n\quad(\forall z\in D),$$

M_φ 是 $L^2(S^1)\to L^2(S^1)$ 的乘法算子, 即 $u\mapsto\varphi\cdot u$, 而 ι 是 $\widetilde{H}^2(D)\to L^2(S^1)$ 的嵌入算子, 即

$$\iota:u(z)=\sum_{n=0}^{\infty}c_nz^n\mapsto u(\mathrm{e}^{\mathrm{i}\theta})=\sum_{n=0}^{\infty}c_n\mathrm{e}^{\mathrm{i}n\theta}.$$

求证: 若 $\varphi(s)\neq0(\forall s\in S^1)$, 则 $T_\varphi\in\mathscr{F}(\widetilde{H}^2(D))$, 并且

$$\mathrm{ind}(T_\varphi)=-\frac{1}{2\pi}\int_0^{2\pi}\mathrm{d}\arg\varphi(\mathrm{e}^{\mathrm{i}\theta}).$$

第四章　广义函数与 Sobolev 空间

在 20 世纪 50 年代, "广义函数" 还是一个有争议的概念, 然而, 今天它已几乎成为任何一个纯粹数学家与应用数学家都具备的常识了.

函数概念是在高等数学一开始就引进的: "如果对于量 x 的属于 μ 的一个 (数) 值, 都对应着量 y 的一个唯一确定的值, 我们就说量 y 是量 x 确定在集合 μ 上的一个函数." 然而, 这样一个基本的概念, 在近代科学技术的发展中逐渐不够用了. 我们下面用几个例子来说明:

例 4.0.1 (脉冲)　20 世纪初, 工程师 Heaviside 在解电路方程时, 提出了一种运算方法, 称之为算子演算 (又称运算微积). 这套算法要求对如下的函数 (称为 Heaviside 函数)

$$Y(x)=\begin{cases}1, & x\geqslant 0,\\ 0, & x<0\end{cases}$$

求微商, 并把这微商记作 $\delta(x)$. 但是我们都知道函数 $Y(x)$ 并不可微 (事实上它在 $x=0$ 点不连续), 因此 $\delta(x)$ 不可能是函数. 它除了作为一个记号进行形式演算外, 在数学上本来是没有意义的. 可有趣的是: 这个 $\delta(x)$ 在实际中却是有意义的. 它代表一种理想化了的 "瞬时" 单位脉冲. 图 4.0.1 表示实际单位脉冲的电流 i 和时间 t 的关系图, 在 $t=0$ 时接通电源, 在 $t=t_0$ 时截断电源, 总电量:

$$\int_{-\infty}^{\infty} i(t)\mathrm{d}t=1.$$

图 4.0.2 表示理想化了的 "瞬时" 单位脉冲. 所谓 "单位" 是指: 总电量为 1; 所谓瞬时, 是指 $t_0\to 0$. 这样看来, 代表瞬时单位脉冲的电流的符号 $\delta(t)$, 实际上代表一串实际单位脉冲电流函数 $i_n(t)$ 在

某种意义下的极限. $\delta(t)$ 本身并不是一个函数. 然而在 Heaviside 的算法中, 却还要求对 $\delta(t)$ 再求微商或做其他运算. 于是问题便产生了: 这一切在数学上究竟应当怎样解释呢? 特别是它的一些运算法则推导的依据又是什么呢?

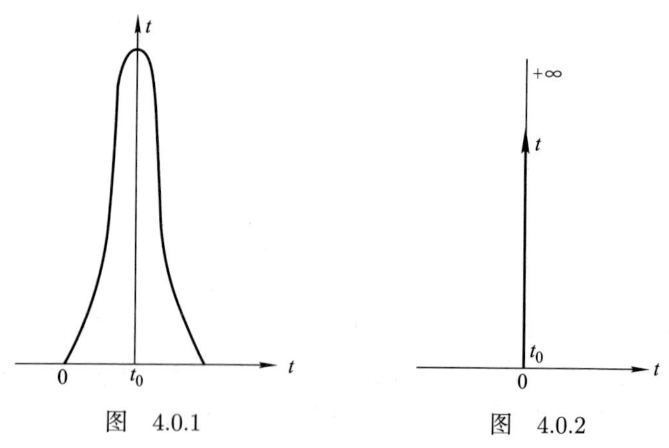

图 4.0.1 图 4.0.2

例 4.0.2 (Dirac 符号) 在微观世界中, 把可观测到的物质的状态用波函数来描述, 最简单的波函数具有形式 $\mathrm{e}^{\mathrm{i}\lambda x}(-\infty < x < \infty)$, λ 是实数. 通常要考虑如下形式的积分:

$$\frac{1}{2\pi}\int_{-\infty}^{\infty}\mathrm{e}^{\mathrm{i}\lambda x}\mathrm{d}x,$$

并把它按下列方式来理解:

$$\begin{aligned}\frac{1}{2\pi}\int_{-\infty}^{\infty}\mathrm{e}^{\mathrm{i}\lambda x}\mathrm{d}x &= \lim_{n\to\infty}\frac{1}{2\pi}\int_{-n}^{n}\mathrm{e}^{\mathrm{i}\lambda x}\mathrm{d}x\\ &= \lim_{n\to\infty}\frac{1}{\pi}\cdot\frac{\sin n\lambda}{\lambda}.\end{aligned}$$

我们立刻就会发现: 即便如此, 极限还是不存在的. 但是物理学家们却认为这个极限就是前面所说的瞬时单位脉冲 "函数", 记作 $\delta(\lambda)$, 并称为 **Dirae 符号**. 在量子力学中, 进一步发展了不少关于 $\delta(x)$ 的运算法则, 并广泛地使用着.

例 4.0.3 (广义微商)　在数学本身的发展中, 也时常要求冲破古典分析对一些基本运算 (如求微商和 Fourier 变换等) 使用范围所加的限制. 远在 20 世纪 30 年代, 苏联数学家 Sobolev 为了确定偏微分方程解的存在性和唯一性, 发现如果仅在古典意义下来理解微商及其所对应的方程, 那么一方面会造成很多不必要的限制, 另一方面还排斥了很多近代数学工具使用的可能性. 因而他推广了微商, 引进了广义微商的概念, 提出了广义函数的思想. Sobolev 广义微商的引入, 在偏微分方程发展中揭开了新的一页, 为泛函分析方法应用到微分方程理论建立了桥梁.

以上几方面都使我们看到: 虽然函数概念十分广泛, 但是, 不论从近代科学技术来看, 还是从数学本身要求来看, 都已经不适应很多需要了. 这样一来, 自然就有了扩充函数概念的要求. 我们也已经看到: 问题不仅在于要引进一些理想的函数, 更重要的是要使这些“理想的函数”能够比较自由地进行分析运算, 特别是要使“理想的函数”全部在新的意义下可微, 微商后还是某个“理想的函数”等.

首先我们引进一些记号. 记多重指标 $\alpha=(\alpha_1,\alpha_2,\cdots,\alpha_n)$, 其中 $\alpha_1,\alpha_2,\cdots,\alpha_n\geqslant 0$ 是整数,

$$|\alpha|=\sum_{i=1}^n\alpha_i,\quad \alpha!=\alpha_1!\alpha_2!\cdots\alpha_n!,$$
$$x^\alpha=x_1^{\alpha_1}x_2^{\alpha_2}\cdots x_n^{\alpha_n}\quad (\forall x=(x_1,x_2,\cdots,x_n)\in\mathbb{R}^n),$$
$$\partial^\alpha=\partial_{x_1}^{\alpha_1}\partial_{x_2}^{\alpha_2}\cdots\partial_{x_n}^{\alpha_n},$$

而且如果 $\beta\leqslant\alpha$ (系指 $\beta_j\leqslant\alpha_j, j=1,2,\cdots,n$), 则

$$\binom{\alpha}{\beta}=\frac{\alpha!}{\beta!(\alpha-\beta)!}=\binom{\alpha_1}{\beta_1}\binom{\alpha_2}{\beta_2}\cdots\binom{\alpha_n}{\beta_n}.$$

§ 1 广义函数的概念

广义函数是定义在一类 "性质很好" 的函数空间上的连续线性泛函. 为此, 先引进这类 "性质很好" 的函数.

1.1 基本空间 $\mathscr{D}(\Omega)$

设 $\Omega \subset \mathbb{R}^n$ 是一个开集, $u \in C(\overline{\Omega})$, 称集合

$$F = \left\{x \in \Omega \middle| u(x) \neq 0\right\}$$

的闭包 (关于 Ω) 为 u 的关于 Ω 的**支集**, 记作 $\operatorname{supp}(u)$. 换句话说, 连续函数 u 的支集是在此集外 u 恒为 0 的相对于 Ω 的最小闭集.

对于整数 $k \geqslant 0$ (可以是 ∞), $C_0^k(\Omega)$ 表示支集在 Ω 内紧的全体 $C^k(\overline{\Omega})$ 函数所组成的集合, 于是

$$C_0^\infty(\Omega) \subset \cdots \subset C_0^{k+1}(\Omega) \subset C_0^k(\Omega) \subset \cdots \subset C_0^0(\Omega).$$

下例表明 $C_0^\infty(\Omega)$ 是非空的.

例 4.1.1 设

$$j(x) \triangleq \begin{cases} C_n \mathrm{e}^{-\frac{1}{1-|x|^2}}, & |x| < 1, \\ 0, & |x| \geqslant 1, \end{cases} \tag{4.1.1}$$

其中

$$C_n \triangleq \left(\int_{|x| \leqslant 1} \mathrm{e}^{-\frac{1}{1-|x|^2}} \mathrm{d}x\right)^{-1}$$

是一个仅依赖于维数的常数, 那么 $j(x) \in C_0^\infty(\mathbb{R}^n)$, 并且

$$\int_{\mathbb{R}^n} j(x) \mathrm{d}x = 1.$$

从它出发, 可以得到许多 $C_0^\infty(\mathbb{R}^n)$ 的函数, $\forall \delta > 0$, 令

$$j_\delta(x) \triangleq \frac{1}{\delta^n} j\left(\frac{x}{\delta}\right), \tag{4.1.2}$$

我们有如下命题.

命题 4.1.2　设 $u(x)$ 是一个可积函数, 并在 Ω 的一个紧子集 K 外恒为 0, 则当 $\delta>0$ 足够小时, 函数

$$u_\delta(x)\triangleq\int_\Omega u(y)j_\delta(x-y)\mathrm{d}y \tag{4.1.3}$$

是 $C_0^\infty(\Omega)$ 的函数.

证　记 $K_\delta\triangleq\left\{x\in\mathbb{R}^n\middle|\mathrm{dist}(x,K)\leqslant\delta\right\}$, 便有当 δ 足够小时, $K_\delta\subset\Omega$ 且 $u_\delta(x)=0(x\overline{\in}K_\delta)$ (见图 4.1.1), 而

$$\partial^\alpha u_\delta(x)=\int_\Omega u(y)\partial^\alpha j_\delta(x-y)\mathrm{d}y\quad(\forall x\in K_\delta). \tag{4.1.4}$$

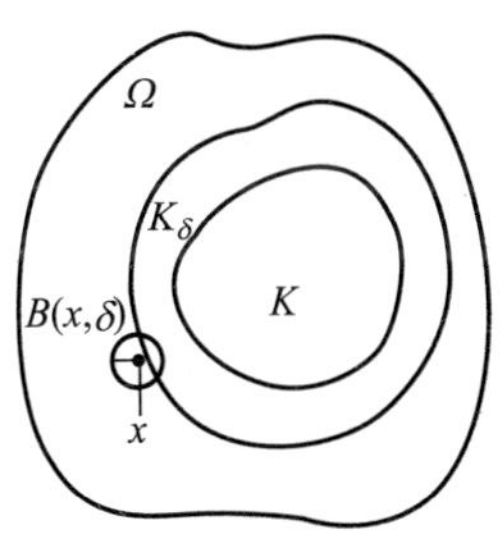

图　4.1.1

这是因为, 例如说对指标 $\alpha_0=(1,0,\cdots,0)$,

$$\begin{aligned}\partial^{\alpha_0}u_\delta(x)&=\lim_{h\to0}\int_\Omega\frac{1}{h}\big[j_\delta(x+he_1-y)-j_\delta(x-y)\big]u(y)\mathrm{d}y\\&=\lim_{h\to0}\int_\Omega\partial^{\alpha_0}j_\delta(x+\theta he_1-y)u(y)\mathrm{d}y,\end{aligned}$$

其中 $\theta=\theta(x,y)\in(0,1),e_1=(1,0,\cdots,0)\in\mathbb{R}^n$, 利用 j_δ 的连续可微性, $\exists$ 常数 M_{α_0}, 使得

$$|\partial^{\alpha_0}j_\delta(z)|\leqslant M_{\alpha_0}\quad(\forall z\in\mathbb{R}^n).$$

再应用 Lebesgue 控制收敛定理, 即得

$$\begin{aligned}\partial^{\alpha_0}u_\delta(x)&=\int_\Omega\lim_{h\to0}\partial^{\alpha_0}j_\delta(x+\theta he_1-y)u(y)\mathrm{d}y\\&=\int_\Omega\partial^{\alpha_0}j_\delta(x-y)u(y)\mathrm{d}y.\end{aligned}$$

逐次应用上述步骤, 得任意指标 α 的等式 (4.1.4). ■

定理 4.1.3 若 $u \in C_0^k(\Omega)$, 则

$$\|u_\delta(x) - u(x)\|_{C^k(\overline{\Omega})} \to 0 \quad (\delta \to 0).$$

证 把 $u(x)$ 定义延拓到全空间 $\mathbb{R}^n$, 在 Ω 外补充为 0, 对 $\forall \alpha = (\alpha_1, \alpha_2, \cdots, \alpha_n)$, 当 $|\alpha| \leqslant k$ 时, 我们有

$$\begin{aligned}\partial^\alpha u_\delta(x) &= \int_{\mathbb{R}^n} u(y) \partial_x^\alpha j_\delta(x-y)\mathrm{d}y \\ &= (-1)^{|\alpha|} \int_{\mathbb{R}^n} u(y) \partial_y^\alpha j_\delta(x-y)\mathrm{d}y \\ &= \int_{\mathbb{R}^n} \partial_y^\alpha u(y) j_\delta(x-y)\mathrm{d}y \\ &= \int_{\mathbb{R}^n} \partial_y^\alpha u(x-\delta y) j(y)\mathrm{d}y,\end{aligned}$$

从而

$$\left|\partial^\alpha u_\delta(x) - \partial^\alpha u(x)\right| \leqslant \int_{\mathbb{R}^n} \left|\partial^\alpha u(x-\delta y) - \partial^\alpha u(x)\right| j(y)\mathrm{d}y.$$

注意到 $j(y) = 0(|y| \geqslant 1)$, 而 $\partial^\alpha u(z)$ 在

$$(\mathrm{supp}(u))_1 \triangleq \left\{x \in \mathbb{R}^n \middle| \mathrm{dist}(x, \mathrm{supp}(u)) \leqslant 1\right\}$$

上一致连续. $\forall \varepsilon > 0, \exists 0 < \delta_0 < 1/2$, 当 $0 < \delta < \delta_0$ 时,

$$\left|\partial^\alpha u(x-\delta y) - \partial^\alpha u(x)\right| < \varepsilon \quad (\forall x \in \mathbb{R}^n, |y| \leqslant 1),$$

所以有

$$\sup_{x \in \mathbb{R}^n} \left|\partial^\alpha u_\delta(x) - \partial^\alpha u(x)\right| < \varepsilon \int_{\mathbb{R}^n} j(y)\mathrm{d}y = \varepsilon.$$ ■

推论 4.1.4 若 μ 是 Ω 上的一个完全可加测度, 由

$$\int_\Omega \varphi \mathrm{d}\mu = 0 \quad (\forall \varphi \in C_0^\infty(\Omega)),$$

便能推出

$$\int_\Omega \varphi \mathrm{d}\mu = 0 \quad (\forall \varphi \in C_0^0(\Omega)).$$

证明从略, 留作习题.

定义 4.1.5　在集合 $C_0^\infty(\Omega)$ 上定义收敛性如下: 我们说序列 $\{\varphi_j\}$ **收敛**于 φ_0, 如果

(1) 存在一个相对于 Ω 的紧集 $K \subset \Omega$, 使得

$$\operatorname{supp}(\varphi_j) \subset K \quad (j = 0, 1, 2, \cdots);$$

(2) 对于任意指标 $\alpha = (\alpha_1, \alpha_2, \cdots, \alpha_n)$ 都有

$$\max_{x \in K} \left| \partial^\alpha \varphi_j(x) - \partial^\alpha \varphi_0(x) \right| \to 0 \quad (j \to \infty).$$

带上述收敛性的线性空间 $C_0^\infty(\Omega)$ 称为**基本空间** $\mathscr{D}(\Omega)$.

注　我们只在 $\mathscr{D}(\Omega)$ 上引进了收敛性, 并没给定拓扑, 而上述收敛性, 并不能由任何范数, 甚至准范数导出. $\mathscr{D}(\Omega)$ 不是 B^* 空间.

命题 4.1.6　$\mathscr{D}(\Omega)$ 是序列完备的, 即若 $\{\varphi_j\}_{j=0}^\infty$ 是一个基本列, 它适合

(1) $\exists$ 公共紧支集 K, 使 $\operatorname{supp}(\varphi_j) \subset K$,

(2) $\forall \varepsilon > 0, \forall \alpha, \exists N = N(\varepsilon, \alpha) \in \mathbb{N}$, 使得

$$\max_{x \in K} \left| \partial^\alpha \varphi_n(x) - \partial^\alpha \varphi_m(x) \right| < \varepsilon \quad (\text{当 } m, n > N),$$

则必有 $\varphi_0 \in \mathscr{D}(\Omega)$, 使得 $\varphi_j \to \varphi_0 (j \to \infty)$.

证明从略, 留作习题.

1.2　广义函数的定义和基本性质

定义 4.1.7　$\mathscr{D}(\Omega)$ 上的一切连续线性泛函都称为**广义函数**, 即广义函数是这样的泛函 $f : \mathscr{D}(\Omega) \to \mathbb{R}$, 满足

(1) 线性:

$$\langle f, \lambda_1 \varphi_1 + \lambda_2 \varphi_2 \rangle = \lambda_1 \langle f, \varphi_1 \rangle + \lambda_2 \langle f, \varphi_2 \rangle$$
$$(\forall \varphi_1, \varphi_2 \in \mathscr{D}(\Omega), \forall \lambda_1, \lambda_2 \in \mathbb{R});$$

(2) 对于任意的 $\{\varphi_j\} \subset \mathscr{D}(\Omega)$, 只要 $\varphi_j \to \varphi_0 (\mathscr{D}(\Omega))$, 都有

$$\langle f, \varphi_j \rangle \to \langle f, \varphi_0 \rangle \quad (j \to \infty).$$

一切广义函数所组成的集合记作 $\mathscr{D}'(\Omega)$.

例 4.1.8 δ 函数. 设 $\theta \in \Omega$, 定义

$$\langle \delta, \varphi \rangle = \varphi(\theta) \quad (\forall \varphi \in \mathscr{D}(\Omega)).$$

显然 δ 是线性的, 而且当 $\varphi_j \to \varphi_0(\mathscr{D})$ 时, 我们有

$$|\varphi_j(\theta) - \varphi_0(\theta)| \to 0 \quad (j \to \infty).$$

从而

$$\langle \delta, \varphi_j \rangle = \varphi_j(\theta) \to \varphi_0(\theta) = \langle \delta, \varphi_0 \rangle \quad (j \to \infty),$$

即 δ 在 $\mathscr{D}(\Omega)$ 上是连续的, 所以是一个广义函数.

例 4.1.9 对任意多重指标 $\alpha = (\alpha_1, \alpha_2, \cdots, \alpha_n)$, 定义

$$\langle \delta^{(\alpha)}, \varphi \rangle = (-1)^{|\alpha|}(\partial^\alpha \varphi)(\theta) \quad (\forall \varphi \in \mathscr{D}(\Omega)),$$

则 $\delta^{(\alpha)}$ 也是一个广义函数.

例 4.1.10 设 $f(x)$ 是 Ω 上的一个局部可积函数, 即对于任意相对于 Ω 的紧集 K, 积分

$$\int_K |f(x)| \mathrm{d}x < \infty,$$

记作 $f(x) \in L^1_{\mathrm{loc}}(\Omega)$, 那么 $f(x)$ 对应着一个广义函数

$$\langle f, \varphi \rangle = \int_\Omega f(x)\varphi(x) \mathrm{d}x \quad (\forall \varphi \in \mathscr{D}(\Omega)). \tag{4.1.5}$$

证 线性条件显然, 再验证连续性: 若 $\varphi_j \to \varphi_0(\mathscr{D}(\Omega))$, 则存在紧集 $K \subset \Omega$, 使得

$$\mathrm{supp}(\varphi_j) \subset K, \quad 且 \quad \max_{x \in K} |\varphi_j(x) - \varphi_0(x)| \to 0 \quad (j \to \infty).$$

从而由 Lebesgue 控制收敛定理, 便有

$$\begin{aligned} &|\langle f, \varphi_j \rangle - \langle f, \varphi_0 \rangle| \\ &\leqslant \int_K |f(x)| \cdot |\varphi_j(x) - \varphi_0(x)| \mathrm{d}x \to 0 \quad (j \to \infty). \end{aligned}$$

■

注 1 若把几乎处处相等的局部可积函数不加区别, 则

$$f(x) \mapsto f(L^1_{\text{loc}}(\Omega) \to \mathscr{D}'(\Omega))$$

的对应是 1-1 的. 事实上, 要证: 若 $f \in L^1_{\text{loc}}(\Omega)$, 且

$$\int_\Omega f \cdot \varphi \mathrm{d}x = 0 \quad (\forall \varphi \in \mathscr{D}(\Omega)),$$

则 $f(x) = 0$ (a.e. 于 Ω). 这只要证 $\forall$ 闭球 $B(x_0, \delta) \subset \Omega$, 都有 $f(x) = 0$ (a.e. 于 $B(x_0, \delta)$). 为此考察函数

$$\widetilde{f}(x) \triangleq \begin{cases} \operatorname{sign} f(x), & x \in B(x_0, \delta), \\ 0, & x \overline{\in} B(x_0, \delta), \end{cases}$$

显然有 $\widetilde{f} \in L^1(\Omega)$, 并且在 Ω 的一个紧集 $B(x_0, \delta)$ 外为 0. 应用习题 4.1.1, $C_0^\infty(\Omega)$ 函数可以任意逼近这个函数, 即函数

$$\widetilde{f}_\delta(x) \triangleq \int_\Omega \widetilde{f}(y) j_\delta(x - y) \mathrm{d}y.$$

当 $\delta > 0$ 足够小时, 有

$$\|\widetilde{f}_\delta - \widetilde{f}\|_{L^1(\Omega)} \to 0 \quad (\delta \to 0),$$

且 $\widetilde{f}_\delta \in \mathscr{D}(\Omega)$. 从而由 Riesz 表示定理 (定理 2.5.4) 和 Lebesgue 控制收敛定理, 我们有

$$\begin{aligned} \int_{B(x_0,\delta)} |f(x)| \mathrm{d}x &= \int_\Omega f(x) \cdot \widetilde{f}(x) \mathrm{d}x \\ &= \lim_{\delta_i \to 0} \int_\Omega f(x) \cdot \widetilde{f}_{\delta_i}(x) \mathrm{d}x = 0, \end{aligned}$$

其中 $\{\delta_i\}$ 是使得 $\widetilde{f}_{\delta_i} \to \widetilde{f}$ (a.e. 于 Ω) 的正数列. 即得

$$f(x) = 0 \quad (\text{a.e.于 } B(x_0, \delta)).$$

注 2 并不是所有的函数都是广义函数. 事实上, 普通的不可测的函数并不能看成是广义函数. 确切地说, 广义函数只是局部可积函数的推广. 每一个局部可积函数按 (4.1.5) 式对应一个广义函数, 在这个意义上, 我们说每个局部可积函数都是一个广义函数. 今后, 凡将一局部可积函数看成广义函数时, 都按这种方式定义. 值得注意的是这种对应并非在上的, 也就是说 $\mathscr{D}'(\Omega)$ 含有比 $L^1_{\text{loc}}(\Omega)$ 更多的元素 (见习题 4.1.2). 也正因为如此, 我们才把 $\mathscr{D}'(\Omega)$ 中的元素称为广义函数.

例 4.1.11 若 μ 是 Ω 上的一个完全可加测度, 则

$$\langle f,\varphi\rangle=\int_{\Omega}\varphi(x)\mathrm{d}\mu(x)\quad(\forall\varphi\in\mathscr{D}(\Omega))$$

也定义了一个广义函数, 这对应同样是 1-1 的 (推论 4.1.4).

例 4.1.12 若 $\Omega=(0,1)$, 则

$$\langle f,\varphi\rangle=\sum_{j=1}^{\infty}\varphi^{(j)}\left(\frac{1}{j}\right)\quad(\forall\varphi\in\mathscr{D}(\Omega))$$

也是一个广义函数.

定理 4.1.13 为了 $f\in\mathscr{D}'(\Omega)$, 必须且仅须对任意相对于 Ω 的紧集 K, 存在着常数 C 及非负整数 m, 使得

$$|\langle f,\varphi\rangle|\leqslant C\sum_{|\alpha|\leqslant m}\sup_{x\in K}|\partial^{\alpha}\varphi(x)|\quad(\forall\varphi\in\mathscr{D}(\Omega),\mathrm{supp}(\varphi)\subset K).\tag{4.1.6}$$

证 充分性是显然的, 下证必要性. 用反证法. 倘若不然, 有紧集 K, 使得 (4.1.6) 式不成立. 因为 (4.1.6) 式对 φ 是齐次的, 所以对 $\forall j\in\mathbb{N},\exists\varphi_j\in\mathscr{D}(\Omega)$, 使得 $\mathrm{supp}(\varphi_j)\subset K$, 并满足

$$\sup_{x\in K}|\partial^{\alpha}\varphi_j|\leqslant\frac{1}{j}\quad(|\alpha|\leqslant j),$$

以及 $\langle f,\varphi_j\rangle=1$. 因此, $\{\varphi_j\}$ 在 $\mathscr{D}(\Omega)$ 中收敛于 0, 从而

$$\langle f,\varphi_j\rangle\to 0\quad(j\to\infty).$$

这显然是不可能的. ■

1.3　广义函数的收敛性

在 $\mathscr{D}'(\Omega)$ 上可以规定加法与数乘:

$$\langle(\lambda_1 f_1+\lambda_2 f_2),\varphi\rangle=\lambda_1\langle f_1,\varphi\rangle+\lambda_2\langle f_2,\varphi\rangle$$
$$(\forall\varphi\in\mathscr{D}(\Omega),\forall\lambda_1,\lambda_2\in\mathbb{R}),$$

从而 $\mathscr{D}'(\Omega)$ 构成一个线性空间. 现在在 $\mathscr{D}'(\Omega)$ 上引入 $*$ 弱收敛.

定义 4.1.14　称 $\{f_j\}\subset\mathscr{D}'(\Omega)*$ **弱收敛**到 $f_0\in\mathscr{D}'(\Omega)$, 是指:

$$\langle f_j,\varphi\rangle\to\langle f_0,\varphi\rangle\quad(j\to\infty)\quad(\forall\varphi\in\mathscr{D}(\Omega)).$$

在此我们强调一下: 广义函数意义下的收敛是十分弱的收敛. 下面举几个例子来看一下.

例 4.1.15　在 $\mathbb{R}$ 上,

$$f_j(x)=\frac{1}{\pi}\cdot\frac{\sin jx}{x}\quad(j=1,2,\cdots)$$

是一串 $L^1_{\rm loc}(\mathbb{R})$ 函数, 从而可以看成是广义函数列. 我们有

$$f_j\to\delta(\mathscr{D}'(\Omega))\quad(j\to\infty).$$

证　因为有

$$\lim_{T\to\infty}\frac{1}{\pi}\int_{-T}^{T}\frac{\sin jx}{x}\mathrm{d}x=1,$$

所以 $\forall\varphi\in\mathscr{D}(\mathbb{R})$, 存在 $T_0>0$, 使得 $\operatorname{supp}(\varphi)\subset[-T_0,T_0]$. 一方面, 当 $T>T_0$ 时,

$$\int_{-\infty}^{\infty}f_j(x)\cdot\varphi(x)\mathrm{d}x=\int_{-T}^{T}f_j(x)\cdot\varphi(x)\mathrm{d}x;$$

另一方面, $\forall\varepsilon>0$, 取 T_1 足够大, 以致 $T>T_1$ 时,

$$\left|\frac{1}{\pi}\int_{-T}^{T}\frac{\sin jx}{x}\mathrm{d}x-1\right|<\frac{\varepsilon}{2}.$$

从而当 $T > \max\{T_0, T_1\}$ 时,

$$|\langle f_j, \varphi\rangle - \varphi(0)| \leqslant \left|\frac{1}{\pi}\int_{-T}^{T}\frac{\sin jx}{x}[\varphi(x) - \varphi(0)]\mathrm{d}x\right| + \frac{\varepsilon}{2}|\varphi(0)|$$

$$= \frac{1}{\pi}\left|\int_{0}^{T}\sin jx\frac{\varphi(x) + \varphi(-x) - 2\varphi(0)}{x}\mathrm{d}x\right| + \frac{\varepsilon}{2}|\varphi(0)|.$$

固定 T, 由 Riemann-Lebesgue 引理, 存在正整数 n_0, 当 $j > n_0$ 时,

$$\frac{1}{\pi}\left|\int_{0}^{T}\sin jx\frac{\varphi(x) + \varphi(-x) - 2\varphi(0)}{x}\mathrm{d}x\right| < \frac{\varepsilon}{2},$$

于是得 $\langle f_j, \varphi\rangle \to \varphi(0) = \langle \delta, \varphi\rangle (j \to \infty)(\forall \varphi \in \mathscr{D}(\mathbb{R}))$. ■

例 4.1.16 设 $j_\delta(x)$ 为例 4.1.1 中定义的函数, $\delta > 0$, 则当 $\delta \to 0$ 时, j_δ 作为广义函数列收敛到 $\delta(\mathscr{D}'(\mathbb{R}^n))$. 又若用 δ_{x_0} 表示广义函数:

$$\langle \delta_{x_0}, \varphi\rangle = \varphi(x_0) \quad (\forall \varphi \in \mathscr{D}(\mathbb{R}^n)),$$

则 $j_\delta(x - x_0) \to \delta_{x_0}$ $(\delta \to 0)$.

证 直接利用定理 4.1.3. ■

对于在 $x_0 = \theta$ 点的 δ 函数, 在不会产生混淆的情况下, 也可以略去下标, 直接写成 δ.

例 4.1.17 设 $f_j(x)$ 是 Ω 上的一串局部可积函数列, 并且对任意相对于 Ω 的紧集 K, 存在常数 M_k, 使得

$$|f_j(x)| \leqslant M_k \quad (\forall x \in K, j = 0, 1, 2, \cdots),$$

并且 $f_j(x) \to f_0(x)(j \to \infty)(\text{a.e.} x \in \Omega)$, 则作为广义函数列 f_j,

$$\langle f_j, \varphi\rangle = \int_{\Omega} f_j(x)\varphi(x)\mathrm{d}x \quad (j = 0, 1, 2, \cdots),$$

在广义函数意义下收敛到 f_0.

证 由 Lebesgue 控制收敛定理直接得到. ■

例 4.1.18 设 $f_1(x) = \mathrm{e}^{-\pi|x|^2}$, 令

$$f_j(x) = j^{\frac{n}{2}} f_1(\sqrt{j}x) = j^{\frac{n}{2}}\mathrm{e}^{-j\pi|x|^2} \quad (j = 2, 3, \cdots),$$

则有

$$\langle f_j, \varphi\rangle \to \langle \delta, \varphi\rangle \quad (j\to\infty)(\forall \varphi\in \mathscr{D}(\mathbb{R}^n)),$$

其中 f_j 是函数 $f_j(x)$ 所对应的广义函数 $(j=1,2,3,\cdots)$.

证明从略, 留作习题.

习　　题

4.1.1　设 $1\leqslant p<\infty$, 求证: $C_0^\infty(\Omega)$ 在 $L^p(\Omega)$ 中稠密.

提示　(1) 若 $u\in L^p(\Omega)(1<p<\infty), u_\delta(x)$ 是按 (4.1.3) 式构造的函数, 则按 Young 不等式 (引理 2.5.14), 便有

$$\|u_\delta\|_p\leqslant \|u\|_p.$$

(2) 用 Luzin 定理证明 $C_0^0(\Omega)$ 在 $L^p(\Omega)$ 中稠密.

(3) 用典型的 $\varepsilon/3$ 论证法. 从 $u\in L^p(\Omega)$ 出发, 为了找到 $u_\delta\in C_0^\infty(\Omega)$, 使得它逼近 u 的误差

$$\|u_\delta-u\|_p<\varepsilon.$$

我们可以分三个步骤进行, 每步引进的误差各小于 $\varepsilon/3$.

第一步: 找 $\varphi\in C_0^0(\Omega)$, 使得 $\|u-\varphi\|_p<\varepsilon/3$;

第二步: 找 $\varphi_\delta\in C_0^\infty(\Omega)$, 使得 $\|\varphi-\varphi_\delta\|_p<\varepsilon/3$;

第三步: 找 $u_\delta\in C_0^\infty(\Omega)$, 使得 $\|\varphi_\delta-u_\delta\|_p<\varepsilon/3$.

4.1.2　求证: δ 函数不是局部可积函数.

4.1.3　设

$$f_j(x)=\left(1+\frac{x}{j}\right)^j \quad (j=1,2,\cdots)(x\in\mathbb{R}),$$

求证:

$$f_j(x)\to \mathrm{e}^x \quad (\mathscr{D}'(\mathbb{R})).$$

4.1.4　在 $\mathscr{D}'(\mathbb{R})$ 中, 求证:

(1) $\dfrac{1}{\pi}\cdot\dfrac{1}{x^2+\varepsilon^2}\to\delta(x)\quad(\varepsilon\to 0+)$;

(2) $\dfrac{1}{2\sqrt{\pi t}}\exp\left(-\dfrac{x^2}{4t}\right)\to\delta(x)\quad(t\to 0+)$.

4.1.5 设 $\Omega\subset\mathbb{R}^n$ 是一个开集, 又设 K 是 Ω 的一个紧子集, 求证: 存在一个函数 $\varphi\in C_0^\infty(\Omega)$, 使得 $0\leqslant\varphi(x)\leqslant 1$, 且 $\varphi(x)$ 在 K 的一个邻域内恒为 1.

§ 2 B_0 空 间

我们来仔细分析 $\mathscr{D}(\Omega)$ 的收敛性, 同时也研究一些其他有关的空间. 设 K 是相对于 Ω 的紧集, 又设 $C^\infty(\Omega)$ 表示 Ω 上的无穷次可微函数全体, 我们引入

$$\mathscr{D}_K=\left\{\varphi\in C^\infty(\Omega)\middle|\operatorname{supp}(\varphi)\subset K\right\},$$

其收敛性规定如下: $\varphi_j\to\varphi_0$, 是指对任意的多重指标 α,

$$\max_{x\in K}|\partial^\alpha(\varphi_j-\varphi_0)(x)|\to 0\quad(j\to\infty).$$

我们当然想用范数来刻画这种收敛性, 但是无论如何这种收敛性不能用一个范数来描写. 事实上, 可以引入可数个范数:

$$\|\varphi\|_m=\sum_{|\alpha|\leqslant m}\max_{x\in K}|\partial^\alpha\varphi(x)|\quad(m=1,2,\cdots).\tag{4.2.1}$$

$\mathscr{D}_K$ 上的收敛性是由这可数多个范数 $\{\|\varphi\|_m\}$ 描写的: 为了 $\varphi_j\to\theta$ $(\mathscr{D}_K)$, 必须且仅须对 $\forall m\in\mathbb{N}$, 有

$$\|\varphi_j\|_m\to 0\quad(j\to\infty),$$

即 $\forall\varepsilon>0,\forall m\in\mathbb{N},\exists N=N(\varepsilon,m)$, 使得 $\|\varphi_j\|_m<\varepsilon(j>N)$.

于是引出如下定义.

定义 4.2.1 设 $\mathscr{X}$ 是一个线性空间, 称它是**可数范数空间**(或 B_0^* **空间**), 是指在它上面有可数个半范数 $\{\|\cdot\|_m\}_{m=1}^{\infty}$, 满足:

(1) $\|x+y\|_m \leqslant \|x\|_m + \|y\|_m \quad (\forall x, y \in \mathscr{X})$;

(2) $\|\lambda x\|_m = |\lambda|\|x\|_m \quad (\lambda \in \mathbb{R}, x \in \mathscr{X})$;

(3) $\|x\|_m \geqslant 0, \|\theta\|_m = 0 \quad (\forall x \in \mathscr{X})$.

(4) $\|x\|_m = 0 \quad (m = 1, 2, \cdots) \Leftrightarrow x = \theta$.

注 1 实际上每个 $\|\cdot\|_m$ 是半范数.

注 2 在可数范数空间定义中, 可数个半范数可以换成满足下列条件的可数个半范数:

$$\|x\|_1' \leqslant \|x\|_2' \leqslant \cdots \leqslant \|x\|_m' \leqslant \cdots \quad (\forall x \in \mathscr{X}).$$

事实上, 只需令

$$\|x\|_m' = \max(\|x\|_1, \cdots, \|x\|_m) \quad (\forall x \in \mathscr{X}).$$

定义 4.2.2 在线性空间 $\mathscr{X}$ 上给定两组可数个半范数

$$\{\|\cdot\|_m\}_{m=1}^{\infty} \quad 与 \quad \{\|\cdot\|_m'\}_{m=1}^{\infty},$$

如果它们导出相同的收敛性, 则称它们是**等价的**.

命题 4.2.3 在线性空间 $\mathscr{X}$ 上, 为了两组可数个半范数

$$\{\|\cdot\|_m\}_{m=1}^{\infty} \quad 与 \quad \{\|\cdot\|_m'\}_{m=1}^{\infty}$$

是等价的, 必须且仅须: $\forall m \in \mathbb{N}, \exists m' \in \mathbb{N}$ 及 $\exists C_{mm'} > 0$, 使得

$$\|x\|_m \leqslant C_{mm'}\|x\|_m' \quad (\forall x \in \mathscr{X}),$$

并且 $\forall n' \in \mathbb{N}, \exists n \in \mathbb{N}$ 及 $\exists C_{n'n}' > 0$, 使得

$$\|x\|_{n'}' \leqslant C_{n'n}'\|x\|_n \quad (\forall x \in \mathscr{X}).$$

证明从略, 留作习题.

命题 4.2.4 每个 B_0^* 空间 $\mathscr{X}$ 必是一个 F^* 空间, 即若 $\{\|\cdot\|_m\}_{m=1}^{\infty}$ 是可数个半范数, 则

$$\|x\| = \sum_{m=1}^{\infty} \frac{1}{2^m} \cdot \frac{\|x\|_m}{1+\|x\|_m} \quad (\forall x \in \mathscr{X})$$

是一个准范数, 并且 $\|\cdot\|$ 导出的收敛性与 $\{\|\cdot\|_m\}_{m=1}^{\infty}$ 导出的收敛性一致.

证明从略, 留作习题 (参照 S 空间的收敛性, 见例 1.4.7).

以下举一些 B_0^* 空间的例子.

例 4.2.5 $\mathscr{D}_K$ 是 B_0^* 空间, 其可数范数 $\|\cdot\|_m$ 按 (4.2.1) 式规定.

例 4.2.6 $\mathscr{E}(\Omega)$. 设 Ω 是 $\mathbb{R}^n$ 中的任意开集, 又设 K_m 是一串相对于 Ω 的紧集, 适合

$$K_1 \subset \mathring{K}_2 \subset K_2 \subset \mathring{K}_3 \subset \cdots \subset K_m \subset \cdots \subset \Omega, \quad \bigcup_{m=1}^{\infty} K_m = \Omega,$$

并令

$$\|\varphi\|_m = \sum_{|\alpha| \leqslant m} \max_{x \in K_m} |\partial^\alpha \varphi(x)| \quad (m = 1, 2, \cdots).$$

用 $\mathscr{E}(\Omega)$ 表示带有可数范数 $\{\|\varphi\|_m\}_{m=1}^{\infty}$ 的线性空间 $C^\infty(\Omega)$, 则 $\mathscr{E}(\Omega)$ 是一个 B_0^* 空间 (易证). 按定义, 为了 $\varphi_j \to 0(\mathscr{E}(\Omega))$, 必须且仅须 $\forall \varepsilon > 0, \forall m \in \mathbb{N}, \exists N = N(\varepsilon, m)$, 使得

$$\max_{x \in K_m} |\partial^\alpha \varphi_j(x)| < \varepsilon \quad (\forall |\alpha| \leqslant m, \forall j > N),$$

或者说, 在每一个相对于 Ω 的紧集 K_m 上, 直到 m 次导数一致收敛于 0.

注 $\mathscr{E}(\Omega)$ 上的收敛性与紧集列 $\{K_m\}$ 的选择无关, 即按不同的紧集列定义出的两组可数个半范数是等价的. 其证明留作习题.

例 4.2.7 $\mathscr{S}(\mathbb{R}^n)$. 用 $\mathscr{S}(\mathbb{R}^n)$ 表示集合

$$\Big\{\varphi \in C^\infty(\mathbb{R}^n) \Big| \sup |(1+|x|^2)^{\frac{k}{2}} \partial^\alpha \varphi(x)| \leqslant M_{k,\alpha} < \infty \\ (k, |\alpha| = 0, 1, 2, \cdots)\Big\}.$$

定义半范数为

$$\|\varphi\|_m = \sup_{\substack{|\alpha|\leqslant m\\ x\in\mathbb{R}^n}} |(1+|x|^2)^{\frac{m}{2}}\partial^\alpha\varphi(x)| \quad (m=0,1,2,\cdots).$$

$\mathscr{S}(\mathbb{R}^n)$ 上的函数称为**速降函数**, 其任意阶导数在无穷远处比任何负幂次下降得都快. 确切地说, 对任意非负整数 m 及多重指标 α, 都有

$$\lim_{|x|\to\infty}(1+|x|^2)^{\frac{m}{2}}|\partial^\alpha\varphi(x)| = 0.$$

定义 4.2.8 (完备性) 一个 B_0^* 空间 $\mathscr{X}$ 称为是**完备的**, 是指其中的任何基本列都是收敛的. 完备的 B_0^* 空间称为 B_0 **空间**.

例 4.2.9 $\mathscr{S}(\mathbb{R}^n)$ 是 B_0 空间.

证 设 $\{\varphi_\nu(x)\}$ 是 $\mathscr{S}(\mathbb{R}^n)$ 中的一个基本列. 由定义, 对 $\forall m\in\mathbb{N}$ 及 $\forall\varepsilon>0, \exists N=N(m,\varepsilon)$, 当 $\mu,\nu>N$ 时,

$$\sup_{\substack{|\alpha|\leqslant m\\ x\in\mathbb{R}^n}} (1+|x|^2)^{\frac{m}{2}}\left|\partial^\alpha(\varphi_\mu-\varphi_\nu)(x)\right| < \varepsilon. \tag{4.2.2}$$

(1) 因对每个 $m, \{\|\varphi_\nu\|_m\}$ 是有界的, 故必存在常数 M_m, 使得

$$\sup_{\substack{|\alpha|\leqslant m\\ x\in\mathbb{R}^n}} (1+|x|^2)^{\frac{m}{2}}|\partial^\alpha\varphi_\nu(x)| \leqslant M_m \quad (\nu=1,2,\cdots),$$

从而

$$|\partial^\alpha\varphi_\nu(x)| \leqslant \frac{M_m}{(1+|x|^2)^{m/2}}. \tag{4.2.3}$$

此外, 在任意有界闭球 $|x|\leqslant R$ 上, $\{\partial^\alpha\varphi_\nu(x)\}$ 依一致范数是基本序列. 所以在 $|x|\leqslant R$ 上, $\{\partial^\alpha\varphi_\nu(x)\}$ 有一个一致极限 $\psi_\alpha(x)$, 满足

$$|\psi_\alpha(x)| \leqslant \frac{M_m}{(1+|x|^2)^{m/2}} \quad (|\alpha|\leqslant m). \tag{4.2.4}$$

(2) $\psi_\alpha(x)=\partial^\alpha\psi_0(x)$. 其实我们只要证明

$$\psi_{(1,0,\cdots,0)}(x) = \partial_{x_1}\psi_0(x)$$

就够了, 因为其余部分用归纳法递推即可. 事实上, 对任意的 $R>0$, 当 $|x| \leqslant R$ 时, 我们有

$$\partial_{x_1}\varphi_\nu(x) \rightrightarrows \psi_{(1,0,\cdots,0)}(x) \quad (\nu\to\infty),$$

以及

$$\varphi_\nu(x) \rightrightarrows \psi_0(x) \quad (\nu\to\infty).$$

对 $\forall\varepsilon>0$, 取 $M_1'>0$, 及 $N_0\in\mathbb{N}$, 使得

$$\int_{|x_1|>M_1'}\frac{\mathrm{d}x_1}{(1+|x_1|^2)^{1/2}}<\frac{\varepsilon}{4M_1},$$

以及

$$|\psi_{(1,0,\cdots,0)}(x)-\partial_{x_1}\varphi_\nu(x)|<\frac{\varepsilon}{4M_1'} \quad (|x|\leqslant M_1',\nu>N_0),$$

便有

$$\begin{aligned}
&\left|\int_{-\infty}^{x_1}\psi_{(1,0,\cdots,0)}(x',x_2,\cdots,x_n)\mathrm{d}x'-\varphi_\nu(x_1,x_2,\cdots,x_n)\right|\\
&=\left|\int_{-\infty}^{x_1}[\psi_{(1,0,\cdots,0)}(x',x_2,\cdots,x_n)-\partial_{x_1}\varphi_\nu(x',x_2,\cdots,x_n)]\mathrm{d}x'\right|\\
&\leqslant\int_{|x'|>M_1'}|\psi_{(1,0,\cdots,0)}(x',x_2,\cdots,x_n)|\mathrm{d}x'\\
&\quad+\int_{|x'|>M_1'}|\partial_{x_1}\varphi_\nu(x',x_2,\cdots,x_n)|\mathrm{d}x'\\
&\quad+\int_{|x'|\leqslant M_1'}|\psi_{(1,0,\cdots,0)}(x',x_2,\cdots,x_n)-\partial_{x_1}\varphi_\nu(x',x_2,\cdots,x_n)|\mathrm{d}x'\\
&<2M_1\cdot\frac{\varepsilon}{4M_1}+2M_1'\cdot\frac{\varepsilon}{4M_1'}=\varepsilon.
\end{aligned}$$

从而

$$\psi_0(x)=\int_{-\infty}^{x_1}\psi_{(1,0,\cdots,0)}(x',x_2,\cdots,x_n)\mathrm{d}x',$$

即

$$\psi_{(1,0,\cdots,0)}(x)=\partial_{x_1}\psi_0(x).$$

这也同时证明了 $\psi_0(x) \in \mathscr{S}(\mathbb{R}^n)$.

(3) $\|\varphi_\nu - \psi_0\|_m \to 0(\nu \to \infty)$. 事实上, 对 $\forall\varepsilon > 0, \exists R > 0$, 使得当 $|x| > R$ 时,

$$\sup_{|\alpha| \leqslant m} \left|\partial^\alpha(\varphi_\nu(x) - \psi_0(x))\right| \leqslant \frac{M_m}{(1+|x|^2)^{m/2}} < \varepsilon.$$

再确定 N, 使得当 $\nu > N$ 时, 在 $|x| \leqslant R$ 上有

$$\sup_{|\alpha| \leqslant m} \left|\partial^\alpha(\varphi_\nu(x) - \psi_0(x))\right| < \varepsilon.$$

从而

$$\partial^\alpha \varphi_\nu(x) \rightrightarrows \partial^\alpha \psi_0(x) \quad (\nu \to \infty, \forall x \in \mathbb{R}^n).$$

因此, 在 (4.2.2) 式中令 $\mu \to \infty$, 即得

$$\|\varphi_\nu - \psi_0\| \leqslant \varepsilon \quad (\forall \nu > N).$$

于是空间 $\mathscr{S}(\mathbb{R}^n)$ 是完备的. ■

注意, $\mathscr{D}(\Omega)$ 不是 B_0^* 空间. 但是关于 $\mathscr{D}(\Omega)$ 的收敛性我们有如下命题.

命题 4.2.10　为了 $\varphi_\nu \to \varphi_0(\mathscr{D}(\Omega))$, 必须且仅须存在紧集 $K \subset \Omega$, 使得 $\varphi_0, \varphi_\nu \subset \mathscr{D}_K$, 而且

$$\|\varphi_\nu - \varphi_0\|_{m,k} \to 0 \quad (\nu \to \infty, m = 1, 2, \cdots),$$

其中 $\|\varphi\|_{m,k}$ 是 $\mathscr{D}_k$ 上的可数范数.

证明从略, 留作习题.

正如在本章 §1 中见到的那样, $\mathscr{D}'(\Omega)$ 表示广义函数全体, 它是 $\mathscr{D}(\Omega)$ 的共轭空间. 对于 $\mathscr{D}_K(\Omega), \mathscr{E}(\Omega), \mathscr{S}(\mathbb{R}^n)$, 我们也要考虑相应的共轭空间, 分别记作 $\mathscr{D}'_K(\Omega), \mathscr{E}'(\Omega), \mathscr{S}'(\mathbb{R}^n)$, 特别当 $\Omega = \mathbb{R}^n$ 时, 简单地记作 $\mathscr{D}'_K, \mathscr{E}', \mathscr{S}'$. 显然有

$$\mathscr{E}' \subset \mathscr{S}' \subset \mathscr{D}'_K.$$

首先, 我们要论证这些空间有足够多元素, 然后设法把它们表示出来. 为此, 我们把 B 空间上线性泛函的连续性与有界性的关系 (命题 2.1.11) 推广到 B_0 空间.

引理 4.2.11 设 $\mathscr{X}$ 是一个 B_0 空间. 为了 $\mathscr{X}$ 上的线性泛函 f 是连续的, 必须且仅须 $\exists m \in \mathbb{N}$ 及 $M_m > 0$, 使得

$$|\langle f, \varphi\rangle| \leqslant M_m\|\varphi\|_m \quad (\forall \varphi \in \mathscr{X}).$$

证 充分性显然. 必要性用反证法. 倘若不然, 对 $\forall n\in\mathbb{N}, \exists x_n \in \mathscr{X}$, 使得

$$|\langle f, x_n\rangle| > n\|x_n\|_n. \tag{4.2.5}$$

(1) 如果 $\exists N \in \mathbb{N}$, 使得 $\|x_n\|_n \neq 0(\forall n \geqslant N)$, 令

$$y_n \triangleq \frac{x_n}{n\|x_n\|_n} \quad (n \geqslant N),$$

那么

$$\|y_n\|_p = \frac{\|x_n\|_p}{n\|x_n\|_n} \leqslant \frac{1}{n} \quad (\text{当 } n \geqslant \max(N, p)).$$

故 $y_n \to \theta(n \to \infty)$. 但 $|\langle f, y_n\rangle| > 1(n \geqslant N)$, 这与 f 的连续性矛盾.

(2) 如果存在 $\{n_i\}_{i=1}^{\infty}$, 使得 $\|x_{n_i}\|_{n_i} = 0(i = 1, 2, \cdots)$, 那么有 $|\langle f, x_{n_i}\rangle| > 0$, 令

$$y_{n_i} = \frac{x_{n_i}}{\langle f, x_{n_i}\rangle} \quad (i = 1, 2, \cdots),$$

便有 $\langle f, y_{n_i}\rangle = 1$, 但 $\|y_{n_i}\|_{n_i} = 0(i = 1, 2, \cdots)$. 这也与 f 的连续性矛盾. ■

定理 4.2.12 任意 B_0 空间 $\mathscr{X}$ 具有足够多的连续线性泛函.

证 若 f_0 在 $\mathscr{X}$ 的一个线性闭子空间 $\mathscr{X}_0$ 上有定义且连续线性, 则存在半范数 $\|\cdot\|_m$ 及常数 $M_m > 0$, 使得

$$|\langle f_0, x\rangle| \leqslant M_m\|x\|_m \quad (\forall x \in \mathscr{X}_0).$$

对于半范数 $\|\cdot\|_m$, 应用 Hahn-Banach 定理 (定理 2.4.4), f_0 可以扩张到全空间 $\mathscr{X}$, 即 f 满足 $f|_{\mathscr{H}_0}=f_0$, 且

$$|\langle f,x\rangle|\leqslant M_m\|x\|_m\quad(\forall x\in\mathscr{X}),$$

从而 $f\in\mathscr{X}^*$. 于是对 $\forall x_0\neq\theta,\exists f\in\mathscr{X}^*$, 使得 $\langle f,x_0\rangle=1$.

由定义即可推出如下命题.

命题 4.2.13　如果有一个 B_0 空间 $\mathscr{X}$, 满足 $\mathscr{D}(\Omega)\hookrightarrow\mathscr{X}$, 即 $\mathscr{D}(\Omega)\subset\mathscr{X}$, 并且

$$\varphi_j\to\varphi_0(\mathscr{D}(\Omega))\Longrightarrow\varphi_j\to\varphi_0(\mathscr{X})\quad(j\to\infty),$$

那么 $\mathscr{X}$ 上的任意一个连续线性泛函 f, 必有 $f\in\mathscr{D}'(\Omega)$.

例 4.2.14　$\mathscr{X}=\mathscr{E}(\Omega)$ 或 $L^p(\Omega)(1\leqslant p<\infty)$ 或 $C^k(\Omega)(k\in\mathbb{N})$ 等都满足 $\mathscr{D}(\Omega)\hookrightarrow\mathscr{X}$, 从而有 $\mathscr{E}'(\Omega),L^q(\Omega)(1/p+1/q=1),[C^k(\Omega)]^*$ 等都包含于 $\mathscr{D}'(\Omega)$.

现在我们来用积分表示 $\mathscr{S}'$ 中的广义函数.

定理 4.2.15　为了 $f\in\mathscr{S}'$, 必须且仅须 $\exists m\in\mathbb{N}$ 及 $u_\alpha\in L^2(\mathbb{R}^n)(|\alpha|\leqslant m)$, 使得

$$\langle f,\varphi\rangle=\sum_{|\alpha|\leqslant m}\int_{\mathbb{R}^n}u_\alpha(x)\partial^\alpha\varphi(x)(1+|x|^2)^{\frac{m}{2}}\mathrm{d}x\quad(\forall\varphi\in\mathscr{S}).$$

证　充分性显然, 只需证必要性.

(1) 先证明

$$\|\varphi\|_m'\triangleq\left(\sum_{|\alpha|\leqslant m}\int_{\mathbb{R}^n}(1+|x|^2)^m|\partial^\alpha\varphi(x)|^2\mathrm{d}x\right)^{\frac{1}{2}}\quad(m=1,2,\cdots)$$

是 $\mathscr{S}$ 上的一组等价范数. 这是因为

$$\begin{aligned}\|\varphi\|_m'^2&\leqslant\sum_{|\alpha|\leqslant m}\sup_{x\in\mathbb{R}^n}(1+|x|^2)^{m+n}|\partial^\alpha\varphi(x)|^2\int_{\mathbb{R}^n}\frac{\mathrm{d}x}{(1+|x|^2)^n}\\&\leqslant c\|\varphi\|_{m+n}^2,\end{aligned}$$

以及

$$\begin{aligned}\|\varphi_m\| &= \sup_{\substack{|\alpha|\leqslant m\\ x\in\mathbb{R}^n}} \left|(1+|x|^2)^{\frac{m}{2}}\partial^\alpha\varphi(x)\right| \\ &\leqslant \sup_{|\alpha|\leqslant m}\int_{\mathbb{R}^n}\left|\frac{\partial^n}{\partial x_1\cdots\partial x_n}(1+|x|^2)^{\frac{m}{2}}\partial^\alpha\varphi(x)\right|\mathrm{d}x \\ &\leqslant c\sup_{|\alpha|\leqslant m}\int_{\mathbb{R}^n}(1+|x|^2)^{\frac{m}{2}}|\partial^{\alpha+e}\varphi(x)|\mathrm{d}x \\ &\qquad (\text{其中 } e=(1,\cdots,1)) \\ &\leqslant C\sum_{|\alpha|\leqslant m+n}\left(\int_{\mathbb{R}^n}(1+|x|^2)^{m+n}|\partial^\alpha\varphi(x)|^2\mathrm{d}x\right)^{\frac{1}{2}} \\ &\quad\times\left(\int_{\mathbb{R}^n}\frac{\mathrm{d}x}{(1+|x|^2)^n}\right)^{\frac{1}{2}} \\ &\leqslant c_1\|\varphi\|'_{m+n}.\end{aligned}$$

(2) 对 f 应用引理 4.2.11, $\exists m\in\mathbb{N}$, 使得

$$|\langle f,\varphi\rangle|\leqslant c_m\|\varphi\|'_m\quad(\forall\varphi\in\mathscr{S}). \tag{4.2.6}$$

于是 f 可以连续地扩张到以 $\|\cdot\|'_m$ 为范数的 Banach 空间 $\mathscr{X}_m$ 上. 注意到 $\|\cdot\|'_m$ 满足平行四边形等式, 所以它可引出内积

$$(\varphi,\psi)_m=\sum_{|\alpha|\leqslant m}\int_{\mathbb{R}^n}\partial^\alpha\varphi(x)\cdot\partial^\alpha\psi(x)(1+|x|^2)^{\frac{m}{2}}\mathrm{d}x,$$

并且构成 Hilbert 空间.

(3) 现在应用 Riesz 表示定理 (定理 2.5.4), f 对应着 $u\in\mathscr{X}_m$, 使得

$$\langle f,\varphi\rangle=\sum_{|\alpha|\leqslant m}\int_{\mathbb{R}^n}\partial^\alpha u(x)\cdot\partial^\alpha\varphi(x)(1+|x|^2)^{\frac{m}{2}}\mathrm{d}x,$$

其中

$$\int_{\mathbb{R}^n}|\partial^\alpha u(x)|^2(1+|x|^2)^m\mathrm{d}x<\infty.$$

令

$$u_\alpha(x) = (1+|x|^2)^{\frac{m}{2}} \partial^\alpha u(x) \quad (|\alpha| \leqslant m),$$

便有 $u_\alpha \in L^2(\mathbb{R}^n)$, 并且对 $\forall \varphi \in \mathscr{S}$, 有

$$\langle f, \varphi \rangle = \sum_{|\alpha| \leqslant m} \int_{\mathbb{R}^n} u_\alpha(x) \partial^\alpha \varphi(x)(1+|x|^2)^{\frac{m}{2}} \mathrm{d}x. \tag{4.2.7}$$

■

习　题

4.2.1　验证: 在例 4.2.6 中, $\mathscr{E}(\Omega)$ 上的收敛性与紧集列 $\{K_m\}$ 的特殊选择无关.

4.2.2　设 $\|\varphi\|'_m = \sup\limits_{\substack{|k|,|\alpha| \leqslant m \\ x \in \mathbb{R}^n}} |x^k \partial^\alpha \varphi(x)| (m = 0, 1, 2, \cdots)$, 求证: $\|\cdot\|'_m$ 是 $\mathscr{S}(\mathbb{R}^n)$ 上的等价可数范数.

4.2.3　验证: $\mathscr{D}_K(\Omega)$ 与 $\mathscr{E}(\Omega)$ 都是 B_0 空间.

4.2.4　设 G 是复平面中的有界开连通区域. 记 $A(G)$ 为 G 上的解析函数全体, 按下列方式规定可数半范数组成的空间: 设

$$G_1 \subset \overline{G}_1 \subset G_2 \subset \overline{G}_2 \subset \cdots \subset G_m \subset \overline{G}_m \subset \cdots \subset G$$

是一列连通集, $G_m (m = 1, 2, \cdots)$ 是开的, 其边界由有穷多段可求长的曲线围成, 满足: $\bigcup\limits_{m=1}^{\infty} \overline{G}_m = G$. 令

$$\|\varphi\|_m = \max_{z \in \overline{G}_m} |\varphi(z)| \quad (\forall \varphi \in A(G)).$$

求证: $A(G)$ 是 B_0 空间, 又若 $\{\varphi_n\}_{n=1}^\infty \subset A(G)$, 有数列 $\{M_m\}_{m=1}^\infty$, 使得

$$\|\varphi_n\| \leqslant M_m \quad (m = 1, 2, \cdots; n = 1, 2, \cdots),$$

则 $\{\varphi_n\}_{n=1}^\infty$ 必有收敛子列.

§ 3 广义函数的运算

设 $A:\mathscr{D}(\Omega)\to\mathscr{D}(\Omega)$ 是一个线性算子, 称它是**连续的**, 是指

$$\varphi_j\to\varphi(\mathscr{D}(\Omega))\Longrightarrow A\varphi_j\to A\varphi(\mathscr{D}(\Omega))\quad(j\to\infty).$$

例 4.3.1 任意微分算子 ∂^α 是 $\mathscr{D}(\Omega)$ 上的连续线性算子.

证 $\forall$ 相对紧集 $K\subset\Omega,\partial^\alpha:\mathscr{D}_K\to\mathscr{D}_K$, 并且

$$\|\partial^\alpha\varphi\|_m=\sum_{|\beta|\leqslant m}\max_{x\in K}|\partial^{\beta+\alpha}\varphi(x)|\leqslant\|\varphi\|_{m+|\alpha|}.$$ ■

∂^α 在 $L^2(\Omega)$ 上不是连续的, 但却是闭的.

例 4.3.2 乘法算子. 设 $\psi\in C^\infty(\Omega)$, 由 ψ 决定一个乘法算子

$$A:\varphi\mapsto\psi\cdot\varphi\quad(\forall\varphi\in\mathscr{D}(\Omega)),$$

那么 A 是连续线性的.

证 因为 $\forall$ 相对紧集 $K\subset\Omega,A:\mathscr{D}_K\to\mathscr{D}_K$, 且

$$\begin{aligned}\|\psi\cdot\varphi\|_m&=\sum_{|\alpha|\leqslant m}\max_{x\in K}|\partial^\alpha(\psi\cdot\varphi)(x)|\\&\leqslant\sum_{|\alpha|\leqslant m}\max_{x\in K}\left|\sum_{\beta\leqslant\alpha}\binom{\alpha}{\beta}\partial^\beta\psi(x)\cdot\partial^{\alpha-\beta}\varphi(x)\right|\\&\leqslant C(m,\psi)\|\varphi\|_m.\end{aligned}$$

在 $\mathscr{D}'(\Omega)$ 上定义算子 A^* 如下:

$$\langle A^*f,\varphi\rangle=\langle f,A\varphi\rangle\quad(\forall\varphi\in\mathscr{D}(\Omega),\forall f\in\mathscr{D}'(\Omega)).$$

显然, $A^*:\mathscr{D}'(\Omega)\to\mathscr{D}'(\Omega)$ 并且是连续的. 事实上, 如果 $f_j\to f$ $(\mathscr{D}'(\Omega)),j\to\infty$, 那么对 $\forall\varphi\in\mathscr{D}(\Omega)$, 有

$$\langle A^*f_j,\varphi\rangle=\langle f_j,A\varphi\rangle\to\langle f,A\varphi\rangle=\langle A^*f,\varphi\rangle\quad(j\to\infty),$$

即得 $A^* f_j \to A^* f, j \to \infty$. ■

按照这种方式我们来定义广义函数的各种运算.

3.1　广义微商

定义 4.3.3　称 $\widetilde{\partial}^\alpha = (-1)^\alpha (\partial^\alpha)^*$ 为 α **阶广义微商运算**, 即 $\forall f \in \mathscr{D}'(\Omega)$,

$$\langle \widetilde{\partial}^\alpha f, \varphi \rangle = (-1)^{|\alpha|} \langle f, \partial^\alpha \varphi \rangle \quad (\forall \varphi \in \mathscr{D}(\Omega)).$$

注 1　若 $f(x) \in C^1(\Omega)$, 依自然对应:

$$\langle f, \varphi \rangle = \int_\Omega f(x)\varphi(x)\mathrm{d}x \quad (\forall \varphi \in \mathscr{D}(\Omega))$$

产生的广义函数仍然记作 f, f 有广义微商 $\widetilde{\partial}_{x_i} f$ (即 $\widetilde{\partial}^\alpha f, \alpha = (\underbrace{0, \cdots, 0, 1}_{i}, 0, \cdots, 0)$), 同时 $f(x)$ 有普通的微商 $\partial_{x_i} f$, 我们说 $\widetilde{\partial}_{x_i} f$ 正是 $\partial_{x_i} f$ 对应的广义函数. 这是因为

$$\begin{aligned}\langle \widetilde{\partial}_{x_i} f, \varphi \rangle &= -\langle f, \partial_{x_i} \varphi \rangle = -\int_\Omega f(x) \partial_{x_i} \varphi(x) \mathrm{d}x \\ &= \int_\Omega \partial_{x_i} f(x) \varphi(x) \mathrm{d}x \quad (\forall \varphi \in \mathscr{D}(\Omega)).\end{aligned}$$

注 2　广义函数对微商运算是封闭的, 即任意广义函数 $f \in \mathscr{D}'(\Omega)$ 都可以做任意次广义微商. 当然, 即使是局部可积函数, 也未必能做普通微商, 但当把它看作广义函数时, 总可以做广义微商, 做广义微商后所得的是广义函数, 未必是普通函数.

注 3　若 α, β 是任意两个多重指标, 则

$$\widetilde{\partial}^\alpha \cdot \widetilde{\partial}^\beta = \widetilde{\partial}^{\alpha+\beta} = \widetilde{\partial}^\beta \cdot \widetilde{\partial}^\alpha.$$

注 4　由 $\widetilde{\partial}^\alpha$ 的连续性,

$$f_j \to f_0 \quad (j \to \infty) \Longrightarrow \widetilde{\partial}^\alpha f_j \to \widetilde{\partial}^\alpha f_0 \quad (j \to \infty),$$

可见广义微商与极限总是可交换的.

公式 4.3.4 若

$$Y(x)=\begin{cases}1, & x>0,\\ 0, & x\leqslant 0,\end{cases}$$

则

$$\widetilde{\partial}_x Y(x)=\delta(x).$$

证
$$\begin{aligned}\langle\widetilde{\partial}_x Y,\varphi\rangle&=-\langle Y,\partial_x\varphi\rangle=-\int_0^{\infty}\varphi'(x)\mathrm{d}x\\&=\varphi(0)=\langle\delta,\varphi\rangle\quad(\forall\varphi\in\mathscr{D}(\mathbb{R})).\end{aligned}$$
■

公式 4.3.5 若 $\delta^{(\alpha)}$ 是例 4.1.9 引进的广义函数, 则

$$\widetilde{\partial}^{\alpha}\delta=\delta^{(\alpha)}.$$

证
$$\begin{aligned}\langle\widetilde{\partial}^{\alpha}\delta,\varphi\rangle&=(-1)^{|\alpha|}\langle\delta,\partial^{\alpha}\varphi\rangle\\&=(-1)^{|\alpha|}(\partial^{\alpha}\varphi)(\theta)=\langle\delta^{(\alpha)},\varphi\rangle.\end{aligned}$$
■

公式 4.3.6 设 $\widetilde{\Delta}=\widetilde{\partial}^2_{x_1}+\cdots+\widetilde{\partial}^2_{x_n}$, 那么

$$\begin{aligned}&\widetilde{\Delta}|x|^{2-n}=(2-n)\varOmega_n\delta(x)\quad(n\geqslant 3),\\&\widetilde{\Delta}\ln|x|=2\pi\delta(x)\qquad\qquad(n=2),\end{aligned}$$

其中 $\varOmega_n$ 是 $\mathbb{R}^n$ 中单位球面的面积.

证 (1) 当 $n\geqslant 3$ 时, $\forall\varphi\in\mathscr{D}(\mathbb{R}^n)$, 我们有

$$\begin{aligned}\langle\widetilde{\Delta}|x|^{2-n},\varphi\rangle&=\langle|x|^{2-n},\Delta\varphi\rangle=\lim_{\varepsilon\to 0}\int_{|x|\geqslant\varepsilon}|x|^{2-n}\Delta\varphi(x)\mathrm{d}x\\&\xlongequal{\text{Green 公式}}\lim_{\varepsilon\to 0}\left[\int_{|x|\geqslant\varepsilon}\Delta|x|^{2-n}\varphi(x)\mathrm{d}x\right.\\&\qquad\left.+\int_{|x|=\varepsilon}\left(\varphi\frac{\partial|x|^{2-n}}{\partial r}-r^{2-n}\frac{\partial\varphi}{\partial r}\right)\mathrm{d}\sigma\right],\end{aligned}$$

其中 $\mathrm{d}\sigma$ 是球面 $\{x\in\mathbb{R}^n\,\big|\,|x|=\varepsilon\}$ 上的面积元, $r=|x|$. 上式之所以成立是由于 φ 具有紧支集, 所以可以取一充分大的球 $B(\theta,R)=$

$\{x \in \mathbb{R}^n \big| |x| < R\}$, 使得 $\operatorname{supp}(\varphi) \subset B(\theta, R)$, 再应用 Green 公式. 注意到

$$\Delta |x|^{2-n} = 0 \quad (\text{当 } |x| \neq 0),$$
$$\varepsilon^{2-n} \int_{|x|=\varepsilon} \frac{\partial \varphi}{\partial r} \mathrm{d}\sigma = O(\varepsilon) \to 0 \quad (\text{当 } \varepsilon \to 0),$$

而

$$\varepsilon^{1-n} \int_{|x|=\varepsilon} \varphi(x) \mathrm{d}\sigma \to \varphi(0) \Omega_n \quad (\text{当 } \varepsilon \to 0),$$

即得

$$\begin{aligned} \langle \Delta |x|^{2-n}, \varphi \rangle &= (2-n)\varphi(0)\Omega_n \\ &= (2-n)\Omega_n \langle \delta, \varphi \rangle \quad (\forall \varphi \in \mathscr{D}(\mathbb{R}^2)). \end{aligned}$$

(2) 同样方法证明

$$\langle \Delta \ln |x|, \varphi \rangle = 2\pi \langle \delta, \varphi \rangle \quad (\forall \varphi \in \mathscr{D}(\mathbb{R}^2)).$$ ■

3.2 广义函数的乘法

对于任意的 $\psi \in C^\infty(\Omega)$, 以及 $f \in \mathscr{D}'(\Omega)$, 定义

$$\langle \psi f, \varphi \rangle = \langle f, \psi \varphi \rangle \quad (\forall \varphi \in \mathscr{D}(\Omega)),$$

即定义广义函数对 $C^\infty(\Omega)$ 函数的乘法为 $\mathscr{D}(\Omega)$ 上乘法算子的共轭算子. 显然它也是连续算子.

公式 4.3.7

$$x^n \widetilde{\partial}^m \delta(x) = \begin{cases} (-1)^n \dfrac{m!}{(m-n)!} \delta^{(m-n)}(x), & m \geqslant n, \\ 0, & m < n. \end{cases}$$

证 $\langle x^n\widetilde{\partial}^m\delta(x),\varphi(x)\rangle=(-1)^m\langle\delta(x),\partial^m(x^n\varphi(x))\rangle$

$$=(-1)^m\sum_{r=0}^{m}\binom{m}{r}(\partial^r x^n)(\partial^{m-r}\varphi(x))\Big|_{x=0}$$

$$=\begin{cases}\dfrac{(-1)^m m!}{n!(m-n)!}n!(\partial^{m-n}\varphi)(0), & \text{当 } m\geqslant n,\\ 0, & \text{当 } m<n\end{cases}$$

$$=\begin{cases}\dfrac{(-1)^n m!}{(m-n)!}\langle\delta^{(m-n)}(x),\varphi\rangle, & \text{当 } m\geqslant n,\\ 0, & \text{当 } m<n.\end{cases}$$ ■

容易看出, 当 $f\in L^1_{\mathrm{loc}}(\Omega)$ 时, 对 $\forall\psi\in C^\infty(\Omega),\psi f$ 的通常定义与作为广义函数的定义是一致的.

注 一般不能定义两个广义函数的乘积, 特别是两个 δ 函数相乘, 因其结果不再是广义函数.

3.3 平移算子与反射算子

$\forall x_0\in\mathbb{R}^n$, 定义 $\tau_{x_0}:\mathscr{D}(\mathbb{R}^n)\to\mathscr{D}(\mathbb{R}^n)$ 为

$$(\tau_{x_0}\varphi)(x)=\varphi(x-x_0)\quad(\forall\varphi\in\mathscr{D}(\mathbb{R}^n)),$$

我们称 τ_{x_0} 为**平移算子**. 易见 $\tau_{x_0}\in\mathscr{L}(\mathscr{D}(\mathbb{R}^n))$.

定义 4.3.8 $\forall x_0\in\mathbb{R}^n,\widetilde{\tau}_{x_0}\triangleq(\tau_{-x_0})^*$, 即对 $\forall f\in\mathscr{D}'(\mathbb{R}^n)$, 有

$$\langle\widetilde{\tau}_{x_0}f,\varphi\rangle=\langle f,\tau_{-x_0}\varphi\rangle=\langle f,\varphi(x+x_0)\rangle\quad(\forall\varphi\in\mathscr{D}(\mathbb{R}^n)).$$

注 $\widetilde{\tau}_{x_0}$ 是平移算子的推广. 事实上, 若 $f(x)\in L^1_{\mathrm{loc}}(\mathbb{R}^n)$, 则对 $\forall x_0\in\mathbb{R}^n$, 有

$$\begin{aligned}\int_{\mathbb{R}^n}f(x-x_0)\varphi(x)\mathrm{d}x&=\int_{\mathbb{R}^n}f(x)\varphi(x+x_0)\mathrm{d}x\\&=\langle f,\tau_{-x_0}\varphi\rangle=\langle\widetilde{\tau}_{x_0}f,\varphi\rangle\end{aligned}$$
$$(\forall\varphi\in\mathscr{D}(\mathbb{R}^n)),$$

即得 $\widetilde{\tau}_{x_0} f = f(x - x_0) = \tau_{x_0} f$.

$\forall x \in \mathbb{R}^n$ 定义 $\sigma : \mathscr{D}(\mathbb{R}^n) \to \mathscr{D}(\mathbb{R}^n)$ 为

$$(\sigma\varphi)(x) = \varphi(-x) \quad (\forall \varphi \in \mathscr{D}(\mathbb{R}^n),$$

我们称 σ 为**反射算子**. 易见 $\sigma \in \mathscr{L}(\mathscr{D}(\mathbb{R}^n))$.

定义 4.3.9　$\widetilde{\sigma} \triangleq \sigma^*$. 即对 $\forall f \in \mathscr{D}'(\mathbb{R}^n)$, 有

$$\langle \widetilde{\sigma} f, \varphi \rangle = \langle \sigma^* f, \varphi \rangle = \langle f, \sigma\varphi \rangle \quad (\forall \varphi \in \mathscr{D}(\mathbb{R}^n)).$$

注　$\widetilde{\sigma}$ 是反射算子的推广. 事实上, 若 $f(x) \in L^1_{\rm loc}(\mathbb{R}^n)$, 则有

$$\begin{aligned}\int_{\mathbb{R}^n} f(-x)\varphi(x)\mathrm{d}x &= \int_{\mathbb{R}^n} f(x)\varphi(-x)\mathrm{d}x \\ &= \langle f, \sigma\varphi \rangle = \langle \widetilde{\sigma} f, \varphi \rangle \\ &\quad (\forall \varphi \in \mathscr{D}(\mathbb{R}^n)),\end{aligned}$$

即得 $\widetilde{\sigma} f = f(-x) = \sigma f$.

习　　题

4.3.1　计算:

(1) $\widetilde{\partial}_x^n |x|$;

(2) $\widetilde{\partial}^n x_+^\lambda (\lambda \in \mathbb{R}, \lambda \geqslant 0)$, 其中

$$x_+^\lambda = \begin{cases} x^\lambda, & x > 0, \\ 0, & x \leqslant 0. \end{cases}$$

4.3.2　求证:

$$\frac{\widetilde{\mathrm{d}}}{\mathrm{d}x} \ln |x| = \mathrm{P.V.} \left(\frac{1}{x} \right),$$

即

$$\left\langle \frac{\widetilde{\mathrm{d}}}{\mathrm{d}x} \ln |x|, \varphi \right\rangle = \lim_{\varepsilon \to 0+} \int_{|x| \geqslant \varepsilon} \frac{\varphi(x)}{x} \mathrm{d}x \quad (\forall \varphi \in \mathscr{D}(\mathbb{R})).$$

4.3.3 设 $\Omega=(\alpha,\beta)\subset\mathbb{R}, x_0\in\Omega$, 又设 $f\in C^1(\Omega\backslash\{x_0\})$, x_0 是 f 的第一类间断点且 f' 在 $\Omega\backslash\{x_0\}$ 内有界. 求证:

$$\frac{\widetilde{\mathrm{d}}}{\mathrm{d}x}f=f'+(f(x_0+0)-f(x_0-0))\delta(x_0).$$

4.3.4 求证: 对 $\forall f\in\mathscr{D}'(\mathbb{R}^n)$ 有

$$\widetilde{\partial}_{x_i}f=\lim_{h\to 0}\frac{1}{h}(\widetilde{\tau}_{-he_i}f-f),$$

其中

$$e_i=(\underbrace{0,\cdots,0,1}_{i},0,\cdots,0)\quad(i=1,2,\cdots,n).$$

4.3.5 求证: 对 $\forall f\in\mathscr{D}'(\mathbb{R}^n)$, 以及 $\forall\varphi\in\mathscr{D}(\mathbb{R}^n)$, 函数

$$g(y)=\langle f,\tau_{-y}\varphi\rangle\in C^\infty(\mathbb{R}^n).$$

4.3.6 求证: 每个 $f\in\mathscr{S}'$ 必是 $L^2(\mathbb{R}^n)$ 函数乘以多项式的广义微商之有限和, 即 $\exists u_\alpha\in L^2(\mathbb{R}^n)$ 及偶数 m, 使得

$$f=(-1)^{|\alpha|}\sum_{|\alpha|\leqslant m}\widetilde{\partial}^\alpha\left[(1+|x|^2)^{\frac{m}{2}}u_\alpha\right].$$

提示 利用 (4.2.7) 式. (4.2.7) 式中的 m 可以认为是偶数, 这是因为必要的话可在 (4.2.6) 式中用 $2m$ 取代 m.

§ 4 $\mathscr{S}'$ 上的 Fourier 变换

对于 $\varphi\in L^1(\mathbb{R}^n),\varphi$ 的 Fourier 变换定义如下:

$$(\mathscr{F}\varphi)(\xi)=\int_{\mathbb{R}^n}\varphi(x)\exp(-2\pi\mathrm{i}x\cdot\xi)\mathrm{d}x,\tag{4.4.1}$$

其中 $x\cdot\xi=x_1\xi_1+x_2\xi_2+\cdots+x_n\xi_n$.

熟悉分析的人都知道, Fourier 变换无论是在理论上还是在应用上都是十分重要的工具. 但是, 能定义 Fourier 变换的函数实在受限制太强了. 一般的 $L^p(\mathbb{R}^n)(p>1)$ 函数未必在 $L^1(\mathbb{R}^n)$ 中, 从而积分 (4.4.1) 可能没有意义. 最简单的函数 $\varphi(x)\equiv 1$ (或更一般的多项式), 更无从使 (4.4.1) 式的积分收敛. 引进广义函数的另一个重要推动力是扩大 Fourier 变换的定义, 使得这个重要工具能够方便而又灵活地运用.

命题 4.4.1 $\mathscr{F}\in\mathscr{L}(\mathscr{S})$.

证 注意以下两个事实:

(1) $\mathscr{F}(\partial^\alpha\varphi)=(2\pi\mathrm{i}\xi)^\alpha(\mathscr{F}\varphi)(\xi)$,

(2) $\mathscr{F}((-2\pi\mathrm{i}x)^\alpha\varphi)(\xi)=\partial^\alpha(\mathscr{F}\varphi)(\xi)$,

便有

$$\begin{aligned}
\|\mathscr{F}\varphi\|_m &= \sup_{\substack{\xi\in\mathbb{R}^n\\|\alpha|\leqslant m}}(1+|\xi|^2)^{\frac{m}{2}}|\partial^\alpha(\mathscr{F}\varphi)(\xi)|\\
&= \sup_{\substack{\xi\in\mathbb{R}^n\\|\alpha|\leqslant m}}\left|\left(\mathscr{F}\left[\left(1-\frac{\Delta}{4\pi^2}\right)^{\frac{m}{2}}(-2\pi\mathrm{i}x)^\alpha\varphi\right]\right)(\xi)\right|\\
&\leqslant \sup_{|\alpha|\leqslant m}\int_{\mathbb{R}^n}\left|\left(1-\frac{\Delta}{4\pi^2}\right)^{\frac{m}{2}}(-2\pi\mathrm{i}x)^\alpha\varphi\right|\mathrm{d}x\\
&\leqslant \sup_{|\alpha|\leqslant m}\sum_{\substack{p\leqslant\alpha\\q\leqslant m}}A_{\alpha,p,q}\int_{\mathbb{R}^n}|x^p\partial^q\varphi|\mathrm{d}x\\
&\leqslant M_m\sup_{\substack{x\in\mathbb{R}^n\\|\alpha|\leqslant m}}(1+|x|^2)^{\frac{m}{2}+n}|\partial^\alpha\varphi(x)|\\
&\leqslant M_m\|\varphi\|_{m+2n}\quad(m=2,4,6,\cdots),
\end{aligned}$$

其中 $A_{\alpha,p,q}$ 及 M_m 皆为常数. ■

称积分

$$(\overline{\mathscr{F}}\varphi)(\xi)=\int_{\mathbb{R}^n}\varphi(x)\exp(2\pi\mathrm{i}x\cdot\xi)\mathrm{d}x$$

为函数 φ 的 Fourier **逆变换**, 或 Fourier **积分**.

命题 4.4.2 $\overline{\mathscr{F}}=\sigma\mathscr{F}$, 从而 $\overline{\mathscr{F}}\in\mathscr{L}(\mathscr{S})$.

命题 4.4.3 若 $\varphi,\psi\in\mathscr{S}$, 则

$$\langle\mathscr{F}\varphi,\psi\rangle=\langle\varphi,\mathscr{F}\psi\rangle, \tag{4.4.2}$$

$$\langle\overline{\mathscr{F}}\varphi,\psi\rangle=\langle\varphi,\overline{\mathscr{F}}\psi\rangle. \tag{4.4.3}$$

证

$$\begin{aligned}\langle\mathscr{F}\varphi,\psi\rangle&=\int_{\mathbb{R}^n}\left[\int_{\mathbb{R}^n}\varphi(x)\exp(-2\pi\mathrm{i}x\cdot\xi)\mathrm{d}x\right]\psi(\xi)\mathrm{d}\xi\\&\xlongequal{\text{Fubini定理}}\int_{\mathbb{R}^n}\varphi(x)\left(\int_{\mathbb{R}^n}\exp\big(-2\pi\mathrm{i}x\cdot\xi\big)\psi(\xi)\mathrm{d}\xi\right)\mathrm{d}x\\&=\langle\varphi,\mathscr{F}\psi\rangle,\end{aligned}$$

即得 (4.4.2) 式. 同理可证 (4.4.3) 式. ■

定义 4.4.4 在空间 $\mathscr{S}'$ 上定义 $\widetilde{\mathscr{F}}=\mathscr{F}^*(\widetilde{\overline{\mathscr{F}}}=(\overline{\mathscr{F}})^*)$, 称为**广义 Fourier (逆) 变换**. 在不会引起混淆时, 记号 $\sim$ 可以略去. 有时为了方便, 简记 $\mathscr{F}\varphi=\widehat{\varphi}$.

从定义 4.4.4 容易推出如下命题.

命题 4.4.5 $\mathscr{F}\in\mathscr{L}(\mathscr{S}'),\overline{\mathscr{F}}\in\mathscr{L}(\mathscr{S}')$, 而且当限制在 $\mathscr{S}$ 上时, 它们分别与普通的 Fourier 变换、Fourier 逆变换一致.

关于 Fourier 变换, 微商与乘法之间、平移与相移之间有着重要的联系, 见表 4.4.1. 在表中用 "$f\circ$——$\cdot g$" 表示 $g=\mathscr{F}f$ 或 $f=\overline{\mathscr{F}}g$.

表 4.4.1

编号	假设
	$f\circ$——$\cdot g$
(1)	$\widetilde{\partial}^\alpha f\circ$——$\cdot(2\pi\mathrm{i}\xi)^\alpha g$
(2)	$(-2\pi\mathrm{i}x)^\alpha f\circ$——$\cdot\widetilde{\partial}^\alpha g$
(3)	$\widetilde{\tau}_a f\circ$——$\cdot\exp(-2\pi\mathrm{i}a\cdot\xi)g$
(4)	$\exp(2\pi\mathrm{i}a\cdot x)f\circ$——$\cdot\widetilde{\tau}_a g$

公式 4.4.6　$\mathscr{F}(\exp(-\pi|x|^2)) = \exp(-\pi|\xi|^2)$.

证　设 $n=1$, 令 $f(x)=\exp(-\pi x^2)$, 便有

$$f'(x)+2\pi x f(x)=0, \quad f(0)=1.$$

在方程两边做 Fourier 变换, 有

$$2\pi \mathrm{i}\xi(\mathscr{F}f)(\xi)+\mathrm{i}(\mathscr{F}f)'(\xi)=0,$$
$$(\mathscr{F}f)(0)=\int_{-\infty}^{\infty}\exp(-\pi x^2)\mathrm{d}x=1,$$

即 $\mathscr{F}f$ 与 f 满足同一方程, 且具有相同初值, 利用常微分方程初值问题解的唯一性, 可得

$$(\mathscr{F}f)(\xi)=f(\xi)=\exp(-\pi|\xi|^2) \quad (\forall \xi\in\mathbb{R}).$$

对于任意的 $n\in\mathbb{N}$, 利用分离变量立得如下公式. ■

公式 4.4.7　$\mathscr{F}\delta=1, \overline{\mathscr{F}}\delta=1$.

证　因为 $\forall\varphi\in\mathscr{S}$,

$$\langle\mathscr{F}\delta,\varphi\rangle=\langle\delta,\mathscr{F}\varphi\rangle=(\mathscr{F}\varphi)(0)=\int_{\mathbb{R}^n}\varphi(x)\mathrm{d}x=\langle 1,\varphi\rangle. \quad ■$$

公式 4.4.8　$\mathscr{F}(1)=\delta$, $\overline{\mathscr{F}}(1)=\delta$.

证　由公式 4.4.6 可见

$$\mathscr{F}\left[\exp\left(-\pi\frac{|x|^2}{m}\right)\right]=m^{\frac{n}{2}}\exp(-m\pi|\xi|^2).$$

当令 $m\to\infty$ 时,

$$\exp\left(-\pi\frac{|x|^2}{m}\right)\to 1 \quad (\mathscr{S}'),$$

而

$$m^{\frac{n}{2}}\exp(-m\pi|\xi|^2)\to\delta \quad (\mathscr{S}').$$

由 $\mathscr{F}$ 的连续性即得 $\mathscr{F}(1)=\delta$. 同理可证另一个公式. ■

公式 4.4.9

(1) $\mathscr{F}(p(x)) = p\left(\dfrac{\mathrm{i}}{2\pi}\widetilde{\partial}\right)\delta(\xi)$, 其中 $p(\cdot)$ 表示多项式;

(2) $\mathscr{F}(\widetilde{\partial}^{\alpha}\delta) = (2\pi\mathrm{i}\xi)^{\alpha}$.

证 表 4.4.1(2)+ 公式 4.4.8 $\Longrightarrow$ (1).

表 4.4.1(1)+ 公式 4.4.7 $\Longrightarrow$ (2). ■

定理 4.4.10 $\overline{\mathscr{F}} = \mathscr{F}^{-1}$, 即 $\overline{\mathscr{F}}\mathscr{F} = \mathscr{F}\overline{\mathscr{F}} = I$.

证 $\forall \varphi \in \mathscr{S}, \forall y \in \mathbb{R}^n$,

$$\begin{aligned}
\varphi(y) &= \langle \delta, \tau_{-y}\varphi \rangle = \langle \widetilde{\tau}_y \delta, \varphi \rangle \\
&= \langle \mathscr{F}(\exp(2\pi\mathrm{i}\xi \cdot y)), \varphi \rangle \quad (\text{表 } 4.4.1(4)) \\
&= \langle \exp(2\pi\mathrm{i}\xi \cdot y), (\mathscr{F}\varphi)(\xi) \rangle \\
&= \int_{\mathbb{R}^n} \exp(2\pi\mathrm{i}\xi \cdot y)(\mathscr{F}\varphi)(\xi)\mathrm{d}\xi = (\overline{\mathscr{F}}\mathscr{F}\varphi)(y),
\end{aligned}$$

即得 $\varphi = \overline{\mathscr{F}}\mathscr{F}\varphi$. 同理可证 $\varphi = \mathscr{F}\overline{\mathscr{F}}\varphi$. 于是对 $\forall f \in \mathscr{S}'$, 我们有

$$\begin{aligned}
\langle \mathscr{F}\overline{\mathscr{F}}f, \varphi \rangle &= \langle f, \overline{\mathscr{F}}\mathscr{F}\varphi \rangle = \langle f, \varphi \rangle \quad (\forall \varphi \in \mathscr{S}), \\
\langle \overline{\mathscr{F}}\mathscr{F}f, \varphi \rangle &= \langle f, \mathscr{F}\overline{\mathscr{F}}\varphi \rangle = \langle f, \varphi \rangle \quad (\forall \varphi \in \mathscr{S}).
\end{aligned}$$

即得 $\overline{\mathscr{F}} = \mathscr{F}^{-1}$. ■

推论 4.4.11 (Plancherel 定理) 若 $f \in L^2$, 则 $\widetilde{\mathscr{F}}f \in L^2$, 并且

$$\|f\|_{L^2} = \|\widetilde{\mathscr{F}}f\|_{L^2} \quad (\widetilde{\mathscr{F}} \text{ 保持范数不变}). \tag{4.4.4}$$

证 因为对 $\forall \varphi \in \mathscr{S}$ 有

$$\|\varphi\|_{L^2}^2 = \langle \varphi, \overline{\varphi} \rangle = \langle \overline{\mathscr{F}}\mathscr{F}\varphi, \overline{\varphi} \rangle = \langle \mathscr{F}\varphi, \overline{\mathscr{F}}\overline{\varphi} \rangle = \|\mathscr{F}\varphi\|_{L^2}^2,$$

而 $\mathscr{S}$ 在 L^2 中稠密 (见习题 4.1.1), 所以对 $\forall f \in L^2, \exists \{\varphi_m\} \subset \mathscr{S}$, 使得

$$\|\varphi_m - f\|_{L^2} \to 0 \quad (m \to \infty).$$

于是对 $\forall p \in \mathbb{N}$, 我们有

$$\|\mathscr{F}\varphi_{m+p} - \mathscr{F}\varphi_m\|_{L^2} \to 0 \quad (m \to \infty),$$

即 $\{\mathscr{F}\varphi_m\}_{m=1}^{\infty}$ 是 L^2 中的基本列. 由于 $\mathscr{F}$ 在 $\mathscr{S}'$ 中连续以及 $L^2 \hookrightarrow \mathscr{S}'$, 可见

$$\widetilde{\mathscr{F}}f = \lim_{m\to\infty} \mathscr{F}\varphi_m(L^2).$$

这表明 $\widetilde{\mathscr{F}}f \in L^2$, 并且

$$\|\widetilde{\mathscr{F}}f\|_{L^2} = \lim_{m\to\infty} \|\mathscr{F}\varphi_m\|_{L^2} = \lim_{m\to\infty} \|\varphi_m\|_{L^2} = \|f\|_{L^2}. \qquad \blacksquare$$

注 根据习题 1.6.1 (极化恒等式) 与本推论可以容易推出: 若 $f, g \in L^2$, 则

$$(f,g)_{L^2} = (\widetilde{\mathscr{F}}f, \widetilde{\mathscr{F}}g)_{L^2} \quad (\widetilde{\mathscr{F}} \text{ 保持内积不变}). \tag{4.4.5}$$

习 题

4.4.1 设 $H^m(\mathbb{R}^n) = \left\{u \in \mathscr{S}' \middle| \widetilde{\partial}^\alpha u \in L^2(\mathbb{R}^n)(|\alpha| \leqslant m)\right\}$, 其中范数定义为

$$\|u\|_m = \left(\sum_{|\alpha|\leqslant m} \|\widetilde{\partial}^\alpha u\|_{L^2}^2\right)^{\frac{1}{2}}.$$

又对 $\forall u \in H^m(\mathbb{R}^n)$, 定义

$$\|u\|'_m = \left(\int_{\mathbb{R}^n} (1+|\xi|^2)^m |(\mathscr{F}u)(\xi)|^2 \mathrm{d}\xi\right)^{\frac{1}{2}},$$

求证: (1) $\|u\|'_m < \infty$;

(2) $\|\cdot\|'_m$ 是 $H^m(\mathbb{R}^n)$ 的等价范数;

(3) $H^m(\mathbb{R}^n)$ 是完备的.

4.4.2 对任意的非负实数 s, 设

$$H^s(\mathbb{R}^n) \triangleq \left\{u \in L^2(\mathbb{R}^n) \middle| (1+|\xi|^2)^{s/2}\widehat{u}(\xi) \in L^2(\mathbb{R}^n)\right\},$$

其中范数定义为

$$\|u\|_s = \left\|(1+|\xi|^2)^{s/2}\widehat{u}(\xi)\right\|_{L^2}.$$

求证: (1) 当 $s=m\in\mathbb{N}$ 时, 这种定义与原来 $H^m(\mathbb{R}^n)$ 的定义等价;

(2) $H^s(\mathbb{R}^n)$ 中可引进内积 $(\cdot,\cdot)$, 使得 $\|u\|_s=(u,u)^{1/2}$;

(3) 设 $u\in H^s(\mathbb{R}^n)'$, 求证: 存在 $\widetilde{u}\in L^1_{\mathrm{loc}}(\mathbb{R}^n)$, 使得

$$\widetilde{u}(\xi)(1+|\xi|^2)^{-s/2}\in L^2(\mathbb{R}^n),$$

并且

$$\langle u,\mathscr{F}\varphi\rangle=\int_{\mathbb{R}^n}\varphi(\xi)\cdot\widetilde{u}(\xi)\mathrm{d}\xi\quad(\forall\varphi\in\mathscr{S}).$$

4.4.3 设 $f(x)\in L^1(\mathbb{R}^n)$, 求证:

$$(\widetilde{\mathscr{F}}f)(\xi)=\int_{\mathbb{R}^n}f(x)\mathrm{e}^{-2\pi\mathrm{i}x\cdot\xi}\mathrm{d}x,$$

即 $f(x)$ 按 $\mathscr{S}'$ 的 Fourier 变换与普通的 Fourier 变换一致.

4.4.4 求证: 方程 $\Delta f=f$ 在 $\mathscr{S}'(\mathbb{R}^n)$ 中无非零解.

§5 Sobolev 空间与嵌入定理

定义 4.5.1 设 $\Omega\subset\mathbb{R}^n$ 是一个开集, m 是非负整数, $1\leqslant p<\infty$, 称集合

$$W^{m,p}(\Omega)=\left\{u\in L^p(\Omega)\middle|\widetilde{\partial}^\alpha u\in L^p(\Omega),|\alpha|\leqslant m\right\}$$

按范数

$$\begin{aligned}\|u\|_{m,p}&=\left(\sum_{|\alpha|\leqslant m}\|\widetilde{\partial}^\alpha u\|^p_{L^p(\Omega)}\right)^{\frac{1}{p}}\\&=\left(\sum_{|\alpha|\leqslant m}\int_\Omega|\widetilde{\partial}^\alpha u(x)|^p\mathrm{d}x\right)^{\frac{1}{p}}\end{aligned}$$

构成的空间为 **Sobolev 空间**, 记作 $W^{m,p}(\Omega)$ 或 $W^m_p(\Omega)$.

定理 4.5.2 空间 $W^{m,p}(\Omega)$ 是完备的.

证　设 $\{u_k\}_{k=1}^{\infty}$ 是 $W^{m,p}(\Omega)$ 中的基本列, 那么 $\{\widetilde{\partial}^{\alpha}u_k\}$ 是 $L^p(\Omega)$ 中的基本列. $\forall\alpha(|\alpha|\leqslant m)$, 由 $L^p(\Omega)$ 的完备性, $\exists g_\alpha\in L^p(\Omega)$, 使得

$$\|\widetilde{\partial}^{\alpha}u_k-g_\alpha\|_{L^p(\Omega)}\to 0\quad(k\to\infty)(|\alpha|\leqslant m).$$

从而 $\forall\varphi\in\mathscr{D}(\Omega)$, 当 $k\to\infty$ 时,

$$\begin{array}{ccc}\langle\widetilde{\partial}^{\alpha}u_k,\varphi\rangle & = & (-1)^{|\alpha|}\langle u_k,\partial^{\alpha}\varphi\rangle\\ \downarrow & & \downarrow\\ \langle g_\alpha,\varphi\rangle & & (-1)^{|\alpha|}\langle g_0,\partial^{\alpha}\varphi\rangle\end{array},$$

即得 $g_\alpha=\widetilde{\partial}^{\alpha}g_0$. 由此推出 $g_0\in W^{m,p}(\Omega)$, 且

$$\|u_k-g_0\|_{m,p}\to 0\quad(k\to\infty).$$

■

定理 4.5.3　$\mathscr{D}(\mathbb{R}^n)$ 在 $W^{m,p}(\mathbb{R}^n)$ 中是稠密的.

证　设 $u\in W^{m,p}(\mathbb{R}^n)$, 即 $\widetilde{\partial}^{\alpha}u\in L^p(\mathbb{R}^n)(|\alpha|\leqslant m)$. 我们对 $\forall\delta>0$, 令

$$u_\delta(x)=\int_{\mathbb{R}^n}u(y)\cdot j_\delta(x-y)\mathrm{d}y,\tag{4.5.1}$$

其中 j_δ 是按 (4.1.2) 式定义的函数. 稍稍修饰命题 4.1.2 的证明, 即得 $u_\delta\in C^\infty(\mathbb{R}^n)$, 并且

$$\begin{aligned}\partial_x^{\alpha}u_\delta(x)&=\int_{\mathbb{R}^n}u(y)\cdot\partial_x^{\alpha}j_\delta(x-y)\mathrm{d}y\\&=(-1)^{|\alpha|}\int_{\mathbb{R}^n}u(y)\cdot\partial_y^{\alpha}j_\delta(x-y)\mathrm{d}y\\&=\int_{\mathbb{R}^n}\widetilde{\partial}^{\alpha}u(y)\cdot j_\delta(x-y)\mathrm{d}y,\end{aligned}$$

即 $\partial^{\alpha}u_\delta=(\widetilde{\partial}^{\alpha}u)_\delta$. 应用 Young 不等式 (引理 2.5.14), $\forall v\in L^p(\mathbb{R}^n)$ 有

$$\|v_\delta\|_{L^p}\leqslant\|v\|_{L^p}.\tag{4.5.2}$$

然而 $L^p(\mathbb{R}^n)$ 函数可以被 $C_0^0(\mathbb{R}^n)$ 函数任意逼近. 对 $\widetilde{\partial}^\alpha u \in L^p(\mathbb{R}^n)$, 即有 $\forall \varepsilon > 0, \exists v_\alpha \in C_0^0(\mathbb{R}^n)$, 使得

$$\|v_\alpha - \widetilde{\partial}^\alpha u\|_{L^p} < \frac{\varepsilon}{3}. \tag{4.5.3}$$

按 (4.5.2) 式得

$$\|(v_\alpha)_\delta - (\widetilde{\partial}^\alpha u)_\delta\|_{L^p} < \frac{\varepsilon}{3}. \tag{4.5.4}$$

再应用定理 4.1.3, $\exists \delta_0 = \delta_0(\varepsilon, \alpha) > 0$, 当 $0 < \delta < \delta_0$ 时,

$$\|(v_\alpha)_\delta - v_\alpha\|_{L^p} < \frac{\varepsilon}{3} \tag{4.5.5}$$

(注意: $\mathrm{supp}(v_\alpha)$ 是紧的). 联合 (4.5.3) 式、(4.5.4) 式与 (4.5.5) 式得

$$\|(\widetilde{\partial}^\alpha u)_\delta - \widetilde{\partial}^\alpha u\|_{L^p} < \varepsilon,$$

即 $\|\partial^\alpha u_\delta - \widetilde{\partial}^\alpha u\|_{L^p} < \varepsilon (|\alpha| \leqslant m)$. ■

注 如果用 $W_0^{m,p}(\mathbb{R}^n)$ 表示 $C_0^\infty(\mathbb{R}^n)$ 按范数 $\|\cdot\|_{m,p}$ 完备化产生的空间, 则依此定理有

$$W_0^{m,p}(\mathbb{R}^n) = W^{m,p}(\mathbb{R}^n).$$

但是对于一般的开集 $\varOmega, W_0^{m,p}(\varOmega) = W^{m,p}(\varOmega)$ 未必成立.

在第一章, 我们曾把 $H^{m,p}(\varOmega)$ 定义为集合

$$S \triangleq \left\{u \in C^\infty(\varOmega) \middle| \|u\|_{m,p} < \infty\right\} \tag{4.5.6}$$

在范数 $\|\cdot\|_{m,p}$ 下的完备化空间, 并把它称为 Sobolev 空间. 现在我们又称 $W^{m,p}(\varOmega)$ 为 Sobolev 空间, 它们之间究竟有什么关系?

定理 4.5.2 表明: $H^{m,p}(\varOmega) \subset W^{m,p}(\varOmega)$. 其实还可以证明它们二者等价. 这要用到一个在微分流形中重要的 C^∞ 单位分解定理.

定理 4.5.4 若 $A \subset \mathbb{R}^n$, 而且 $\mathscr{O}$ 是 A 的一个开覆盖, 那么必有一族 C^∞ 函数 $\mathscr{F}$, 使得 $\forall \varphi \in \mathscr{F}$ 定义在包含 A 的一个开集上, 具有下列性质:

(1) $0 \leqslant \varphi(x) \leqslant 1 \quad (\forall x \in A)$;

(2) $\forall x \in A, \exists$ 含 x 的开集 V, 使得只有有穷多个 $\varphi \in \mathscr{F}$ 在其上非零;

(3) $\sum\limits_{\varphi \in \mathscr{F}} \varphi(x) \equiv 1 \quad (\forall x \in A)$;

(4) $\forall \varphi \in \mathscr{F}, \exists U \in \mathscr{O}$, 使得 $\operatorname{supp}(\varphi) \subset U$.

这个定理的证明在许多关于微分流形的教科书上都可以找到.

定理 4.5.5 (Meyers-Serrin) 若 $1 \leqslant p < \infty$, 则

$$H^{m,p}(\Omega) = W^{m,p}(\Omega).$$

证 只需证明 (4.5.6) 式定义的集合 S 在 $W^{m,p}(\Omega)$ 中是稠密的. 记

$$\Omega_k \triangleq \left\{ x \in \Omega \,\middle|\, \|x\| < k \text{ 且 } \operatorname{dist}(x, \partial\Omega) > \frac{1}{k} \right\} \quad (k = 1, 2, \cdots),$$

并记 $\Omega_0 = \Omega_{-1} = \varnothing$, 那么

$$\mathscr{O} = \left\{ U_k \middle| U_k = \Omega_{k+1} \cap C\overline{\Omega}_{k-1}, k = 1, 2, \cdots \right\}$$

是 Ω 的一族开覆盖. 记 $\mathscr{F}$ 为 C^∞ 单位分解定理 (定理 4.5.4) 中的关于 $\mathscr{O}$ 的一族 C^∞ 函数. 注意到 $\overline{U}_k$ 是紧集, 由 C^∞ 单位分解定理 (定理 4.5.4) 的性质 (2), $\mathscr{F}$ 中只有有限多个函数 φ, 使得 $\operatorname{supp}(\varphi) \subset U_k$, 记 ψ_k 为这些函数之和, 那么

$$\psi_k \in C_0^\infty(U_k), \quad \text{而且} \sum_{k=1}^{\infty} \psi_k(x) \equiv 1 \quad (\forall x \in \Omega).$$

设 $u \in W^{m,p}(\Omega), \forall \varepsilon > 0$, 下面要找 S 中的函数 φ, 使得

$$\|u - \varphi\|_{m,p} \leqslant \varepsilon.$$

当 $0<\delta<1/(k+1)(k+2)$ 时, 用 (4.5.1) 式中定义的记号, 可见

$$\operatorname{supp}(\psi_k u)_\delta \subset \Omega_{k+2}\cap C\overline{\Omega}_{k-2}.$$

按定理 4.5.3 证明中的办法可见, $\exists \delta_k\in(0,1/(k+1)(k+2))$, 适合:

$$\|\psi_k u-(\psi_k u)_{\delta_k}\|_{m,p}<\frac{\varepsilon}{2^k}.$$

令 $\varphi=\sum\limits_{k=1}^{\infty}(\psi_k u)_{\delta_k}$, 因为对 $\forall x\in\Omega$, 在 x 的邻域这个和式中只有有限项不为 0, 所以 $\varphi\in C^\infty(\Omega)$. 又 $\forall k\in\mathbb{N}$, 在 Ω_k 上,

$$u(x)=\sum_{j=1}^{k+2}\psi_j(x)u(x),$$

$$\varphi(x)=\sum_{j=1}^{k+2}(\psi_j u)_{\delta_j}(x),$$

因此

$$\|u-\varphi\|_{W^{m,p}(\Omega_k)}\leqslant\sum_{j=1}^{k+2}\left\|(\psi_j u)_{\delta_j}-\psi_j u\right\|_{m,p}<\varepsilon.$$

再令 $k\to\infty$, 即得 $\|u-\varphi\|_{m,p}\leqslant\varepsilon$. 显然可见 $\varphi\in S$, 这就是我们所要的. ■

定义 4.5.6 $\mathbb{R}^n$ 中的开区域 Ω 称为**可扩张的**, 如果 $\forall m\in\mathbb{N}$, $\forall p\in[1,\infty], \exists T: W^{m,p}(\Omega)\to W^{m,p}(\mathbb{R}^n)$ 是连续线性算子, 并满足

$$Tu\big|_\Omega=u\quad(\forall u\in W^{m,p}(\Omega)).$$

例 4.5.7 $\mathbb{R}^n_+=\left\{(x_1,x_2,\cdots,x_n)\in\mathbb{R}^n\middle|x_n>0\right\}$ 是可扩张的. 扩张算子构造如下: $\forall m\in\mathbb{N},\forall u\in C^\infty(\mathbb{R}^n_+)$, 我们定义

$$E_m u(x)=\begin{cases}u(x), & \text{当 } x_n>0,\\ \sum\limits_{j=1}^{m+1}\lambda_j u(x_1,\cdots,x_{n-1},-jx_n), & \text{当 } x_n\leqslant 0,\end{cases}$$

其中系数 $\lambda_1, \lambda_2, \cdots, \lambda_{m+1}$ 是下面的线性方程组

$$\sum_{j=1}^{m+1}(-j)^i\lambda_j = 1 \quad (i = 0, 1, \cdots, m)$$

的唯一解. 不难验证: 如果 $u \in C^m\overline{(\mathbb{R}_+^n)}$, 则 $E_m u \in C^m(\mathbb{R}^n)$, 并且

$$\|E_m u\|_{W^{m,p}(\mathbb{R}^n)} \leqslant M_{m,p}\|u\|_{W^{m,p}(\mathbb{R}_+^n)},$$

其中 $M_{m,p}$ 是一个常数.

利用习题 4.5.1, E_m 可以连续地扩张到 $W^{m,p}(\mathbb{R}_+^n)$ 上去, 使 $\mathbb{R}_+^n$ 成为可扩张的. ■

例 4.5.8 若 Ω 是有界开区域, 具有一致 C^m 光滑的边界, 则 Ω 也是可扩张的.

证明可参看 Adams R. A. 所著 *Sobolev Spaces* (New York: Academic Press, 1975) 中的定理 4.26, 此处从略. 更一般的结果参看 Stein E. M., *Singular Integrals and Differentiafility Properties of Functions* (Princeton N. J.: Princeton University Press, 1970), p.189.

定理 4.5.9 (Sobolev 嵌入定理) 若 $\Omega \subset \mathbb{R}^n$ 是一个可扩张的区域, $m > n/2$, 则 $W^{m,2}(\Omega)$ 可以连续地嵌入 $C(\overline{\Omega})$.

证 (1) 我们已经知道 (习题 4.4.1)

$$\|u\|_m' = \left(\int_{\mathbb{R}^n}(1+|\xi|^2)^m|\widehat{u}(\xi)|^2\mathrm{d}\xi\right)^{\frac{1}{2}}$$

是 $W^{m,2}(\mathbb{R}^n)$ 的一个等价范数. 又因为 $L^1(\mathbb{R}^n)$ 函数的 Fourier (逆) 变换是连续函数, 并且

$$\|u\|_{C(\mathbb{R}^n)} \leqslant \int_{\mathbb{R}^n}|\widehat{u}(\xi)|\mathrm{d}\xi.$$

而当 $m > n/2$ 时,

$$\begin{aligned}&\int_{\mathbb{R}^n}|\widehat{u}(\xi)|\mathrm{d}\xi\\&\leqslant\left(\int_{\mathbb{R}^n}(1+|\xi|^2)^m|\widehat{u}(\xi)|^2\mathrm{d}\xi\right)^{\frac{1}{2}}\left(\int_{\mathbb{R}^n}\frac{\mathrm{d}\xi}{(1+|\xi|^2)^m}\right)^{\frac{1}{2}}\\&\leqslant c_{n,m}\|u\|_m'.\end{aligned}$$

所以 $i: u \mapsto u$ 是 $W^{m,2}(\mathbb{R}^n) \to C(\mathbb{R}^n)$ 的一个连续嵌入.

(2) 今设 $u \in W^{m,2}(\Omega)$, 利用延拓算子 T, 我们有

$$\begin{aligned}\|u\|_{C(\overline{\Omega})} &\leqslant \|Tu\|_{C(\mathbb{R}^n)} \leqslant c_{n,m}\|Tu\|_m'\\&\leqslant c\|u\|_{W^{m,2}(\Omega)},\end{aligned}$$

即 $i: u \mapsto u$ 是 $W^{m,2}(\Omega) \to C(\overline{\Omega})$ 的连续嵌入. ■

注 更一般的嵌入定理, 不必限制 $p = 2$ 是属于 Sobolev 的:

$$W^{m,p}(\Omega) \hookrightarrow L^q(\Omega) \quad \left(\frac{1}{q} = \frac{1}{p} - \frac{m}{n}\right)\left(\text{当 } m \leqslant \frac{n}{p}\right),$$

$$W^{m,p}(\Omega) \hookrightarrow C(\overline{\Omega}) \quad \left(\text{当 } m > \frac{n}{p}\right),$$

其中 $\hookrightarrow$ 表示连续嵌入.

定理 4.5.10 (Rellich) 设 $\Omega \subset \mathbb{R}^n$ 是一个有界可扩张区域, 则 $W^{1,2}(\Omega)$ 中的单位球在 $L^2(\Omega)$ 中是列紧的.

证 要证: 由 $\{u_m\}_{m=1}^\infty \subset W^{1,2}(\Omega), \|u_m\|_{W^{1,2}} \leqslant 1$, 可抽出子列 $\{u_{m'}\}$, 使得 $\{u_{m'}\}$ 在 $L^2(\Omega)$ 中收敛. 为此记 $U_m = Tu_m$, 其中 T 是扩张算子, 并且由习题 4.5.2, 不妨设 U_m 在公共的、在 $\mathbb{R}^n$ 中紧的集合 K 外为 0. 我们要证

$$\|u_{p'} - u_{m'}\|_{L^2(\Omega)} \to 0 \quad (\text{当 } m', p' \to \infty).$$

注意到

$$\begin{aligned}\|u_{p'}-u_{m'}\|_{L^2(\Omega)}^2&\leqslant C\|U_{p'}-U_{m'}\|_{L^2(\mathbb{R}^n)}^2\\&=C\int_{\mathbb{R}^n}|\widehat{U}_{p'}(\xi)-\widehat{U}_{m'}(\xi)|^2\mathrm{d}\xi,\end{aligned}$$

而

$$\begin{aligned}\widehat{U}_m(\xi)&=\int_K U_m(x)\mathrm{e}^{-2\pi\mathrm{i}x\cdot\xi}\mathrm{d}x\\&=\langle\mathrm{e}^{-2\pi\mathrm{i}x\cdot\xi}\alpha_k,U_m\rangle,\end{aligned}\tag{4.5.7}$$

其中

$$\alpha_k(x)=\begin{cases}1, & x\in K,\\0, & x\overline{\in}K.\end{cases}$$

由于 $\|U_m\|_{L^2(\mathbb{R}^n)}\leqslant C$ 以及 $\alpha_k\mathrm{e}^{-2\pi\mathrm{i}x\cdot\xi}\in L^2(\mathbb{R}^n)$, 再根据 Hilbert 空间 $L^2(\mathbb{R}^n)$ 的自反性和 Eberlein-Smulian 定理 (定理 2.5.28), 有子列 $\{m'\}$, 使得 $\{U_{m'}\}$ 弱收敛. 从而 (4.5.7) 式蕴含了对 $\forall\xi\in\mathbb{R}^n,\widehat{U}_{m'}(\xi)$ 收敛. 又

$$\begin{aligned}|\widehat{U}_m(\xi)|&\leqslant\left(\int_K\mathrm{d}x\right)^{\frac{1}{2}}\left(\int_K|U_m(x)|^2\mathrm{d}x\right)^{\frac{1}{2}}\\&\leqslant[\mathrm{mes}(K)]^{\frac{1}{2}}\|U_m\|_{L^2}\leqslant\text{const}.\end{aligned}$$

这时 $\forall r>0$,

$$\int_{\mathbb{R}^n}|\widehat{U}_{m'}(\xi)-\widehat{U}_{p'}(\xi)|^2\mathrm{d}\xi=\int_{|\xi|\leqslant r}+\int_{|\xi|\geqslant r}=\mathrm{I}+\mathrm{II}.$$

然而

$$\begin{aligned}\mathrm{II}&\leqslant r^{-2}\int_{|\xi|\geqslant r}(1+|\xi|^2)|\widehat{U}_{m'}(\xi)-\widehat{U}_{p'}(\xi)|^2\mathrm{d}\xi\\&\leqslant 2r^{-2}\int_{|\xi|\geqslant r}(1+|\xi|^2)(|\widehat{U}_{m'}(\xi)|^2+|\widehat{U}_{p'}(\xi)|^2)\mathrm{d}\xi\\&\leqslant 2r^{-2}(\|U_{m'}\|_1'^2+\|U_{p'}\|_1'^2)\leqslant Mr^{-2},\end{aligned}$$

其中 M 是一个仅依赖于扩张算子 T 的常数.

$\forall\varepsilon>0$, 取 r 足够大, 使 $Mr^{-2}<\varepsilon/2$, 固定 r, 根据 Lebesgue 控制收敛定理, 当 m',p' 足够大时,

$$\mathrm{I}=\int_{|\xi|\leqslant r}|\widehat{U}_{m'}(\xi)-\widehat{U}_{p'}(\xi)|^2\mathrm{d}\xi<\frac{\varepsilon}{2},$$

即得

$$\|u_{m'}-u_{p'}\|_{L^2(\Omega)}\to 0\quad(\text{当 } m',p'\to\infty).$$ ■

推论 4.5.11 若 $\Omega\subset\mathbb{R}^n$ 是任意的有界开集, 则 $W_0^{1,2}(\Omega)$ 的单位球在 $L^2(\Omega)$ 中是列紧的.

证 与定理 4.5.10 的证明相似. ■

注 1 $W_0^{1,2}(\Omega)$ 有时记作 $\overset{\circ}{W}{}_2^1(\Omega)$, 根据定理 4.5.5, 它也就是例 1.6.16 中的 $H_0^1(\Omega)$.

注 2 更一般的结论是属于 Kontrashev 的, 参看 Adams R A: *Sobolev Spaces* (New York: Academic Press, 1975) 中的定理 6.2.

注意到

$$\mathscr{D}(\Omega)\hookrightarrow H_0^m(\Omega)\hookrightarrow L^2(\Omega),$$

可见它们的共轭空间之间有如下联系:

$$L^2(\Omega)\hookrightarrow H_0^m(\Omega)^*\hookrightarrow\mathscr{D}'(\Omega).$$

这表明 Sobolev 空间的共轭空间 $H_0^m(\Omega)^*$ 是由比 $L^2(\Omega)$ 函数更多的广义函数组成的. 以下将 $H_0^m(\Omega)^*$ 记作 $H^{-m}(\Omega)$, 并用积分形式把其中的元素表示出来.

定理 4.5.12 为了 $f\in H^{-m}(\Omega)$, 必须且仅须 $\exists g_\alpha\in L^2(\Omega)$ $(|\alpha|\leqslant m)$, 使得

$$\langle f,\varphi\rangle=\sum_{|\alpha|\leqslant m}\int_\Omega g_\alpha(x)\cdot\partial^\alpha\varphi(x)\mathrm{d}x\quad(\forall\varphi\in H_0^m(\Omega)).$$

证 充分性显然, 只需证必要性. 设 $f\in H^{-m}(\Omega)$, 因为 $H_0^m(\Omega)$ 是 Hilbert 空间, 应用 Riesz 表示定理 (定理 2.5.4), f 对应着一个

$h \in H_0^m(\Omega)$, 使得

$$\begin{aligned}\langle f, \varphi\rangle = (\varphi, h)_m &= \sum_{|\alpha| \leqslant m} \int_\Omega \overline{\widetilde{\partial}^\alpha h(x)} \cdot \widetilde{\partial}^\alpha \varphi(x) \mathrm{d}x \\ &= \sum_{|\alpha| \leqslant m} \int_\Omega g_\alpha(x) \widetilde{\partial}^\alpha \varphi(x) \mathrm{d}x \quad (\forall \varphi \in H_0^m(\Omega)),\end{aligned} \tag{4.5.8}$$

其中 $g_\alpha(x) \triangleq \widetilde{\partial}^\alpha h(x) \in L^2(\Omega)$. ■

推论 4.5.13 每个 $f \in H^{-m}(\Omega)$ 是 $L^2(\Omega)$ 函数的广义微商之有限和, 即

$$f = (-1)^{|\alpha|} \sum_{|\alpha| \leqslant m} \widetilde{\partial}^\alpha g_\alpha \quad (g_\alpha \in L^2(\Omega)). \tag{4.5.9}$$

证 根据广义微商定义, (4.5.8) 式蕴含 (4.5.9) 式. ■

注 1 如果先给定 $g_\alpha \in L^2(\Omega)$, 那么由 (4.5.9) 式定义一个 $f \in \mathscr{D}'(\Omega)$, 注意此 f 在 $H^m(\Omega)$ 上的连续延拓可能不是唯一的. 但是此 f 在 $H_0^m(\Omega)$ 上的连续延拓却是唯一的, 这是因为 $C_0^\infty(\Omega)$ 在 $H_0^m(\Omega)$ 中稠密 (定理 4.5.3), 并且 $\forall |\alpha| \leqslant m$ 有

$$|\langle \widetilde{\partial}^\alpha g_\alpha, \varphi\rangle| \leqslant \|g_\alpha\|_{L^2(\Omega)} \cdot \|\varphi\|_{H_0^m(\Omega)} \quad (\forall \varphi \in C_0^\infty(\Omega)).$$

因此, (4.5.9) 式给出了属于 $H^{-m}(\Omega)$ 的广义函数的特征.

注 2 根据嵌入定理 4.5.9, 当 $m > n/2$ 时, $H_0^m(\Omega)$ 可以连续地嵌入 $C(\overline{\Omega})$, 因此当 $m > n/2$ 时, $C(\overline{\Omega})$ 上的连续线性泛函属于 $H^{-m}(\Omega)$. 特别是 δ 函数属于 $H^{-m}(\Omega)$. 例如当 $n = 1$ 时, 设 $x_0 \in \Omega \triangleq (a, b)$, 则

$$\varphi \mapsto \langle \delta_{x_0}, \varphi\rangle = \varphi(x_0)$$

在 $C(\overline{\Omega})$ 上是连续线性的, 从而 $\delta_{x_0} \in H^{-1}(\Omega)$.

习　题

4.5.1　就 $\Omega=\mathbb{R}_+^n=\{(x_1,x_2,\cdots,x_n)\in\mathbb{R}^n|x_n>0\}$ 的情形验证定理 4.5.5.

提示　$\forall u(x)\in W^{m,p}(\Omega),\forall\varepsilon>0$, 请考虑 $u_\varepsilon(x)=u(x',x_n+\varepsilon)$, 其中 $x'\in\mathbb{R}^{n-1},x_n>-\varepsilon$.

4.5.2　若 $\alpha\in\mathscr{D},u\in W^{m,p}(\mathbb{R}^n)$, 则 $\alpha\cdot u\in W^{m,p}(\mathbb{R}^n)$, 并且有常数 C (依赖于 α), 使得

$$\|\alpha\cdot u\|_{W^{m,p}}\leqslant C\|u\|_{W^{m,p}}.$$

4.5.3　若 $m\geqslant l$, 求证: $W^{m,p}(\Omega)\hookrightarrow W^{l,p}(\Omega)$.

4.5.4　设 $\Omega=(a,b),\forall f\in L^2(\Omega)$, 求证: $\exists|x\in H_0^1(\Omega)$, 使得

$$\frac{\widetilde{\mathrm{d}}^2x}{\mathrm{d}t^2}=f,$$

并且 $T:f\mapsto x$ 是 $L^2(\Omega)$ 到 $H^2(\Omega)$ 的连续线性算子.

4.5.5　设 $f(x)\in H_0^1(-1,1)$, 求证:

(1) $f(-1)=f(1)=0$;

(2) $f(x)$ 绝对连续;

(3) $f'(x)\in L^2(-1,1)$ (这里 “ $'$ ” 指的是求 a.e. 微商).

4.5.6　设 $f\in H^s(\mathbb{R}^n)$ (定义见习题 4.4.2), 求证: 当 $s>n/2$ 时,

(1) $\widehat{f}(\xi)\in L^1(\mathbb{R}^n)$;

(2) $f(x)$ 与一个 $\mathbb{R}^n$ 上的连续有界函数几乎处处相等.

4.5.7　设 $m\in\mathbb{N}$, 又设

$$H^{-m}\triangleq\left\{f\in\mathscr{S}'\Big|(1+|\xi|^2)^{-\frac{m}{2}}\widehat{f}(\xi)\in L^2(\mathbb{R}^n)\right\},$$

在 H^{-m} 中定义范数

$$\|f\|_{-m}=\left\|(1+|\xi|^2)^{-\frac{m}{2}}\widehat{f}(\xi)\right\|_{L^2(\mathbb{R}^n)}\quad(\forall f\in H^{-m}).$$

求证: 若 $f \in H^{-m}$, 则它可以表为有限个 $L^2(\mathbb{R}^n)$ 函数的导数之和.

提示　$(1+|\xi|^2)^{-\frac{m}{2}}\widehat{f}(\xi) \in L^2(\mathbb{R}^n)$

$$\Longleftrightarrow \frac{\widehat{f}(\xi)}{1+|\xi_1|^m+\cdots+|\xi_n|^m} \in L^2(\mathbb{R}^n).$$

4.5.8　在空间 $L^2\,(-\infty,\infty)$ 上, 考察微分算子

$$A=\frac{\widetilde{\mathrm{d}}}{\mathrm{d}x},\quad D(A)=H^1(-\infty,\infty),$$

求证:

(1) $\rho(A)=\{\lambda\in\mathbb{C}\big|\mathrm{Re}\lambda\neq 0\}$;

(2) $\sigma_p(A)=\varnothing$;

(3) $\sigma(A)=\sigma_c(A)=\{\lambda\in\mathbb{C}\big|\mathrm{Re}\lambda=0\}$.

习题补充提示

1.1.6 设 $f(x) \triangleq \rho(x, Tx)$, 则 $f(x)$ 在 M 上连续. 因为 M 是 $\mathbb{R}^n$ 中的有界闭集, 所以 $\exists x_0 \in M$, 使得

$$\rho(x_0, Tx_0) = f(x_0) = \min_{x\in M} f(x) = \min_{x\in M} \rho(x, Tx).$$

如果 $\rho(x_0, Tx_0) = 0$, 那么 x_0 就是不动点. 如果 $\rho(x_0, Tx_0) > 0$, 一方面, 根据假设 $\rho(Tx_0, T^2x_0) < \rho(x_0, Tx_0) = \min\limits_{x\in M} \rho(x, Tx)$; 另一方面, $Tx_0, T^2x_0 \in M$, 这与 $\rho(x_0, Tx_0)$ 是最小值矛盾.

1.3.8 记 $d = \inf\left\{\rho(x, f(x)) \big| x \in \overline{M}\right\}$, 先证 $\exists x_0 \in \overline{M}$, 使得

$$\rho(x_0, f(x_0)) = d.$$

这从下确界的定义出发, $\forall n \in \mathbb{N}, \exists x_n \in M$, 使得

$$d \leqslant \rho(x_n, f(x_n)) < d + \frac{1}{n}.$$

又因为 M 列紧, 故存在 $x_{n_k} \to x_0$, 将上面不等式中的 n 改为 n_k, 并令 $k \to \infty$, 就证得 $\rho(x_0, f(x_0)) = d$. 再证 $d = 0$. 用反证法. 如果 $d > 0$, 则有

$$d \leqslant \rho(f(x_0), f(f(x_0))) < \rho(x_0, f(x_0)) = d,$$

矛盾.

1.4.3 考虑 $C^1[0,1]$ 中的函数列:

$$f_n(x) = \sqrt{x^2 + \frac{1}{n^2}} \quad (-1 \leqslant x \leqslant 1),$$

可以验证 $\{f_n(x)\}_{n=1}^{\infty}$ 按范数 $\|\cdot\|_1$ 是基本列, 但是

$$f_n(x) \to |x| \notin C^1[0,1].$$

1.4.5 不妨假设 $b > a > 0$, 显然有 $\|f\|_b \leqslant \|f\|_a$, 由此可见, 为了证明不等价性, 只要证不存在 $c > 0$, 使得 $\|f\|_a \leqslant c\|f\|_b (\forall f \in BC[0,\infty))$. 只须证 $\exists f_n \in BC[0,\infty)$, 使得

$$\frac{\|f_n\|_a^2}{\|f_n\|_b^2} \to \infty \quad (n \to \infty).$$

令

$$g_n(x) \triangleq \begin{cases} \mathrm{e}^{ax}, & 0 \leqslant x \leqslant n, \\ \mathrm{e}^{an}(n+1-x), & n \leqslant x \leqslant n+1 \quad (\text{见图 } 1), \\ 0, & x \geqslant n+1, \end{cases}$$

则有

$$\begin{aligned} &f_n(x) \triangleq \sqrt{g_n(x)}, \\ &\|f\|_a^2 \geqslant \int_0^n \mathrm{e}^{-ax} \cdot \mathrm{e}^{ax} \mathrm{d}x = n, \\ &\|f\|_b^2 \leqslant \int_0^\infty \mathrm{e}^{-bx} \cdot \mathrm{e}^{ax} \mathrm{d}x = \int_0^\infty \mathrm{e}^{-(b-a)x} \mathrm{d}x = \frac{1}{b-a}, \\ &\frac{\|f_n\|_a^2}{\|f_n\|_b^2} \geqslant n(b-a) \to \infty \quad (n \to \infty). \end{aligned}$$

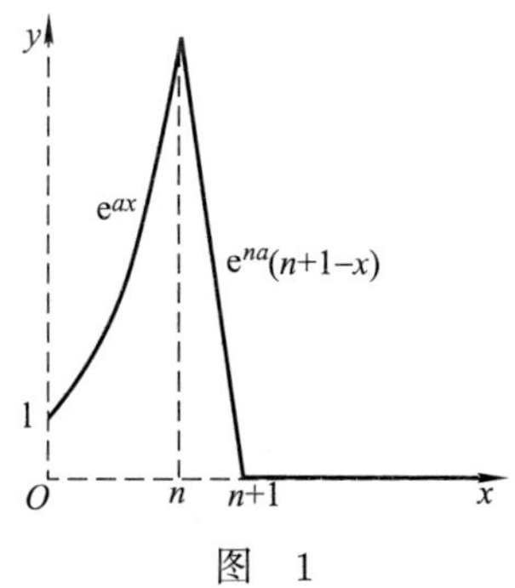

图 1

1.6.7 (1) 当 $b-a=1$ 时, $\forall n, \{\mathrm{e}^{2\pi \mathrm{i} nx}\}$ 的周期是 1, 故 $S^\perp = \{\theta\}$. 当 $b-a<1$ 时, 若 $u \in L^2[a,b]$, 使得

$$\int_a^b u \mathrm{e}^{2\pi \mathrm{i} nx} \mathrm{d}x = 0 \quad (n = 1, 2, \cdots),$$

令 $\widetilde{u} = \begin{cases} u, & x \in [a,b], \\ 0, & x \in [b, a+1], \end{cases}$ 则有

$$\begin{aligned} \int_a^{a+1} \widetilde{u} \mathrm{e}^{2\pi \mathrm{i} nx} \mathrm{d}x = 0 &\Longrightarrow \widetilde{u} = 0 \quad (x \in [a, a+1]) \\ &\Longrightarrow u = 0 \quad (x \in [a,b]) \\ &\Longrightarrow S^\perp = \{\theta\}. \end{aligned}$$

(2) 若 $b-a>1$, 这时 $\{\mathrm{e}^{2\pi\mathrm{i}nx}\}_{n=-\infty}^{\infty}$ 是 $L^2[b-1,b]$ 上的一组正交基. 因此, $L^2[b-1,b]$ 上的函数可以由它的 Fourier 系数决定. 利用这一点, 对 $\forall u\in L^2[a,b-1], u\neq\theta$. 可将它扩充为 $L^2[a,b]$ 上的函数 $v(x)\in S^{\perp}$, 而 $v(x)\neq\theta$.

事实上, 令

$$v=\begin{cases}u(x), & x\in[a,b-1],\\ \widetilde{u}(x), & x\in(b-1,b],\end{cases}$$

其中 $(b-1,b]$ 上的函数 $\widetilde{u}(x)$ 的 Fourier 系数通过 $u(x)$ 在 $[a,b-1]$ 上的值来计算, 即

$$\widetilde{u}_n=\int_{b-1}^{b}\widetilde{u}\mathrm{e}^{2\pi\mathrm{i}nx}\mathrm{d}x=-\int_a^{b-1}u\mathrm{e}^{2\pi\mathrm{i}nx}\mathrm{d}x,$$

于是

$$\widetilde{u}=\sum_{n=-\infty}^{\infty}\widetilde{u}_n\mathrm{e}^{2\pi\mathrm{i}nx}\in L^2[b-1,b],$$

并且

$$\int_a^b v\mathrm{e}^{2\pi\mathrm{i}nx}\mathrm{d}x=\int_a^{b-1}u\mathrm{e}^{2\pi\mathrm{i}nx}\mathrm{d}x+\int_{b-1}^{b}\widetilde{u}\mathrm{e}^{2\pi\mathrm{i}nx}\mathrm{d}x=0,$$

即 $v(x)\in S^{\perp}$.

2.1.3 (2) 先证明 $\|f\|=\sup\limits_{\|x\|<1}f(x)$. 一方面, $\forall\|x\|<1, x\neq\theta$,

$$\begin{aligned}f(x)=\|x\|f\left(\frac{x}{\|x\|}\right)&\leqslant\|x\|\sup_{\|y\|=1}f(y)\\&\xlongequal{(1)}\|x\|\cdot\|f\|<\|f\|.\end{aligned}$$

又 $x=\theta, f(\theta)=0\leqslant\|f\|$, 所以

$$\sup_{\|x\|<1}f(x)\leqslant\|f\|.$$

另一方面, $\forall\|x\|=1, \forall\varepsilon>0$,

$$f(x)=(1+\varepsilon)f\left(\frac{x}{1+\varepsilon}\right)\leqslant(1+\varepsilon)\sup_{\|x\|<1}f(x),$$

所以

$$\|f\| = \sup_{\|x\|=1} f(x) \leqslant (1+\varepsilon) \sup_{\|x\|<1} f(x)$$
$$\Longrightarrow \|f\| \leqslant \sup_{\|x\|<1} f(x),$$

故 $\|f\| = \sup\limits_{\|x\|<1} f(x)$. 于是, 对 $\forall \delta > 0$,

$$\delta\|f\| = \sup_{\|x\|<1} f(\delta x) = \sup_{\|y\|<\delta} f(y).$$

2.1.4 容易证明 $\|f\| \leqslant \int_0^1 |y(t)|\mathrm{d}t$. 为了建立相反的不等式. 对 $\forall \varepsilon > 0$, 根据 $y(t)$ 在 $[0,1]$ 上的一致连续性, $\exists n \in \mathbb{N}$, 将 $[0,1]$ n 等分, 使得函数在每一等分区间上的振幅小于 ε. 我们把所有的等分区间分为两类: 在第一类区间上不含有函数 $y(t)$ 的零点, 这类区间记作 Δ, 在第二类区间上至少含有函数 $y(t)$ 的一个零点, 这类区间记作 ∇. 因为函数 $y(t)$ 在区间 ∇ 上必有零点, 所以在每个区间 ∇ 上有 $|y(t)| < \varepsilon$. 定义 $\widetilde{x}(t) \in C[0,1]$,

$$\widetilde{x}(t) = \begin{cases} \mathrm{sign} y(t), & t \in \Delta, \\ \text{线性函数}, & t \in \nabla. \end{cases}$$

同时, 如果第二类区间 ∇ 的端点是 a 或 b, 则令 $\widetilde{x}(a) = 0$ 或 $\widetilde{x}(b) = 0$, 则有

$$\begin{aligned} f(\widetilde{x}) &= \int_0^1 \widetilde{x}(t)y(t)\mathrm{d}t \\ &= \sum_{\forall\Delta} \int_\Delta \widetilde{x}(t)y(t)\mathrm{d}t + \sum_{\forall\nabla} \int_\nabla \widetilde{x}(t)y(t)\mathrm{d}t \\ &\geqslant \sum_{\forall\Delta} \int_\Delta |y(t)|\mathrm{d}t - \sum_{\forall\nabla} \int_\nabla |y(t)|\mathrm{d}t \\ &= \int_0^1 |y(t)|\mathrm{d}t - 2\sum_{\forall\nabla} \int_\nabla |y(t)|\mathrm{d}t \\ &> \int_0^1 |y(t)|\mathrm{d}t - 2\varepsilon. \end{aligned}$$

2.1.5 $|f(x)| \leqslant \|f\| \cdot \|x\| \xrightarrow{f(x)=1} \|x\| \geqslant \dfrac{1}{\|f\|} \Longrightarrow d \geqslant \dfrac{1}{\|f\|}$. $\forall \varepsilon > 0, \exists x_0 \neq 0$, 使得

$$\frac{|f(x_0)|}{\|x_0\|} \geqslant \|f\| - \varepsilon \Longrightarrow \left\|\frac{x_0}{f(x_0)}\right\| \leqslant \frac{1}{\|f\| - \varepsilon}.$$

注意到 $f\left(\dfrac{x_0}{f(x_0)}\right)=1$, 故有 $d\leqslant\dfrac{1}{\|f\|-\varepsilon}$.

2.1.6 $\forall\eta>0,\exists x_1$, 使得

$$\frac{|f(x_1)|}{\|x_1\|}>f-\eta\Longrightarrow\left\|\frac{x_1}{f(x_1)}\right\|\cdot\|f\|<\frac{\|f\|}{\|f\|-\eta}.$$

取 $\eta=\dfrac{\varepsilon}{1+\varepsilon}\|f\|$, 便有

$$\left\|\frac{x_1}{f(x_1)}\right\|\cdot\|f\|<1+\varepsilon.$$

再令 $x_0=\dfrac{x_1}{f(x_1)}\|f\|$.

2.1.7 (2) 举一个反例. 设

$$\mathscr{X}=\left\{(\xi_1,\xi_2,\cdots,\xi_n,\cdots)\,\middle|\,\sum_{n=1}^{\infty}|\xi_n|<\infty\right\},$$
$$\forall x=(\xi_1,\xi_2,\cdots,\xi_n,\cdots)\in\mathscr{X},\quad\|x\|=\sup_{n\geqslant1}|\xi_n|.$$

定义 $f(x)=\sum\limits_{n=1}^{\infty}\xi_n$, 对 $a=(1,-1,0,\cdots)\in\mathscr{X}$ 显然 $f(a)=0$. 利用 a 和 $f(x)$ 构造如下线性算子: $\forall x\in\mathscr{X}$, 定义 $Tx=x-af(x)$. 容易验证 $N(T)=\{\theta\}$, 当然 $N(T)$ 闭. 再指出 T 无界, 为此先证 $f(x)=\sum\limits_{n=1}^{\infty}\xi_n$ 无界. 令

$$e_k=\{\underbrace{0,0,\cdots,0,1}_{k},0,\cdots\},\quad x_n=\sum_{k=1}^{n}e_k\in\mathscr{X},\quad\|x_n\|=1,$$
$$f(x_n)=n\Longrightarrow\frac{|f(x_n)|}{\|x_n\|}=n\to\infty\quad(n\to\infty),$$

即 f 无界. 再证 T 无界.

事实上, 从 $Tx=x-af(x)\Longrightarrow af(x)=x-Tx=(I-T)x$. 用反证法. 如果 T 有界, 则 $I-T$ 有界, 从而

$$\begin{aligned}|f(x)|&\xlongequal{\|a\|=1}\|a\|\cdot|f(x)|=\|af(x)\|\\&=\|(I-T)x\|\leqslant M\|x\|,\end{aligned}$$

即 f 有界, 矛盾.

2.1.8 (1) 记 $N(f)=H_f^0$, 就是要证

$$|f(x)|=\|f\|\rho(x,N(f)).$$

$\forall\varepsilon>0,\exists y_\varepsilon\in N(f)$,

$$\begin{aligned}&\|x-y_\varepsilon\|<\rho(x,N(f))+\varepsilon,\\ |f(x)|=|f(x-y_\varepsilon)|\leqslant\|f\|\cdot\|x-y_\varepsilon\|&\leqslant\|f\|\cdot\|x-y_\varepsilon\|\\ &<\|f\|(\rho(x,N(f))+\varepsilon)\\ &\xRightarrow{\varepsilon\to0}|f(x)|\leqslant\|f\|\rho(x,N(f)).\end{aligned}$$

另一方面, $\forall z\notin N(f),\forall x\in\mathscr{X}$, 令 $y=x-\dfrac{f(x)}{f(z)}z$, 则 $y\in N(f)$, 且

$$\begin{aligned}f(z)(x-y)=f(x)z\frac{|f(z)|}{\|z\|}\|x-y\|&=|f(x)|\\ \Longrightarrow\|x-y\|\sup_{z\neq\theta}\frac{|f(z)|}{\|z\|}&\leqslant|f(x)|\\ \Longrightarrow\inf_{y\in N(f)}\|x-y\|\sup_{z\neq\theta}\frac{|f(z)|}{\|z\|}&\leqslant|f(x)|,\end{aligned}$$

即

$$\|f\|\rho(x,N(f))\leqslant|f(x)|.$$

(2) $\forall x\in H_f^\lambda\Longrightarrow f(x)=\lambda\Longrightarrow\rho(x,H_f^0)\xlongequal{(1)}|f(x)|=|\lambda|$.

为了解释 (1) 和 (2) 的几何意义, 设 $\mathscr{X}=\mathbb{R}^2,\mathbb{K}=\mathbb{R},\forall f\in\mathscr{X}^*$, $\|f\|=1,\forall x=(\xi,\eta)\in\mathbb{R}^2$, 令 $x_1=(1,0),x_2=(0,1),\alpha=f(x_1),\beta=f(x_2)$, 则

$$f(x)=\alpha\xi+\beta\eta,\quad\|f\|=1\Longrightarrow\sqrt{\alpha^2+\beta^2}=1.$$

根据平面解析几何知识, $|f(x)|=|\alpha\xi+\beta\eta|$ 表示点 $x=(\xi,\eta)$ 到通过原点的直线 (如图 2 所示)

$$H_f^0=\{x=(\xi,\eta)\big|f(x)=\alpha\xi+\beta\eta=0\}$$

的距离, 即

$$|f(x)| = |\alpha\xi + \beta\eta| = \rho(x, H_f^0).$$

注意到 H_f^λ 和 H_f^0 是互相平行的直线, 所以对 $\forall x \in H_f^\lambda$,

$$\rho(x, H_f^0) = \rho(\theta, H_f^\lambda) = \left.\frac{|\alpha\xi + \beta\eta - \lambda|}{\sqrt{\alpha^2+\beta^2}}\right|_{(\xi,\eta)=(0,0)} = |\lambda|.$$

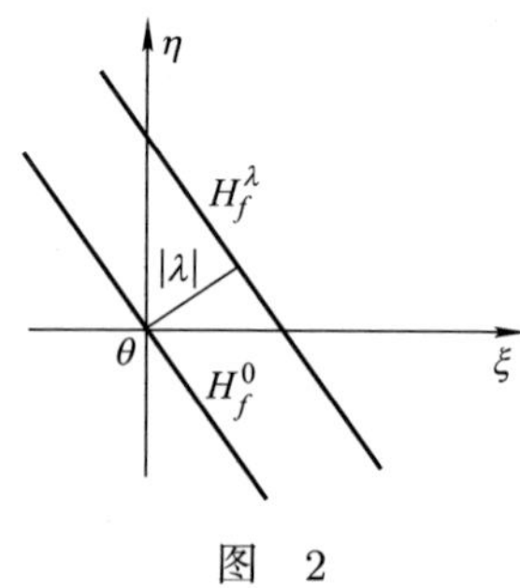

图 2

2.3.6 令 $\|x\|_1 \triangleq \|x\| + \sup\limits_{\alpha \in S^1} p(\alpha x)$, 其中 S^1 是复平面上的单位圆周. 先证 $\|x\|_1$ 是 X 上的完备范数, 再用等价范数定理 (推论 2.3.14).

2.3.11 设 $N(A) = \{x \in \mathscr{X} | Ax = 0\}$, 考虑映射 $\widetilde{A} : \mathscr{X}/N(A) \to \mathscr{Y}$, $\forall [x] \in \mathscr{X}/N(A), \widetilde{A}[x] = Ax, \forall x \in [x]$. 证明 $\widetilde{A}$ 是单射、满射. 再由

$$\|\widetilde{A}[x]\|_{\mathscr{Y}} = \|Ax'\|_{\mathscr{Y}} \leqslant \|A\| \cdot \|x'\| \leqslant 2\|A\| \cdot \big\|[x]\big\|,$$

推出 $\widetilde{A}$ 有界. 由 Banach 逆算子定理 (定理 2.3.8), $\widetilde{A}^{-1} \in \mathscr{L}(\mathscr{Y}, \mathscr{X}/N(A))$. 不妨假设 $y_0 = 0, y_n \to 0$, 记 $[x_n] = \widetilde{A}^{-1}y_n$, 则有

$$\|[x_n]\| = \|\widetilde{A}^{-1}y_n\| \leqslant \|\widetilde{A}^{-1}\| \cdot \|y_n\|.$$

于是, 取 $x_n \in [x_n]$, 使得 $\|x_n\| \leqslant 2\big\|[x_n]\big\|$, 便有 $\|x_n\| \leqslant C\|y_n\|$, 其中 $C = 2\|\widetilde{A}^{-1}\|$.

2.3.12 (3) 注意到 $\mathscr{X}/N(T)$ 是 B 空间. 考虑 $\widetilde{T} : \mathscr{X}/N(T) \to \mathscr{Y}$, $\widetilde{T}[x] = Tx$,

$$D(\widetilde{T}) = \big\{[x] \in \mathscr{X}/N(T) \big| x \in D(T)\big\},$$

显然, $N(\widetilde{T})=[\theta], R(\widetilde{T})=R(T)$.

只要证明 $\widetilde{T}$ 是闭算子, 用 (2) 的结果, 便有

$$\big\|[x]\big\|_0 \leqslant \alpha\big\|\widetilde{T}[x]\big\|,$$

即 $d(x,N(T)) \leqslant \alpha\|Tx\|$.

2.4.4 $x_n \in \mathscr{X} \subset \mathscr{X}^{**}=\mathscr{L}(\mathscr{X}^*,\mathbb{K})$,

$$\begin{aligned}
&\|x_n\|_{\mathscr{X}^{**}}=\|x_n\|_{\mathscr{X}}, \quad \langle x_n,f\rangle \overset{\Delta}{=\!=} \langle f,x_n\rangle,\\
&\sup_n|\langle x_n,f\rangle|=\sup_n|\langle f,x_n\rangle|\\
&\qquad\qquad\qquad =\sup_n|f(x_n)|<\infty \quad (\forall f\in\mathscr{X}^*).
\end{aligned}$$

由共鸣定理 (定理 2.3.16) $\|x_n\|_{\mathscr{X}^{**}} \leqslant M$, 即得 $\|x_n\|_{\mathscr{X}}=\|x_n\|_{\mathscr{X}^{**}} \leqslant M$.

2.4.12 用反证法. 假定 $x_2\in C$, 记 $\lambda=\dfrac{1}{m}$, 则 $x_1=\lambda x_2+(1-\lambda)x_0$. 只要能找到一个 $d>0$, 使得 $B(x_1,d)\subset C$, 便与 $x_1\in\partial C$ 的假设矛盾.

因为 $x_0\in\overset{\circ}{C}$, 所以 $\exists\delta>0$, 使得 $B(x_0,\delta)\subset C$. 这样, $\forall y\in B(x_0,\delta)$, 都有

$$\begin{aligned}
&z=\lambda x_2+(1-\lambda)y\in C,\\
&\begin{cases} x_1=\lambda x_2+(1-\lambda)x_0, \\ z=\lambda x_2+(1-\lambda)y \end{cases} \Longrightarrow z-x_1=(1-\lambda)(y-x_0)\\
&\Longrightarrow \|z-x_1\|=(1-\lambda)\|y-x_0\|<(1-\lambda)\delta.
\end{aligned}$$

由此可见, 只要取 $d=(1-\lambda)\delta$ 即可. 事实上, 当 $\|z-x_1\|<d$, 取辅助点

$$y=x_0+\frac{z-x_1}{1-\lambda}\in B(x_0,\delta)\subset C,$$

从而

$$\begin{aligned}
z&=x_1+(1-\lambda)(y-x_0)\\
&=\lambda x_2+(1-\lambda)x_0+(1-\lambda)(y-x_0)\\
&=\lambda x_2+(1-\lambda)y\in C.
\end{aligned}$$

2.4.13 注意到条件 M 是闭凸集与有内点的凸集 $B(x,d)$ 是可分离的. 即根据凸集分离定理 (定理 2.4.16), 存在 $f \in \mathscr{X}^*, \alpha \in \mathbb{R}$, 使得对 $\forall y \in M, z \in B(x,d)$, 成立 $f(y) \leqslant \alpha \leqslant f(z)$. 于是

$$\begin{aligned}\sup_{y\in M} f(y) &\leqslant \inf_{z\in B(x,d)} f(z) = \inf_{y\in B(\theta,1)} f(x-d(x)y)\\ &= \inf_{y\in B(\theta,1)}[f(x)-d(x)f(y)] = f(x)-d(x)\sup_{y\in B(\theta,1)} f(y)\\ &= f(x)-d(x)\|f\|.\end{aligned}$$

由此可见, 取 $f_1 = \dfrac{f}{\|f\|}$ 即为所求.

2.5.17 注意到 $\dfrac{\mathrm{e}^n}{2}\displaystyle\int_{|x|>n}\mathrm{e}^{-|x|}\mathrm{d}x = 1$, 令

$$u_n(x) \xlongequal{\Delta} \chi_{|x|>n}(x)\left(\frac{\mathrm{e}^{n-|x|}}{2}\right)^{\frac{1}{p}},$$

则

$$\begin{aligned}\|u_n\|_p &= \left(\int_{\mathbb{R}}|u_n(x)|^p\mathrm{d}x\right)^{\frac{1}{p}}\\ &= \left(\frac{\mathrm{e}^n}{2}\int_{|x|>n}\mathrm{e}^{-|x|}\mathrm{d}x\right)^{\frac{1}{p}} = 1,\end{aligned}$$

$$\|I-S_n\| \geqslant \|u_n\|_p = 1.$$

2.5.24 设 $d=\inf\limits_{x\in M}\{\|x\|\}, \forall n, \exists x_n \in M$, 使得 $d \leqslant \|x_n\| < d+\dfrac{1}{n} \leqslant d+1$, $\{x_n\}$ 有界. 根据定理 2.5.28, 存在 $x_{n_k} \rightharpoonup x_0$. 对此 x_0, 根据推论 2.4.6, $\exists f \in \mathscr{X}^*$, 使得 $\|f\|=1, f(x_0)=\|x_0\|$. 于是, 一方面

$$x_0 \in M \Longrightarrow \|x_0\| \geqslant d,$$

另一方面

$$\|x_0\| = f(x_0) = \lim_{k\to\infty} f(x_{n_k}) \leqslant \varliminf_{k\to\infty} \|f\|\cdot\|x_{n_k}\| = d,$$

故有

$$\|x_0\| = d = \inf_{x\in M}\{\|x\|\}.$$

3.1.3 $\forall [x] \in \mathscr{X}/N(K), \widetilde{K}[x] \triangleq Kx$,

$$K \in \mathfrak{C}(\mathscr{X}, \mathscr{Y}) \Longrightarrow \widetilde{K} \in \mathfrak{C}(\mathscr{X}, \mathscr{Y}),$$

$S \triangleq \overline{B_{\mathscr{X}}}(0,1) \Longrightarrow S+N(K)$ 是 $\mathscr{X}/N(K)$ 中的单位球, 且 $\widetilde{K}(S+N(K)) = K(S)$ 是列紧的, 从而 $\widetilde{K}$ 是紧算子. 又 $\widetilde{K}$ 是单射连续算子 $\Longrightarrow \widetilde{K}^{-1}$ 闭, 且

$$D(\widetilde{K}^{-1}) = R(K) \overset{\text{条件}}{\supset} R(A).$$

从而 $\widetilde{K}^{-1}A : \mathscr{X} \to \mathscr{X}/N(K)$ 是闭算子, 且定义域是全空间. 根据闭图像定理 (定理 2.3.15), $\widetilde{K}^{-1}A$ 有界, 故有

$$A = \underbrace{\widetilde{K}}_{\text{紧}} \underbrace{(\widetilde{K}^{-1}A)}_{\text{有界}} \in \mathfrak{C}(\mathscr{X}, \mathscr{Y}).$$

3.1.11 令 $v = \dfrac{x}{\|x\|_{\mathscr{X}}}$, 则 $\|v\|_{\mathscr{X}} = 1$, 要证的结论可改述为: 对 $\forall \varepsilon > 0$, 存在 $c(\varepsilon)$, 使得

$$\|y\|_{\mathscr{Y}} \leqslant \varepsilon + c(\varepsilon)\|v\|_{\mathscr{Z}} \quad (\forall v \in B_{\mathscr{X}}(\theta, 1)).$$

用反证法. 如果 $\exists \varepsilon_0 > 0$, 对 $\forall n \in \mathbb{N}, \exists v_n \in B_{\mathscr{X}}(\theta,1)$ 使得 $\|v_n\|_{\mathscr{Y}} > \varepsilon_0 + n\|v_n\|_{\mathscr{Z}}$, 那么一方面, $\|v_n\|_{\mathscr{Y}} > \varepsilon_0$, 另一方面, $v_n \xrightarrow{\mathscr{Z}} 0 (n \to \infty)$. 但是从 $\|v_n\|_{\mathscr{X}} = 1$ 和 $\mathscr{X} \hookrightarrow \mathscr{Y}$ 紧, 可推出 $\exists v_{n_k} \xrightarrow{\mathscr{Y}} v$, 再从 $\mathscr{Y} \hookrightarrow \mathscr{Z}$ 连续, 便有 $v_{n_k} \xrightarrow{\mathscr{Z}} v$. 这样, 一方面, 我们联合 $v_n \xrightarrow{\mathscr{Z}} 0$ 和 $v_{n_k} \xrightarrow{\mathscr{Z}} v$ 得到 $v = 0$, 另一方面, $\|v_n\|_{\mathscr{Y}} > \varepsilon_0 \Longrightarrow \|v\|_{\mathscr{Y}} \geqslant \varepsilon_0$, 即引出矛盾.

3.6.3 (1) 用 τ 表示 $\mathscr{X} \to \mathscr{Y}$ 的嵌入算子, 那么

$$\begin{aligned}
&\|x\|_{\mathscr{X}} \leqslant c(\|x\|_{\mathscr{Y}} + \|Tx\|_{\mathscr{Y}}) \\
&\qquad \Longrightarrow \|x\|_{\mathscr{X}} \leqslant c(\|\tau x\|_{\mathscr{Y}} + \|Tx\|_{\mathscr{Y}}) \\
&\qquad \Longrightarrow \|x\|_{\mathscr{X}} \leqslant c\|\tau x\|_{\mathscr{Y}}, \quad \forall x \in N(T).
\end{aligned}$$

特别对于 $x_n \in N(T), \|x_n\| = 1$, 有 $\{\tau x_n\}$ 有收敛子列, 不妨仍记作 $\{\tau x_n\}$,

$$\|x_n - x_m\|_{\mathscr{X}} \leqslant c\|\tau x_n - \tau x_m\|_{\mathscr{Y}} \Longrightarrow \{x_n\} \text{ 收敛},$$

从而 $N(T)$ 上的单位球列紧, 故 $\dim N(T) < \infty$.

(2) 令 $\widetilde{T}[x] \triangleq Tx. \forall [x] \in \mathscr{X}/N(T)$, 则 $R(T) = R(\widetilde{T})$. 为了证明 $R(\widetilde{T})$ 闭, 由习题 2.3.4 (4), 只要证 $\widetilde{T}^{-1}$ 连续.

用反证法. 如果 $\widetilde{T}^{-1}$ 不连续, 则 $\exists \big\|[x_n]\big\| = 1$, 使得 $Tx_n \to 0$.

$$\big\|[x_n]\big\| = 1 \Longrightarrow \|x_n\| < 2 \Longrightarrow \{\tau x_n\} \text{ 有收敛子列},$$

不妨假设这子列就是全体. 这样 Tx_n 与 τx_n 都是基本列, 并且

$$\|x_n\|_{\mathscr{X}} \leqslant c(\|\tau x_n\|_{\mathscr{Y}} + \|Tx_n\|_{\mathscr{Y}}),$$

于是有 $\|x_n - x_m\|_{\mathscr{X}} \to 0$.

又因为 $\mathscr{X}$ 完备,

$$\exists x_n \to x_0 \Longrightarrow Tx_n \to Tx_0 \Longrightarrow T[x_n] \to Tx_0,$$

联合 $T[x_n] \to 0$ 便有

$$Tx_0 = 0 \Longrightarrow x_0 \in N(T) \Longrightarrow [x_0] = [0]$$

以及

$$\big\|[x_n]\big\| = \big\|[x_n] - [x_0]\big\| \leqslant \|x_n - x_0\| \to 0,$$

这样与 $\big\|[x_n]\big\| = 1$ 矛盾.

索　引

(按汉语拼音顺序)